高等学校教材·计算机教学丛书

Java 程序设计

迟立颖　张银霞　张桂香　李　冰　编著

邓文新　主审

北京航空航天大学出版社

BEIHANG UNIVERSITY PRESS

内 容 简 介

本书由浅入深地介绍了 Java 的基础知识,并结合具体的实例重点阐述了 Java 面向对象的概念及其程序设计方法,还介绍了图形用户界面(GUI)等知识。全书共分 11 章,内容包括 Java 概述、Java 语言基础、Java 流程控制、数组与字符串、对象和类、异常处理、输入输出、图形用户界面、多线程、Applet 小程序以及 Java 高级应用简介等。

本书既可以作为高校非计算机专业的基础课的教材,又可以作为相关领域的培训教材,对 Java 程序开发人员也具有一定的参考价值。

图书在版编目(CIP)数据

Java 程序设计 / 迟立颖等编著. --北京 ：北京航空航天大学出版社,2011.5

ISBN 978 - 7 - 5124 - 0410 - 6

Ⅰ. ①J… Ⅱ. ①迟… Ⅲ. ①Java 语言—程序设计—教材 Ⅳ. ①TP312

中国版本图书馆 CIP 数据核字(2011)第 063412 号

Java 程序设计

迟立颖　张银霞　张桂香　李　冰　编著

责任编辑　文幼章

*

北京航空航天大学出版社出版发行

北京市海淀区学院路 37 号(邮编 100191)　http://www.buaapress.com.cn

发行部电话:(010)82317024　传真:(010)82328026

读者信箱: bhpress@263.net　邮购电话:(010)82316936

北京时代华都印刷有限公司印装　各地书店经销

*

开本:787×1092　1/16　印张:19　字数:486 千字

2011 年 6 月第 1 版　2011 年 6 月第 1 次印刷　印数:4 000 册

ISBN 978 - 7 - 5124 - 0410 - 6　定价:32.00 元

总 前 言

随着科学技术、文化、教育、经济和社会的发展,计算机教学进入了我国历史上最火热的年代,欣欣向荣。就计算机专业而言,全国开办计算机本科专业的院校在 2004 年之初有 505 所,到 2006 年已经发展到 771 所。另外,在全国高校中的非计算机专业,包括理工农医以及文科(文史哲法教、经管、文艺)等专业,按各自专业的培养目标都融入了计算机课程的教学。过去出版界出版了一大批计算机教学方面的各类教材,满足了一定时期的需求,但是还不能完全适应计算机教学深化改革的要求。

面对《国家科学技术中长期发展纲要(2006 年—2020 年)》制订的信息技术发展目标,计算机教学也要随之进行改革,以便提高培养质量。教学要改革,教材建设必须跟上。面对各层次、各类型的学校和各类型的专业都要开设计算机课程,就应有多样化的教材,以适应各专业教学的需要。北京航空航天大学出版社是以出版高等教育教材为主的,愿对计算机教学的教材建设做出贡献。

为计算机类教材的出版,北京航空航天大学出版社成立了"高等学校教材·计算机教学丛书"编审委员会。出版计算机教材,得到了北京航空航天大学计算机学院的大力支持。该院有三位教育部高等学校计算机科学与技术教学指导委员会(下称教指委)的成员参加编审委员会的工作。其他成员是北京航空航天大学、北京交通大学等 6 所院校和中科院计算技术研究所对计算机教育有研究的教指委成员、专家、学者和出版社的领导。

我们组织编写、出版计算机课程教材,以大多数高校实际状况为基点,使其在现有基础上能提高一步,追求符合大多数高校本科教学适用为目标。按照教指委制订的计算机科学与技术本科专业规范和计算机基础课教学基本要求的精神,我们组织身居教学第一线,具有教学实践经验的教师进行编写。在出书品种和内容上,面对两个方面的教学:一是计算机专业本科教学,包括计算机导论、计算机专业技术基础课、计算机专业课等;二是非计算机专业的计算机基础课程的本科教学,包括理工农医类、文史哲法教类、经管类、艺术类等的计算机课程。

教材的编写注重以下几点。

1. 基础性。具有基础知识和基本理论,以使学生在专业发展上具有潜力,便于适应社会的需求。

2. 先进性。融入计算机科学与技术发展的新成果;瞄准计算机科学与技术发展的新方向,内容应具有前瞻性。这样,以使学生扩展视野,以便与科技、社会发展的脉络同步。

3. 实用性。一是适应教学的需求;二是理论与实践相结合,以使学生掌握实用技术。

编写、出版的教材能否适应教学改革的需求,只有师生在教与学的实践中做出评价,我们期望得到师生的批评和指正。

"高等学校教材·计算机教学丛书"
编审委员会

"高等学校教材·计算机教学丛书"
编审委员会成员

前　言

随着计算机技术应用领域的不断拓宽,Java 作为一种 Internet 流行的程序设计语言备受青睐。Java 语言具有完全面向对象、平台无关性、多线程、安全性强、扩展容易等优点。目前越来越多的高等院校将其作为非计算机专业学生的计算机程序设计课程。

本书由具有多年教学经验的教师编写而成。多年的教学经验告诉我们,编写本书不能采用"使用手册"那样罗列知识的形式,而要循序渐进、由浅入深地结合实例介绍 Java 程序设计的基本方法,可以使读者快速地掌握 Java 的程序设计语言。书中侧重基础知识和基本应用能力的训练,具有通俗易懂、实例丰富、实用性强等特点。

全书共分 11 章。主要包括 Java 概述、Java 语言基础、Java 流程控制、数组与字符串、对象和类、异常处理、输入输出、图形用户界面、多线程、Applet 小程序以及 Java 高级应用简介等。第 1 章介绍 Java 的产生、特点、分类、运行环境以及 Java 程序的基本运行步骤;第 2 章介绍 Java 程序的基本组成、基本的符号集、数据类型、运算符和表达式;第 3 章介绍 Java 的顺序、选择和循环三种基本程序结构;第 4 章介绍一维数组和二维数组的创建及应用、固定长度字符串和变长字符串的各种操作方法;第 5 章以实例引出类和对象的概念,详细介绍类的定义、对象的创建、对象的引用、构造方法、各种访问修饰符、继承和重载、抽象类、接口和包,最后介绍 API 文档的使用;第 6 章介绍异常的概念、分类以及处理机制、异常的抛出、捕获等;第 7 章介绍 Java 中的基本输入输出流类以及文件操作;第 8 章介绍 Java 的图形用户界面,包括容器、各种组件、布局管理器、事件响应机制;第 9 章介绍多线程的概念、实现、基本控制、同步与通信;第 10 章介绍 Applet 的生命周期、利用 Applet 程序接收 HTML 文件中的参数、显示图像、声音、动画等;第 11 章介绍 Java 的数据库设计以及网络程序设计。

本书由迟立颖、张银霞、张桂香、李冰编著。迟立颖负责编写第 2、3、4、7 章,张银霞负责编写第 1、8、10 章,张桂香负责编写第 6、9、11 章,李冰负责编写第 5 章。邓文新教授审阅全书,并提出了宝贵意见。

本书在编写过程中得到了北京航空航天大学出版社的大力支持和帮助,在此表示衷心的感谢。同时对编写过程中参考文献资料的作者一并表示谢意。

由于作者水平及时间有限,书中难免有疏漏之处,敬请读者、专家批评指正。

编著者
2011 年 2 月

目 录

第 1 章

Java 程序设计

在众多的程序设计语言中，Java 作为一种面向对象的程序设计语言，备受青睐。本章主要介绍各种计算机程序设计语言的特点、Java 的产生及特点、Java 的开发环境、Java 程序的分类、各类 Java 程序的基本运行步骤。

1.1　程序设计语言

程序设计语言是人与计算机交流的工具。计算机中运行的各种程序均是由各类程序设计语言编制而成的。编制程序的过程就如同使用某种自然语言写作文一样，不过这个"作文"要按照某种程序设计语言的语法编写，并且要在计算机上运行。因此，要编程必须学习程序设计语言，不同的程序设计语言适合编写不同类别的程序，自从程序设计语言诞生到现在已经出现了几十上百种，按特点基本可以分为以下三类。

1. 面向机器的语言

面向机器的语言是与机器相关的，用户必须熟悉计算机的内部结构以及其对应的指令序列才可以使用。面向机器的语言又分为两类：机器语言和汇编语言。

机器语言是以二进制代码组成的机器指令集合。这种语言编制的程序运行效率极高，但程序很不直观，编写很简单的功能就需要大量代码，重用性差，而且编写效率较低，很容易出错。

汇编语言比机器语言直观。它用助记符来代替二进制代码，编程工作相对机器语言简化，使用起来方便了很多，错误也相对减少，但不同的指令集的机器仍有不同的汇编语言，程序重用性也很低。

2. 面向过程的语言

现代应用程序开发多数都是使用高级语言。高级语言是与机器不相关的一类程序设计语言，比较接近人类的自然语言。因此，使用高级语言开发的程序可读性较好，便于维护。同时，由于高级语言并不直接和硬件相关，其编制出来的程序的移植性和重用性较好。

高级语言又分为面向过程的语言和面向对象的语言两种。

所谓面向过程（procedure oriented）的程序设计就是以要解决的问题为核心，分析问题中所涉及的数据及数据之间的逻辑关系（数据结构），进而确定解决问题的方法（算法）。因此，面向过程的程序设计语言注重高质量的数据结构和算法，研究采用什么样的数据结构来描述问题，以及采用什么样的算法来高效地解决问题。由于面向过程的程序设计语言是以要解决的问题为核心编程，因此如果问题稍微发生改变，就需要重新编写程序。在 20 世纪 70 年代和 80 年代，大多数流行的高级语言都是面向过程的程序设计语言，如 Basic、Fortran、Pascal 和 C 等。

1

3. 面向对象的语言

面向对象(object oriented)的基本思想就是以一种更接近人类一般思维的方式去看待世界,把世界上的任何一个个体都看成是一个对象。每个对象都有自己的特点,并以自己的方式做事,不同对象之间存在着交往,因此构成了大千世界,而世界上的对象又分为不同的类别。面向对象的程序设计就是通过定义类来描述自然界中的类别,通过创建类的对象来模拟自然界中的对象,对象的特点就是它的属性,而对象能做的事就是它的方法。常见的面向对象的程序设计语言包括 C++和 Java 等。

1.2　Java 语言的产生与特点

1. 产生

1991,Sun 公司的 James Gosling 等人为了开发家电产品的软件,设计了一种平台无关的面向对象的计算机语言,最初定名为 Oak(橡树),在 1995 年注册时,发现 Oak 已被使用,因此改为 Java(爪哇,盛产咖啡的一个岛屿的名称)。Java 诞生之后,以其强大的功能迅速成为网络编程的首选语言。

2. 特点

Java 作为一种平台无关的、适合于分布式环境的面向对象的编程语言,具有安全性、动态执行、多线程等特点。

平台无关是指 Java 程序不需要更改可以在各种操作系统上运行。

分布式环境是指可以将数据或计算分散到网络中的不同主机上,即 Java 可以实现网络中的不同主机上的数据或操作的编程。Java 不仅适合于网络编程,对于单机的程序设计功能也很强大。

Java 的安全性可从两个方面得到保证:在 Java 中摒弃了指针类型,增加了数组越界检查功能以及无用内存的回收功能;另外,Java 的运行环境提供了字节码校验器、类装载器和文件访问限定功能。字节码校验器检测字节码是否被改动过,类装载器将类装载到与其他程序分开的内存区域,文件访问限定可以限制该程序不能访问计算机的其他资源。

动态执行是指 Java 允许程序动态地装入运行过程中所需要的类。

多线程机制可以使 Java 程序并发执行,从而提高系统的效率。

1.3　Java 程序的开发环境

比较典型的 Java 开发运行环境有 Sun 公司的 Java 开发工具集 JDK(Java Development Kit)、Borland 公司的 JBuilder、微软公司的 Visual J++。由于 JDK 简便易学,文档资料齐全,比较适合初学者学习,而 JBuilder 和 Visual J++为集成开发环境,适合于有一定基础的程序开发人员使用。本书使用 JDK 作为 Java 开发工具。

1. JDK 的版本

JDK 可以免费从 Oracle 公司的网站 http://www.oracle.com 下载(由于 Sun 公司被 Oracle公司收购,原 Sun 公司的网址 http://www.sun.com 被自动转向 Oracle 公司首页)。JDK 的版本主要有 JDK1.1,JDK1.2,JDK1.3,JDK1.4,JDK5.0,JDK6.0。从 JDK5.0 开始提

供了泛型等非常实用的功能,其运行效率大大提高。

JDK 通常有三个版本:标准版 J2SE(Java 2 Standard Edition),是常用的一个版本,从 JDK 5.0 开始,改名为 Java SE;企业版 J2EE(Java 2 Enterpsise Edtion),用于开发 J2EE 应用程序。从 JDK 5.0 开始,改名为 Java EE;J2ME(Java 2 Micro Edtion),用于移动设备、嵌入式设备上的 java 应用程序开发,从 JDK 5.0 开始,改名为 Java ME。

在下载 JDK 时,建议同时下载 Java Documentation,这是 Java 帮助文档,对于开发 Java 程序大有益处。

2. JDK 的安装与设置

本书采用 J2SDK1.4.2 版本作为程序开发环境,安装路径默认为 c:\j2sdk1.4.2,安装后的目录包括:

bin 目录:Java 开发工具,包括 Java 编译器、解释器等;

demo 目录:一些实例程序;

lib 目录:Java 开发类库;

jre 目录:Java 运行环境,包括 Java 虚拟机、运行类库等。

开发环境安装之后需要做系统设置,右击"我的电脑",在快捷菜单中选择"属性"菜单项,在弹出的对话框中单击"环境变量",在弹出的页面中对"系统变量"做如下设置:

path= c:\j2sdk1.4.2\bin,

java_home= c:\j2sdk1.4.2(安装路径)

Classpath=.;C:\j2sdk1.4.2\lib\tools.jar;C:\j2sdk1.4.2\lib\dt.jar;C:\j2sdk1.4.2 \bin;

设置成功后,即可开始 Java 程序的开发与调试。

1.4　Java 程序的分类

Java 程序根据程序结构与执行机理的不同可以分为两类:Java Application(应用程序)和 Java Applet(小程序)。Java Application 程序可以直接编译运行,而 Java Applet 程序需要嵌入到 HTML 语言编写的 Web 页面中,通过页面调用该程序而运行。

1.5　Java Application 的运行步骤

Java Application 程序的运行要经过编辑、编译、解释运行三个步骤,如图 1-1 所示。

1. 编　辑

编辑是通过编辑软件将源程序存成扩展名为 java 的磁盘文件的过程。JDK 环境并不提供专门的编辑软件,用户可以借助 DOS 环境下的 EDIT 或是 Windows 下的记事本等软件进行编辑。

图 1-1　Java Application 程序的运行步骤

例如,有如下程序,其功能是在屏幕上显示"这是我的第一个 Java 应用程序。"

```
import java.io. * ;
public class MyFirstJavaProgram
```

```
        {
            public static void main (String args [ ])
            {
                System. out. println("这是我的第一个 Java 应用程序");
            }
        }
```

Java 程序是由类为基本单位组成的。类以 class 为标志,class 后面是类名。一个程序中可以有多个类,但是只能有一个类的前面允许加 public(公共的),这个类称为主类。

Java 源程序的名字必须与主类名完全相同,扩展名必须为 java。注意 Java 是严格区分大小写,因此大小写也要一致。

这里,将以上程序通过记事本存为 MyFirstJavaProgram. java 的源文件。

2. 编 译

编译的过程是利用编译程序将源程序翻译成扩展名为 class 的字节码文件的过程。

编译的命令格式为:

javac   源文件名. java

在命令提示符状态下,键入 javac　MyFirstJavaProgram. java↙(↙代表回车键)。

如果源程序没有错误,屏幕上没有显示信息,直接返回命令提示符,磁盘上会增加一个扩展名为 class 的字节码文件,用 dir 命令会发现磁盘上增加了一个 MyFirstJavaProgram. class 的文件,如图 1-2 所示。如果源程序有错误,编译器会指出错误位置及原因,例如,将源程序中的语句 System. out. println("这是我的第一个 Java 应用程序");后面的分号去掉,会出现如图 1-3 所示界面,表明共有一处错误,第 7 行}位置有误,希望是分号,此时需要返回编辑状态重新修改源程序,然后再编译。

图 1-2　无语法错误的编译效果　　　　　　　　图 1-3　有语法错误的编译效果

3. 解释运行

运行的过程是通过解释程序逐一解释字节码文件,完成程序的执行过程。

运行的命令格式为:

java   字节码文件名

注意:字节码文件名的后面不要加扩展名 class。

在命令提示符状态下,键入　java　MyFirstJavaProgram ↙　。这时屏幕上会出现如图 1-4 所示的运行结果(显示"这是我的第一个 Java 应用程序。")。

图 1-4　正确的运行结果

1.6　Java Applet 的运行步骤

Java Applet 程序的运行要经过编辑、编译、建立网页文件、运行网页文件四个步骤,如图1-5所示。

图 1-5　Java Applet 程序的运行步骤

例如,有如下 Applet 小程序,其功能是在屏幕上显示"这是我的第一个 Java 小程序。"

```
import java. applet. * ;
import java. awt. * ;
public class MyFirstJavaApplet extends Applet
{
    public void paint(Graphics g)
    {
        g. drawString(″我的第一个 Java 小程序。″,40,50);
    }
}
```

1. 编辑 Applet 源程序

利用记事本将以上源程序存为 MyFirstJavaApplet. java 文件。

2. 编译 Applet 源程序

在命令提示符下键入

javac　MyFirstJavaApplet. java↙

如果无误,将生成字节码文件 MyFirstJavaApplet. class。

3. 编辑嵌入字节码文件的 HTML 网页文件

利用记事本建立扩展名为 HTML 的文件(MyFirstApplet. html)。该文件名不必与类名一致,内容如下:

```
<HTML>
<HEAD>
<TITLE>我的 Java 小程序</TITLE>
</HEAD>
<BODY>
```

```
<APPLET CODE =MyFirstJavaApplet. class    WIDTH=200    HEIGHT=100>
</APPLET>
</BODY>
</HTML>
```

4. 运行 HTML 文件

JDK 提供了一个名为 appletviewer 的小程序浏览工具。其命令格式如下：

appletviewer   HTML 文件✓

在命令行提示符下，键入 appletviewer   MyFirstApplet. html✓，如图 1－6 所示。屏幕上会出现一个小窗口，内容如图 1－7 所示。

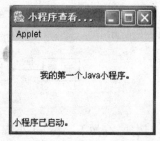

图 1－6　运行 HTML 文件

图 1－7　用 appletviewer 查看
Java Applet 程序的运行结果

当然，用户如果利用其他浏览器（比如 Internet Explorer 等）直接打开 MyFirstApplet. html 文件也可以看到对应的运行结果，如图 1－8 所示。

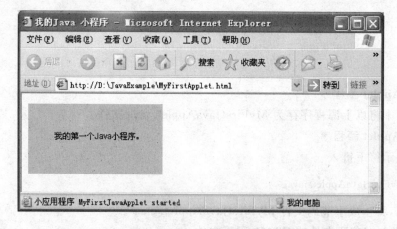

图 1－8　用 IE 浏览器察看 Java Applet 程序的运行结果

6

 习题一

一、选择题

1. 以下不属于 Java 特点的是（　　　）。

    A. 平台无关性　　　　　B. 安全性　　　　　C. 多线程　　　　　D. 静态性

2. 下列说法中正确的是(　　)。

A. Java 是不区分大小写的

B. Java 语言以方法为程序的基本单位

C. Applet 是一类特殊的 Java 程序,它嵌入 HTML 中,随主页发布到互联网上

D. Java 的源文件名和类名不允许相同

3. main 方法是 Java Application 程序执行的入口点。关于 main 方法的方法头以下哪项是合法的(　　)。

A. public　static　void　main　( )

B. public　static　void　　main (String　args[])

C. public static int　main (String　[] arg)

D. public　void　main　(String　arg[])

4. 编译 Java 源程序文件产生的字节码文件的扩展名为(　　)。

A. java 　　　　　　 B. class 　　　　　　 C. html 　　　　　　 D. exe

5. 以下关于 Java Application 程序结构特点的描述中,错误的是(　　)。

A. 一个 Java Appliction 程序可以由一个或多个文件组成

B. Java 程序中声明有 public 类时,则 Java 程序的文件名必须与 public 类的类名相同,扩展名为 java

C. 在组成 Java Application 程序的多个类中,有且仅有一个主类

D. 在一个 Java Appliction 程序,可以声明多个 public 类

6. 若 Java 程序中定义了 3 个类,编译后可生成(　　)个字节码文件。

A. 4 　　　　　　　 B. 3 　　　　　　　 C. 2 　　　　　　　 D. 1

二、填空题

1. 通常所说的高级程序设计语言,根据程序设计思想不同,可以分为(　　)和(　　)两类。

2. 根据程序的构成和运行环境的不同,Java 源程序分为两大类:(　　)程序和(　　)程序。

3. 在应用程序中必须而且只能有一个(　　)方法,程序将从该方法开始执行。

4. 有一段 Java 应用程序,它的主类名是 abc,那么保存它的源文件名应该是(　　)。

三、简答题

1. 如何区分 Java 应用程序和 Applet 小程序。

2. 试述 Java 应用程序的基本运行步骤。

3. 试述 Java Applet 程序的基本运行步骤。

4. 分别用 Java 应用程序和 Applet 小程序实现在屏幕上显示"Java 是一种面向对象的程序设计语言"。

第 2 章

Java 语言基础

就像世界上任何一种人类的自然语言一样,程序世界里的每一种程序设计语言也都有自己的符号集、编写程序的语法规则等。本章将详细介绍 Java 语言的基础知识。

2.1 Java 程序的符号集

符号是构成程序的基本单位。Java 语言采用国际化的 Unicode 字符集。在这种字符集中,每个字符用 2 字节即 16 位表示。这样,整个字符集中共包含 65 535 个字符。其中,前面 256 个表示 ASCII 码,使其对 ASCII 码具有兼容性;后面 21 000 个字符用来表示汉字等非拉丁字符。Unicode 字符集只用在 Java 平台内部,当涉及打印、屏幕显示、键盘输入等外部操作时,仍由具体计算机系统决定其表示方法。

Java 程序中的基本符号包括关键字、标识符、运算符、分隔符、注释符等。

2.1.1 关键字

关键字通常也称为保留字,是系统预定义的具有专门意义和用途的符号。比如表示类型的关键字 class,int 等,控制语句中的关键字 if,while 等。表 2-1 列出了 Java 语言的全部关键字。

表 2-1　Java 的关键字表

abstract	boolean	break	byte	byvalue *	case	cast *
catch	char	class	const *	continue	default	do
double	else	extends	false	final finally	float	for
future *	generic *	goto *	if	implements	import	inner *
instanceof	int	interface	long	native	new	null
operator *	outer *	package	private	protected	public	rest *
return	short	static	super	switch	synchronized	
this	throw	throws	transient	true try	var *	
void	volatile	while				

其中 * 标记的关键字是被保留,但当前尚未使用

有些关键字,如 cast,const,future,generic,goto,inner,operator,outer,rest,var 等都是 Java 保留的没有意义的关键字。严格说来它们不是关键字,只是符号。

需要特别注意的是,由于程序设计语言的编译器在对程序进行编译的过程中,对关键字作特殊对待,所以,在程序中不能用关键字给对象命名。

2.1.2 标识符

在 Java 语言中,标识符用于标识一个对象(变量、常量、方法和类等)。标识符是以字母、

下画线(_)或美元符($)开头,由字母、数字、下画线或美元符组成字符串。在 Java 语言中对标识符有如下规定:

(1) 标识符的长度不限。但在实际命名时不宜过长,过长会增加录入的工作量。

(2) 标识符必须以字母、下画线或美元符号开头,内部不能含有字母、数字、下画线、美元符之外的符号,特别注意不要含有空格符。

(3) 标识符区分字母的大小写,例如:C1_1 和 c1_1 代表不同的标识符。通常情况下,为提高程序的可读性和可理解性,在对程序中的任何一个对象命名时,应该取一个能反映该对象含义的名称作为标识符。此外,作为一种习惯,常量标识符的所有字母大写,例如 PI;类名的开头或标识符中出现的每个单词的首字母通常大写,其余字母小写,例如,TestPoint;变量、方法名、对象名等标识符首字母小写,标识符内部的单词首字母通常大写,其余字母小写,例如 myName,getArea,nearestPoint。

(4) 标识符内可以包含关键字,但不能与关键字完全一样。如"thisOne"是一个合法的标识符,但"this"是关键字,不能当作标识符。

例 2.1:一些合法的标识符。

Student　　　　UserNames　　　　_style　　　　$ money　　　　val2

例 2.2:一些非法标识符。

```
3ball            //以数字 3 开头
const            //const 是 Java 的关键字,有特殊含义
#my              //含有"#"符号
my name          //含有"空格"符号
```

2.1.3　运算符

运算符与运算数据一起组成运算表达式,以完成计算任务。运算符一般包括算术运算符、关系运算符、逻辑运算符、赋值运算符、位运算符等。Java 的运算符列于表 2-2 中。

表 2-2　Java 运算符

+	+=	−	−=	*	*=
/	/=	|	|=	^	^=
&	&=	%	%=	>	>=
<	<=	!	!=	++	−−
>>	||	==	=	~	?:
.	instanceof	[]	()	,	

2.1.4　分隔符

分隔符用于间隔程序的符号和语句,从而体现语句结构和程序结构。Java 中的分隔符包括回车符(enter)、空格符、制表符(tab)、分号(;)和花括号{ }等。有效地使用间隔符可以使程序结构清晰,可读性强。

例 2.3:下面两段程序功能相同,但是前者更易于阅读和检查。

程序一:

```
public class HelloWorldApp
{
    public static void main (String args[])
    {
        System. out. println ("Hello World!");
```

```
    }
  }
```

程序二:

```
public class HelloWorldApp { public static void main (String args[]) { System. out. println (" Hello
World!"); } }
```

2.1.5 注 释

程序中适当地加入注释,可以使程序更加易读易理解,有助于程序的修改以及他人阅读。程序中的注释对编译和执行来说是不起作用的,编译系统将忽略注释的内容。注释一般加在程序的开头或语句尾,不能插在一个标识符或关键字之中。Java 语言中使用三种方式给程序加注释:

(1) //注释内容。表示从"//"开头直到此行末尾均作为注释。一般用于对当前程序行的标识符、语句作简短说明,称为单行注释。

(2) /＊注释内容＊/。表示从"/＊"开头,直到"＊/"结束均作为注释,可占多行。多用来说明类、方法或程序段的功能,称为多行注释。

(3) /＊＊注释内容＊/。表示从"/＊＊"开头,直到"＊/"结束均作为注释,可占多行。一般放在一个变量或是一个函数的说明之前,表示该段注释应包含在自动生成的任何文档中(即由 javadoc 命令生成的 HTML 文件),称为文档注释。

例 2.4:注释的应用。

```
/＊ 定义一个点类 ＊/
class Point
{
    int x,y;                    //点的 x,y 坐标
    Point(int x1,int y1){       //构造方法
        x = x1;
        y = y1;
    }
    Point()                     构造方法
    {
        this(0,0);
    }
    void moveTo(int x1,int y1)   //点移动到(x1,y1)
    {    x = x1;
        y = y1;
    }
}
```

2.2 Java 程序的基本组成

由 Java 的各种符号可以构成 Java 应用程序。本节通过一个简单的程序说明 Java 应用程

序的基本结构。

　　例 2.5：实现在屏幕上显示字符串"欢迎使用 Java!"的 Java 应用程序。

```
1        import java.io. * ;                              //引入类
2        public class JavaProgram                          //定义类
3        {
4          public static void main(String   args[])         //定义 main()方法
5          {
6            System.out.println("欢迎使用 Java!");          //标准输出
7          }
8        }
```

　　注意：在这个程序中，每行前面的数字不是程序的组成部分，仅是为了方便说明每行的作用。

　　1. 引入类库

　　程序的第 1 行是对 Java 类库的引用。Java 类库是 Java 语言的重要部分。它是已经编写好的经过测试的功能模块的集合。每个模块对应一种特定的基本功能（由类实现），将功能相近的类放在同一个包中（例如，io 就是一个用于存放有关输入输出功能的类的包）。如果要用到某一功能时就可以调用对应的模块，在调用前需要引入含有该模块的类，引入的方法就是用 import 语句。每句只能引入一个包中的类。另外，该语句中 java 与 io 及 io 与 * 之间的"."是一种运算符，是引用的意思。因此第一个语句的意思是引入 java.io 这个包中所有的类（ * 代表所有的类）。

　　2. 程序注释

　　在程序的 1,2,3,4 行后边有"//"的符号，它是单行注释符号。注释的部分会被系统跳过，不会被编译器编译到可执行代码中。

　　3. 类定义

　　Java 语言的程序都是由类组成的，也就是说编写 Java 程序就是不断定义类的过程。第 2 行中的 class 就是类的标志，标志着开始进行类的定义。JavaProgram 是类名，类名是一个标识符，由编程者自行定义，但最好能表达这个类的功能或主要特点。public 是用来修饰 class 的，说明 JavaProgram 这个类是公共类。class 语句后面是一对花括号，其中的内容就是类的内容，例如对属性和方法的定义。这个例子中只有对方法的定义。

　　4. main() 方法

　　程序的第 4 行定义了方法 main()。它是 Java application 程序的执行入口，含有 main() 方法的类称主类。一个 Java 文件中可以有一个或多个类，但只能有一个主类，因此也只能有一个入口。main() 的方法只能用如下的语句来定义：

```
public static void main(String args[]){ }
```

其中 main 之前的符号都是对 main() 这个方法的修饰语，代表这个方法的特点。public 关键字说明方法 main() 是公有方法。它可以被任何方法访问，包括 Java 解释器；static 关键字告诉编译器 main() 方法是静态的，可用在类 JavaProgram 中，不需要通过该类的实例来调用；void 指明 main() 方法不返回任何值。Java 对调用方法所返回的类型及其说明要进行的检查，如果方法没有返回值，必须说明为 void，不可省略。Sting args[] 是数组的表示方法，也可以写成 String[] args。

5．输入和输出

在 main()方法中的语句(第 6 行)：

System. out. println("I have been a programmer!")；

其中 System 是 Java 语言的基本类。在 Java 的类库中已经定义好了,它在 java. lang 包中,系统自动引入这个包,不需用 import 语句引入。实际上如果去掉程序的第一句 import java. io. *;,程序一样正确。

System. out 是系统标准输出。out 实际上是 System 类的一个属性。这个属性还含有一个 println()的方法。println()方法的作用是向屏幕输出括号中的内容,并在内容后加上回车,使光标停留在下一行的开头。括号内的内容组成输出内容,引号内的内容将不加变化的输出到屏幕上,还可以用加号(＋)组织更多内容。另外还可以使用 print()。它与 println()的不同之处是输出内容后不加回车,光标停留在输出内容之后。

System. in 是系统标准输入,方法 read()接收用户输入的字符。它的返回值是 int 型数据。程序执行到 read()的方法时就停下来,等待用户输入,用户以回车表示输入结束后,程序继续执行。

6．程序中的大括号

程序中的大括号的个数一定要匹配,表示方法和类的开始和结束。

2.3 Java 的数据类型

数据在计算机中总是以某种特定的格式存放在计算机的存储器中。不同的数据占用存储单元的多少不同,而且,不同的数据其操作方式也不尽相同。数据类型在程序中就具有两个方面的作用:一是确定了该类型数据的取值范围,这实际上是由给定数据类型所占存储单元的多少确定的;二是确定了允许对这些数据的操作方式。Java 语言的数据类型如表 2-3 所列。

表 2-3　Java 数据类型及其在定义时使用的关键字

分　类	名　称		关键字	长度/位	范　围	最大值/最小值	默认值
基本类型	整数类型	字节型	byte	8	$-2^7 \sim 2^7-1$		0
		短整型	short	16	$-2^{15} \sim 2^{15}-1$		0
		整型	int	32	$-2^{31} \sim 2^{31}-1$	Integer. MAX_VALUE/ Integer. MIN_VALUE	0
		长整型	long	64	$-2^{63} \sim 2^{63}-1$	Long. MAX_VALUE/ Long. MIN_VALUE	0
	浮点类型	浮点型	float	32	4e-45f~ 3.403e+38f	Float. MAX_VALUE/ Float. MIN_VALUE	0.0F
		双精度型	double	64	4.9e-324d~ 1.7977e+308d	Double. MAX_VALUE/ Double. MIN_VALUE	0.0D
	字符型		Char	16	0~65535		\u0000
	布尔型		boolean	8	true,false		flase

分　类	名　称	关键字	长度/位	范　围	最大值/最小值	默认值
复合类型	字符串	String				
	数组					
	类	Class				
	接口	Interface				

本节主要介绍 Java 的基本数据类型,在 Java 程序中,数据运算以常量或变量形式体现。

2.3.1　常　量

常量(constant)是在程序中不变的量,如数字、字符、字符串等,值得注意的是存在以数字形式显示的字符串,如字符串"12345.678"不能与数字 12345.678 相混淆,字符'1'不能与数字 1 相混淆。常量是以字面形式直接给出的值,或者以关键字 final 定义的标识符常量。它们一经建立,在程序的整个运行过程中其值不会改变。这里只讨论前者,至于以关键字 final 定义的标识符常量,后面将在讨论 final 修饰符时专门论述。

Java 中常用的常量,按其数据类型来分,有整数型常量、浮点型常量、布尔型常量、字符型常量和字符串常量等 5 种。

1. 整数型常量

整数常量在机内使用 4 字节存储,适合表示的数值范围在 -2147483648 到 2147483647 之间。

注意,Java 中所有的整型量都有符号数。若要使用更大的数值,则应在数据末尾加上大写的 L 或小写的 l(即长整型数据),这样可使整数常量在机内使用 8 字节存储。L 表示它是一个 long 型量,注意,Java 中使用大写或小写 L 均有效,但小写字母不太好,因为在有些情况下,它和数字 1 分辨不清。

整数型常量有 3 种表示形式:

(1) 十进制整数。如:56,-24,0。

(2) 八进制整数。以零开头的数是八进制整数。如:017,0,0123。

(3) 十六进制整数。以 0x 开头的数是十六进制整数。如:0x17,0x0,0xf,0xD。十六进制整数可以包含数字 0~9、字母 a~f 或 A~F。

例 2.6:整数型常量示例。

　　　　2　　　　　　　表示十进制数 2

　　　　02　　　　　　 表示八进制数 2,等于十进制数 2

　　　　077　　　　　　表示八进制数 77,等于十进制数 63

　　　　0XBABE　　　表示十六进制数 BABE,等于十进制数 47806

例 2.7:长整型常量示例。

　　　　2L

　　　　077L

　　　　0XBABEL

2. 浮点型常量

浮点型常量又称实型常量,用于表示有小数部分的十进制数。浮点常量在机内的存储方式又分两种:单精度与双精度。在浮点常量后不加任何字符或加上 d 或 D 表示双精度。如:2.3e3,2.3e3d,2.3e3D,2.4,2.4d,2.4D。在机内用 8 字节存放双精度浮点常量。在浮点常量后加上 f 或 F,表示单精度。如:2.3e3F,2.4f,2.4F。在机内用 4 字节存放单精度浮点常量。

浮点型常量通常有两种表示形式:

(1) 小数点形式。它由数字和小数点组成。如:3.9,−0.23,−.23,.23,0.23。

(2) 指数形式。如:2.3e3,2.3E3,都表示 2.3×10^3;.2e−4 表示 0.2×10^{-4}。

例 2.8:浮点型常量示例。

3.14	一个 double 值,小数点形式
4.02E23	一个 double 值,指数形式
2.718F	一个 float 值
123.4E＋306D	一个 double 值

3. 布尔常量

布尔常量只有两个:true 和 false。它代表一个逻辑量的两种不同状态值,用 true 表示真,而用 false 代表假。注意,它们全是小写,并且不允许数值类型和布尔类型之间转换。

4. 字符常量

Java 中的字符表示和其他语言一样,用单引号来表示。如'a','A','E','♯','5'等等。但对于符号"'"和"\"有点特殊。对于单引号和反斜杠不能用单引号来表示字符常量,而必须通过转义序列来表示。

字符常量也是有值的。它的值就是在 Unicode 中的代码值,用 16 位无符号整数表示,范围为 0~65535。如'a'的值为 97,'A'的值为 65,'1'的值为 49。

字符型常量有 4 种形式:

(1) 用单引号括起的单个字符。这个字符可以是 Unicode 字符集中的任何字符。

例如:'b','F','4','＊'。

注意:在程序中用到引号的地方(不论单引号或双引号),应使用英文半角的引号,不要写成中文全角的引号。初学者往往容易忽视这一问题,造成编译时的语法错误。中文书籍中有时出现中文全角的引号是为了版面美观。

(2) 用单引号括起的转义字符。ASCII 字符集中的前 32 个字符是控制字符,具有特殊的含义,如回车、换行等,这些字符很难用一般方式表达。为了清楚地表达这些特殊字符,Java 中引入了一些特别的定义:用反斜线"\"开头,后面跟一个字母来表示某个特定的控制符,这便是转义字符。Java 中的转义字符如表 2 − 4 所示。

表 2 − 4　Java 的转义字符

引用方法	对应 Unicode 码	标准表示法	意　义
'\b'	'\u0008'	BS	退格
'\t'	'\u0009'	HT	水平制表符 tab
'\n'	'\u000a'	LF	换行
'\f'	'\u000c'	FF	表格符
'\r'	'\u000d'	CR	回车
'\"'	'\u0022'	"	双引号
'\''	'\u0027'	0'	单引号
'\\'	'\u005c'	\	反斜线

（3）用单引号括起的八进制转义序列。形式为：'\ddd'。此处 ddd 表示八进制数中的数字符号 0～7。如：'\101'。

八进制表示法只能表示'\000'～'\377'范围内的字符，即表示 ASCII 字符集部分，不能表示全部 Unicode 字符。

（4）用单引号括起的 Unicode 转义字符。形式为：'\uxxxx'。此处 xxxx 表示十六进制数。如：'\u3a4f'

例 2.9：字符常量示例。

'a'	表示字符 a
'\t\'	表示 tab 键
'\u0061'	表示 Unicode 编码为十六进制 0061 的字符，与'a'等同
'\101'	表示 ASCII 编码为八进制 101 的字符，与'A'等同

5. 字符串常量

Java 中的字符串和 C 语言不同，它是以对象的形式出现的，字符串是以双引号括起的 0 个或多个字符串序列。在 java. lang 中有个类是 String。这个类的实例（对象）就是字符串常量，字符串中可以包括转义字符。

例如："Hello"，"two\nline"，"\22\u3f07\n A B 1234\n"，" "。

在 Java 中要求一个字符串在一行内写完。若需要一个大于一行的字符串，则可以使用连接操作符"＋"把两个或更多的字符串常量接在一起组成一个长串。

例如，"How do you do?"＋"\n"的结果是"How do you do? \n"。

2.3.2 变 量

变量（variables）是在程序中由于某种需要而可以改变的量。变量除了区分为不同的数据类型外，更重要的是每个变量都具有变量名和变量值两重含义。变量名是用户自己定义的标识符。这个标识符代表计算机存储器中存储一个数据的位置的名字。它代表着计算机中的一个或一系列存储单元，变量名一旦定义便不会改变。而变量的值则是这个变量在某一时刻的取值。它是变量名所表示的存储单元中存放的数据，是随着程序的运行而不断变化的。Java 中的变量必须先声明后使用，声明变量包括给出变量的名称和指明变量的数据类型，必要时还可以指定变量的初始值。

1. 变量名

Java 的程序通过变量来操纵内存中的数据，变量在使用之前需要先定义。定义一个变量就是在内存中开辟一块区域，并与变量名建立联系。

例如：

int sum＝10000;

float tax;

char c;

以上的 sum，tax 和 c 都是变量名，又称标识符。Java 程序中自定义的类名、方法名、参数都是标识符。int，float 和 char 是变量的数据类型。数据类型决定这个变量占内存的几个 bit 数。对于标识符 Java 语言中有严格的规定：标识符由字母（区分大小写）、数字、下画线、$ 自由组合而成，但不能以数字开头，标识符长度不限。

定义时也可以同时给出这个变量的初始值，即对变量进行初始化，如上例中的 sum＝10000。变量的声明格式如下：

类型名　变量名［＝变量初值］［，变量名［＝变量初值］，……］；

其中方括号括起来的部分是可选的。

例如：

byte b1;   // byte 是类型名,b1 是变量名(标识符)

int i, j, k＝9;   //int 为类型名,i,j,k 为变量名,并且 k 的初值为 9。

char ch1, ch2;   //char 是类型名,ch1,ch2 是变量名

float x1, x2, y1, y2;   // float 是类型名,x1,x2,y1,y2 是变量名(标识符)

Java 的数据类型可以划分为四大类：整数、浮点数、字符型、布尔型。其中整数可以划分为 byte,int,short 和 long 四种类型,浮点数可分为 float 和 double 两种类型,它们占用不同的二进制位数(bit)。

2. 整数类型变量

Java 中的整数类型,按其取值范围之不同,可区分为 byte,short,int 和 long:整形变量。使用整型变量最应注意的是数值的溢出,由于不同的整型变量占用不同的二进制位数,所以有不同的取值范围。如果要存放的数值超出了变量的取值范围,这个数将被截断,变量中取到的是另一个数,程序就会产生难以预料的结果。而且这种错误较难查出。

整数类型变量的定义方法是在变量标识符前加上系统关键字 byte,int,short 或 long。

例 2.10：整数类型变量示例。

```java
public class Example2_10
{
    public static void main(String args[])
    {
        byte a1＝051;                    //八进制数
        byte a2＝0x21;                   //十六进制数
        byte a3＝30;//十进制数
        int b1,b2,i1＝7;
        short c1＝0x1D2;
        long d＝0x10EF,d1＝1234567;
        b1＝b2＝15;
        System. out. print("sum＝"+(1+5));
        System. out. print("\ta1＝"+a1);
        System. out. print("\ta2＝"+a2);
        System. out. println("\ta3＝"+a3);
        System. out. print("\tb1＝"+b1);
        System. out. print("\tb2＝"+b2);
        System. out. println("\tc1＝"+c1);
        System. out. print("\td＝"+d);
        System. out. print("\ti1＝"+i1);
        System. out. println("\td1＝"+d1);
    }
}
```

运行结果如下：

```
sum＝6    a1＝41    a2＝33    a3＝30
b1＝15    b2＝15    c1＝466
d＝4335   i1＝7     d1＝1234567
```

在 Java 程序中，int 型和 long 型的最小值和最大值可用符号常量表示，如表 2－5 所列。

表 2－5　整数类型的最小值和最大值的符号常量表示

符号常量名	含　义	十进制值
Integer. MIN_VALUE	最小整数	− 2 147 483 648
Integer. MAX_VALUE	最大整数	2 147 483 647
Long. MIN_VALUE	最小长整数	− 9 223 372 036 854 775 808
Long. MAX_VALUE	最大长整数	9 223 372 036 854 775 807

3. 浮点类型变量

浮点型变量用来表示实数。按其取值范围之不同，可区分为 float 和 double：浮点型变量。取的二进制位数越多，数值越精确，所以 double 表示小数将更精确。

浮点类型变量的定义方法是在变量标识符前加上系统关键字 float 或 double。

例 2.11：浮点类型变量示例。

```java
public class Example2_11
{
    public static void main(String args[])
    {
        float x＝85.0f,y,z;      //定义三个单精度变量 x,y,z,并且对 x 赋初值 85.0f
        y＝47.8f;
        z＝x/y;
        System. out. println(x＋"/"＋y＋"＝"＋z);
    }
}
```

程序的运行结果是：85.0/47.8＝1.7782427

注意，若两个浮点数的初值相同，它们在声明时不能写成"float a1＝a2＝3.4f;"而只能写成"float a1＝3.4f,a2＝3.4f;"。常量值后的 f 不能省略。

在 Java 中还提供了代表 float 型和 double 型最小值和最大值的符号常量，如表 2－6 所示。

表 2－6　浮点类型特定值的符号常量表示

符　号	含　义
Float. MIN_VALUE	1.4e−45
Float. MAX_VALUE	3.402 823 47E＋37
Float. NEGATIVE_INFINITY	小于−3.402 823 47E＋38
Float. POSITIVE_INFINITY	大于 Float. MAX_VALUE 的数

符 号	含 义
Double. MIN_VALUE	5e—324
Double. MAX_VALUE	1. 797 693 134 862 315 7E+308
Double. NEGATIVE_INFINITY	小于—1. 797 693 134 862 315 7E+308 的数
Double. POSITIVE_INFINITY	大于 Double. MAX_VALUE 的数
NaN	无意义的运算结果

4. 字符型变量

浮点类型变量的定义方法是在变量标识符前加上系统关键字 char。字符型变量有两种赋值方法：一种用单引号括起的单个字符，另一种是用整数表示的 Unicode 中的编码值。

例 2.12：字符型变量示例一。

```java
public class Example2_12
    {
    public static void main(String args[])
        {
        char data1='b';
        char data2=98;
        int i=98;
        char j=(char)i;
        System. out. println("value of data1 is "+data1);
        System. out. println("value of data2 is "+data2);
        System. out. println("value of j is "+j);
        }
    }
```

程序运行结果：

```
value of data1 is b
value of data2 is b
value of j is b
```

例 2.13：字符类型变量示例二。

```java
public class Example2_13
    {
    public static void main(String args[])
        {
        char c1, c2, c3,c4;
        c1='\\';
        c2='H';
        c3= 'T';
        c4='\115';
        System. out. print(c1);
        System. out. print(c2);
```

```
        System. out. print(c3);
        System. out. print(c4);
    }
}
```

程序的运行结果:

\HTM

例 2.14:字符类型变量示例三。

```
public class Example2_14
{
    public static void main(String args[])
        { int i＝65;
          char c='a',cc='王';
          System. out. println(i);
          System. out. println((char)i);
          System. out. println(c);
          System. out. println((int)c);
          System. out. println(cc);
          System. out. println((int)cc);
          System. out. println((char)24352);
        }
}
```

程序运行结果:

```
65
A
a
97
王
29579
张
```

5. 布尔类型

布尔类型变量的定义方法是在变量标识符前加上系统关键字 boolean。

例如:boolean f1＝true,f2;声明变量 f1、f2 为布尔型变量,并且 f1 取初值为 true,f2 没有给出初值,系统为它取默认值 false。布尔类型变量的取值只有 flase 和 true 两种。

例 2.15:布尔类型变量示例。

```
public class Example2_15
    {
        public static void main(String args[])
            {
                boolean x, y, z;
                int a＝89, b＝20;
                x＝(a＞b);
```

```
        y=(a! =b);
        z=(a+b==43);
        System. out. println("x="+x);
        System. out. println("y="+y);
        System. out. println("z="+z);
    }
}
```

运行结果如下：

```
x=true
y=true
z=false
```

⊙ 2.4 运算符和表达式

运算符是进行科学计算的标识符,表达式是用运算符把操作数(变量、常量及方法等)连接起来表达某种运算或含义的式子。表达式是组成程序的基本部分。Java 语言的运算符很丰富。运算符一般包括算术运算符、关系运算符、逻辑运算符、赋值运算符、位运算符等。

2.4.1 算术运算符和算术表达式

Java 中的算术运算符用来定义整型和浮点型数据的算术运算,根据与运算数据的个数不同,又分为单目运算符和双目运算符。各种算数运算符如表 2-7 所列。

表 2-7 算术运算符

运算符		运 算	举 例	等效的运算
双目运算符	＋	加法	a+b	
	－	减法	a−b	
	＊	乘法	a＊b	
	/	除法	a/b	
	％	取余	a％b	
单目运算符	＋＋	自加	a＋＋或＋＋a	a＝a＋1
	－－	自减	a－－或－－a	a＝a－1
	－a	取反	−a	a＝−a

1. 单目算术运算符

单目运算符只需要一个操作数,根据其位于运算符的不同侧有不同的含义。单目运算包括＋＋,－－和－,其中＋＋和－－分别有两种用法:a＋＋或 a－－是指表达式运算完后,在给 a 加一或减一。而＋＋a 或－－a 是先给 a 加一或减一,然后进行表达式运算,以下示例以自加运算讲解,自减运算道理相同。

例 2-16:自加(＋＋)运算符示例一。

```
int a=2,b;
b=a++;          //b 为 2,a 为 3
```

若改为：

```
int a=2,b;
b=++a;          //b 为 3,a 为 2
```

自加(＋＋)、自减(－－)运算符可放变量前,也可放在后面,如 a＋＋,＋＋a,对变量本身无影响,但对表达式或运算结果有影响:++a:a 先自加 1,然后再参与运算;a++:a 先参与运算,然后 a 自加 1。

例 2.17:自加(++)运算符示例二。

```
public class Example2_17
{
    public static void main(String args[])
    {
        int i=4,j;
        j=(i++)+(i++)+(i++);
        System. out. println("j="+j+" i="+i);
        i=3;
        j=(++i)+(++i)+(++i);
        System. out. println("j="+j+" i="+i);
    }
}
```

执行该程序输出结果如下:

j=15 i=7
j=15 i=6

需要注意的是:

自加与自减运算符只适用于变量,且变量位于运算符的不同侧有不同的效果。例如,下面的三个语句清楚地说明了这一点。

```
int a1=2,a2=2;
int b=(++a1)*2;
int c=(a2++)*2;
```

执行后 b 的值是 6,而 c 的值是 4。

2. 双目算数运算符

双目运算符需要两个操作数,写在运算符的左右两边。

例 2.18:算术运算符的示例。

```
5/2 = 2         -5/2.0 = -2.5          1/10=0
5%2=1           -5%2 =-1
1%10=1          5.5%2=1.5
```

需要注意的是:

(1) 两个整数类型的数据做除法时,结果只保留整数部分。如:2/3 的结果为 0。

(2) 和其他语言不同(如 C++),取模运算符两端的操作数不但能用于整型数,对浮点数也可以进行取模操作。如:5.5%2 结果为 1.5。

3. 算术运算符的优先级

运算符的优先级是指当一个表达式中出现不同的算术运算符时,执行运算的优先次序。表 2-8 列出了算术运算符的优先次序。

表 2 - 8　算术运算符优先级

顺　序	操　作	规　　则
高	（ ）	若有多重括号,首先计算最里面的子表达式的值。若同一级有多对括号,则从左到右计算
	＋,－	求单目负号和正号的值
低	*,/,%	若一个表达式中有多个乘法操作符,那么从左到右计算
	＋,－	若一个表达式中有多个加法操作符,那么从左到右计算

4. 算术表达式

算术表达式是由算术运算符将操作数连接组成的表达式。表达式的类型由运算符和操作数确定。

在书写表达式时,应该注意以下几点:

(1) 若运算符的优先级记不清,可使用括号改变优先级的次序。

(2) 过长的表达式可分为几个表达式来写。

(3) 在一个表达式中最好不要连续使用两个运算符,例如:a＋＋＋b。这种写法往往使读者弄不清到底是 a＋(＋＋b),还是(a＋＋)＋b。如果一定要表达这种含义,则最好用括号进行分组或者用空隔符分隔。例如:a＋ ＋＋b。

例 2.19:算术运算符及算术表达式应用。

```java
public class Example2_19
    {
        public static void main(String args[])
          {
            int x,y,z,a,b;
            a=11;
            b=3;
            x=a%b;
            y=3+ --a;
            z=7+ ++b;
            System. out. print("\tx="+x);
            System. out. print("\ty="+y);
            System. out. println("\tz="+z);
          }
      }
```

运行结果是:

x=2　　　　y=13　　　z=11

2.4.2　赋值运算符和赋值表达式

赋值运算符的作用是将赋值运算符右边的一个数据或一个表达式的值赋给赋值运算符左边的一个变量。注意赋值号左边必须是变量。

例如:

double s＝6.5＋45；//将表达式 6.5＋45 的和值赋给变量 s

Java 语言提供两种类型的赋值运算符：简单赋值运算符和复合赋值运算符。简单赋值运算符是"＝"。在赋值运算符"＝"之前加上其他运算符，则构成复合赋值运算符。Java 的复合赋值运算符如表 2－9 所示。

表 2－9　Java 的复合赋值运算符

复合赋值运算符	举　例	等效于
＋＝	x＋＝y	x＝x＋y
－＋	x－＝y	x＝x－y
＊＝	x＊＝y	x＝x＊y
/＝	x/＝y	x＝x/y
％＝	x％＝y	x＝x％y
^＝	x^＝y	x＝x^y
&＝	x&＝y	x＝x&y
|＝	x|＝y	x＝x|y
＜＜＝	x＜＜＝y	x＝x＜＜y
＞＞＝	x＞＞＝y	x＝x＞＞y
＞＞＞＝	x＞＞＞＝y	x＝x＞＞＞y

例 2.20：赋值运算符及赋值表达式应用。

```java
public class Example2_20
    {
        public static void main(String args[])
        {
            int x,y,z;
            x=1;
            y=2;
            z=3;
            x-=y;
            y/=x;
            z%=x;
            System. out. print("\tx="+(x+=y));
            System. out. print("\ty="+y);
            System. out. println("\tz="+z);
        }
    }
```

运行结果是：

x＝－3　　　y＝－2　　　z＝0

2.4.3　关系运算符与关系表达式

关系运算是比较两个表达式大小关系的运算。它的结果是真（true）或假（false），即布尔型数据。如果表达式成立则结果为"真"，否则为"假"。Java 中用 true 表示"真"；用 false 表示"假"。关系运算符有 6 种：＝＝，！＝，＞，＜，＞＝和＜＝，如表 2－10 所列。

表 2－10　Java 的关系运算符（设 x＝8，y＝6）

运算符	含　义	运　算	结　果
＝＝	等于	x＝＝y	false
！＝	不等于	x！＝y	true
＞	大于	x＞y	true
＜	小于	x＜y	false
＞＝	大于等于	x＞＝y	True
＜＝	小于等于	x＜＝y	False

例 2.21：关系运算符示例一。

```java
public class Example2_21
    {
        public static void main(String args[])
        {
            int i=10000;
            int j=1000;
            boolean k;
            k=i>j;
            System. out. println("i>j is"+k)
```

```
        }
    }
```

运行结果：

i>j is   true

例 2.22：关系运算符示例二。

```
public class Example2_22
    {
        public static void main(String args[])
        {
            boolean x,y;
            double a,b;
            a=1297;
            b=34.56;
            x=(a!=b);
            y=(a==b);
            System. out. println("(a>b)="+(a>b));
            System. out. println("x="+x);
            System. out. println("y="+y);
        }
    }
```

运行结果：

(a>b)=true

x=true

y=false

2.4.4　逻辑运算符与逻辑表达式

逻辑运算符用于对布尔型变量进行运算，利用逻辑运算符将操作数连接的式子称为逻辑表达式，其结果也是布尔型。逻辑运算符如表 2-11 所列。

表 2-11　Java 的逻辑运算符

a	b	! a	a&b	a|b	a&&b	a||b	a⁻b
真	真	假	真	真	真	真	假
真	假	假	假	真	假	真	真
假	真	真	假	真	假	真	真
假	假	真	假	假	假	假	假

从表 2-11 可以看出，& 与 &&、| 与 || 的结果是一样的，但两者是有区别的。"&"和"|"在执行操作时，运算符左右两边的表达式首先被运算，再对两表达式的结果进行与、或运算。而利用"&&"和"||"执行操作时，如果从左边的表达式中得到操作数能确定运算结果，则不再对右边的表达式进行运算。采用"&&"和"||"的目的是为了加快运算速度。

例 2.23：逻辑运算符示例一。

```java
public class Example2_23
{
    public static void main(String args[])
    {
        int i=3;
        int j=5;
        boolean k1,k2;
        k1=i<j&&++i<j;
        System.out.println("k1="+k1+"i="+i);
        k2=i<j || i++<j;
        System.out.println("k2="+k2+"i="+i);
    }
}
```

运行结果：

```
k1=truei=4
k2=truei=4
```

例 2.24：逻辑运算符示例二。

```java
public class Example2_24
{
    public static void main(String[] args)
    {
        int x=1;
        int y=2;
        int z=1;
        System.out.println("x="+x+" y="+y+" z="+z);
        System.out.println("x is not equal to z?"+!(x==z));
        System.out.println("x is not equal to y?"+!(x==y));
        System.out.println("x and y are small than 0 ?"+(x<0 && y<0));
        System.out.println("x and y are greater than 1 ?"+(x>1 && y>1));
        System.out.println("x or y are greater than 0  ?"+(x>0 || y>0));
        System.out.println("only x or y are greater than 1 ?"+(x>1 ^ y>1));
        System.out.println("only x or y are greater than 0 ?"+(x>0 ^ y>0));
    }
}
```

运行结果：

```
x=1 y=2 z=1
x is not equal to z? false
x is not equal to y? true
x and y are small than 0 ? false
x and y are greater than 1 ? false
x or y are greater than 0 ? true
```

only x or y are greater than 1 ? true

only x or y are greater than 0 ? false

当计算逻辑表达式时,因为它由多个关系表达式组成,所以有可能不计算全部的关系表达式,只要能确定整个逻辑表式的值为 true 或者 false 即可,这种情况称为"短路"。

例 2.25:逻辑运算符的"短路"特性。

```java
public class Example2_25
{
    public static void main(String[] args)
    {
        int n=3;
        int m=4;
        System. out. println();
        System. out. println("compare result is "+((n>m)&&(++n)>m));
        System. out. println("m is"+m+"n is "+n);
        System. out. println("compare result is "+((n<m)||(++n)>m));
        System. out. println("m is"+m+"n is "+n);
    }
}
```

运行结果:

compare result is false

m is4n is 3

compare result is true

m is4n is 3

程序首先计算表达式((n>m)&&(++n)>m),因为 n>m 为 false,因此整个表达式为 false,程序不再计算(++n)>m,所以 n 仍然为 3,没有机会增加 1 了。程序接着计算表达式((n<m)||(++n)>m),因为 n<m 为 true,所以程序不再接着计算(++n)>m 的值,n 的值仍然没有改变。

2.4.5 位运算符与位表达式

位运算符是对整数的二进位(bit)进行布尔运算,操作数和结果都是整型数据。

设 x=11010110,y=01011001,n=2。Java 的位运算符表 2-12 所示。

表 2-12 Java 的位运算符

运算符	含 义	举 例	结 果	运算符	含 义	举 例	结 果
&	按位与	x&y	01010000	<<	左移	x<<n	01011000
|	按位或	x|y	11011111	>>	右移	x>>n	11110101
^	按位异或	x^y	10001111	>>>	不带符号的右移	x>>>n	00110101
~	取反	~x	00101001				

例 2.26:位运算符二。

```
public class Example2_26
{
    public static void main(String args[])
    {
    int x,y,z,a,b;
    a=22; b=3;
    x=a>>>b;
    y=a^b;
    z=~a;
    System.out.print("\ta&b="+(a&b));
    System.out.print("\ta|b="+(a|b));
    System.out.println("\ta<<b="+(a<<b));
    System.out.println("\ta>>b="+(a>>b));
    System.out.print("\tx="+x);
    System.out.print("\ty="+y);
    System.out.println("\tz="+z);
    }
}
```

运行结果如下：

a&b=2 a|b=23 a<<b176
a>>b=2 x=2 y=21 z=-23

2.4.6　其他运算符

1. 条件运算符(?　:)：例如，x？y：z;,其中 x,y 和 z 都为表达式，当 x 值为 true 时，表达式的值为 y，否则表达式的值为 z。

2. 括号：起到改变表达式运算顺序的作用，它的优先级最高。

3. 域运算符(.)：逐级向下的引用，如 System.out.println()。

4. 逗号(,)：例如，x=1,y=2,x=x+y;表达式从左到右依次计算，表达式的值为最后一个表达式的值，即 z 的值 3。

5. new：分配空间。

6. type：强制类型转换。

2.4.7　运算符的优先级与结合性

运算符的优先级决定了表达式中不同运算执行的先后次序。优先级高的先进行运算，优先级低的后进行运算。在优先级相同的情况下，由结合性决定运算的顺序。Java 运算符的优先级别与结合性如表 2-13 所列，优先级别是由高到低的顺序。

最基本的规律是：域运算、分组运算和括号运算优先级最高，接下来依次是单目运算、双目运算、三目运算、赋值运算的优先级最低。

表 2 - 13　Java 的运算符优先级与结合性

运算符	结合性	优先级
.　[]　()	自左至右	1
++　--　-　!　~	右/左	2
*　/　%	自左至右	3
+　-	自左至右	4
<　<=　>　>=	自左至右	5
==　!=	自左至右	6
&	自左至右	7
ˆ	自左至右	8
|	自左至右	9
&.&	自左至右	10
||	自左至右	11
?:	自右至左	12
=　*=　/=　%=　+=　-=　<<=　>>=　>>>=　&=　ˆ=　|=	自右至左	13
,	自左至右	14

 ## 2.5　数据类型的转换

Java 提供两种数据类型的转换方式:一种是隐式转换;另一种是强制转换。

隐式转换也有两种情况:一是在赋值的时候,如果将较短类型数据赋给较长类型,类型转换由编译系统自动完成;二是在计算时,如果一个较短类型与较长类型数据进行运算,系统会自动把较短类型数据转换成较长类型数据后再进行运算。

如果将较长的数据类型赋予较短的数据类型,就必须使用强制转换。

例 2.27:数据类型转换示例。

隐式转换:

```
long bigval=7;      //   该语句正确,7 是整型量
int smallval=5L;
//   该语句错误,5L 是长整型,不能赋值给较短类型的整型变量
float z=3.1415F;    //   该语句正确,3.1415F 是浮点量
float z1=12.4;
```

//　　　该语句错误,12.4 是双精度量,不能赋值给较短类型的单精度变量

若想避免上面的两个错误语句,则可以用显式转换将要赋给变量的值强制转换成与变量类型一致的数据类型,再进行赋值。

```
long big=5L;
int squ=(int)(big);
```

强制转换的一般格式:

（数据类型）（表达式）；

注意：在基本数据类型中，boolean 类型和其他类型不能互相转换。

例 2.28：强制类型转换示例。

```java
public class Example2_28
{
    public static void main(String[] args)
    {
        int result1=(int)(200-6-8.6f);
        System.out.println("result1="+result1);
        byte result=(byte)(30*20);
        System.out.println("result="+result);
    }
}
```

程序运行结果：

result1=185
result=88

当将浮点数转换成整型数据的时候，小数点后面的数据就会丢失。所以（int）（200-6-8.6f）转换之后的结果为整数 185。而 byte 型数据最大只能表示-128 到 127 内的数，所以 30 * 20 的结果本应为 600，而最后输出结果为 88。

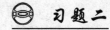 习题二

一、选择题

1. 下列选项中，不能作为 Java 变量名首字母的是（　　）。
   A. 字母　　　　　　B. 下划线_　　　　　　C. 数字　　　　　　D. 美元符号 $
2. 下面属于 Java 语言关键字的是（　　）。
   A. sizeof　　　　　B. abstract　　　　　C. null　　　　　　D. String
3. 下面属于 Java 语言关键字的是（　　）。
   A. For　　　　　　B. for　　　　　　C. FOR　　　　　　D. true
4. 下面属于 Java 语言关键字的是（　　）。
   A. null　　　　　　B. false　　　　　　C. length　　　　　D. instanceof
5. 下面语句中，不会出现编译警告或错误的是（　　）。
   A. float f =1.3；　B. char c ="a";　C. byte b =25；　D. booolean d =null;
6. 下面的赋值语句中，会产生编译错误的是（　　）。
   A. float a =2.0；　B. double b =2.0；　C. int c =2；　　D. long d =2；
7. 下面的赋值语句中，会产生编译错误的是（　　）。
   A. char a ='abc';　B. byte b =1234；　C. long c =0x123;　D. double d =1e-3f;
8. 下面的语句中，可以通过编译的是（　　）。
   A. float a =1；　　B. float b =1.0；　C. float c =2e1f;　D. float d =0x1234;

9. 设变量定义如下,在其后的 4 个表达式中,值为 true 的是(　　)。

```
int i =1;
float f =1.0f;
double d =1.0;
boolean b =true;
```

　A. i ==f 　　　　　B. i ==d 　　　　　C. f ==d 　　　　　D. 2.1 >i ==b

10. 下面程序片段的输出是(　　)。

```
int a =3;
int b =1;
if (a ==b)
    System. out. println("a =" +a);
```

　A. a =1 　　　　　　　　　　　　　B. a =3;
　C. 编译错误没有输出 　　　　　　　D. 正常运行,但没有输出。

11. 执行以下程序片段后,下面结论中正确的是(　　)。

```
int a, b, c;
a =1;
b =2;
c =(a +b >3 ? a++: ++b);
```

　A. a 的值是 2,b 的值是 3; 　　　　　B. a 的值是 1,b 的值是 3;
　C. a 的值是 1,b 的值是 2; 　　　　　D. c 的值是 false。

12. 以下不是 Java 的关键字(　　)。
　A. do 　　　　　B. try 　　　　　C. final 　　　　　D. While

13. 以下不合法的标识符是(　　)。
　A. String 　　　　　B. $1 　　　　　C. x 　　　　　D. 3_a

14. 以下修饰符中可用于定义成员常量的是(　　)。
　A. final 　　　　　B. static 　　　　　C. abstract 　　　　　D. const

15. Java 的字符类型采用的是 Unicode 编码方案,每个 Unicode 码占用(　　)个比特位。
　A. 8 　　　　　B. 16 　　　　　C. 32 　　　　　D. 64

二、填空题

1. Java 标识符是由(　　)组成的字符序列。

2. Java 字符(char)采用的是 ISO(国际标准化组织)规定的(　　)字符集。

三、判断题

1. (　　)Java 语言的标识符是不区分大小写的。

2. (　　)在 Java 语言中,每个 ASCII 码英文字符占用 8 个二进制位,而每个中文汉字字符占用 16 个二进制位。

3. (　　)已知语句"int t =640"在语法上是正确的,并将给变量 t 赋初值 640,而语句"short s =640"在语法上也是正确的。

4. (　　)已知语句"int t =640000"在语法上是正确的,并将给变量 t 赋初值 640000,而语句"short s ＝640000"在语法上也是正确的。

5. (   )已知语句"int t ＝640000"在语法上是正确的,并将给变量 t 赋初值 640000,而语句"short s ＝(short)640000"在语法上也是正确的。

6. (   )在 Java 语言中,语句"boolean t ＝1;"定义了 boolean 类型的变量 t,并给它赋初值。

7. (   )b ＝9a ＋2;语句在语法上是正确的。

8. (   )在 Java 语言中,执行语句"boolean t ＝1 ＆＆ 8"的结果将使 boolean 类型变量 t 的值成为 true。

四、简答题

1. 请判断下面的字符序列是否为合法的 Java 标记符。如果认为不是合法的 Java 标识符,请说明原因。

(1) public   (2)％def123abc   (3) $ 400   (4)redHat
(5)Line－Number   (6)400Arcs   (7)_400Arc   (8)_debug
(9)a@abc.com   (10)"char"   (11)keyword   (12)goto
(13)null   (14)true   (15)red hat   (16) * pointer
(17)猫   (18)old－timer

2. 请写出 Java 语言的所有基本数据类型,并分别写出这些基本数据类型所对应的每个变量在内存中所占用的位数。

3. 请分别写出下面转义符的含义。

    \b   \f   \n   \r   \t   \'   \"   \\

4. 请写出下面 Java(直接)常量的数据类型。

    0.0f   0.125d   'a'   "abc"   true
    123   12L   null   0.1   ox123L

5. 请将下面的整数转换成整数(int)和长整数(long)类型的补码表示的二进制数。

(1)13   (2)212   (3)305   (4)3
(5)－99   (6)－55   (7)－11   (8)－13

6. 下面是一些二进制补码表示的整数(int),请分别写出它们所对应的十进制数。

(1)0000 0000   0000 0000   0000 0000   0000 1100
(2)0000 0000   0000 0000   0000 0000   0000 0111
(3)1111 1111   1111 1111   1111 1111   1111 0100
(4)1111 1111   1111 1111   1111 1111   0111 1101
(5)1111 1111   1111 1111   1111 1111   1111 1010
(6)1111 1111   1111 1111   1111 1111   1110 1101

7. 假设已经定义如下的一些变量:

    int a ＝8;   int b ＝2;

请计算下面 Java 表达式的值,并写出表达式结果的数据类型(注:在计算小题的表达式的值时不考虑其他小题的影响,即假定每小题的运算都是在变量定义后立即进行的。)

(1)(int)1.5/2   (2)(int)(1.5/2.0)   (3)1.5/2.0   (4)5 ％3

(5)5.2 ％3　　　　　(6)5.2 ％(−3)　　　　　(7)−−a/b++

(8)−　−a/b++(二减号间有空格)　　　　　(9)10 ＞1

(10)10 ＞＞1　　　　(11)−10＞＞1　　　　(12)10＞＞＞1　　(13)−10＜＜1

(14)～10　　　　　(15)10 ｜ 3　　　　　(16)(−10) ｜ 3　　(17)10 ＆ 3

(18)10 ＾3　　　　(19)(a ＞7) ＆＆ (b ＞7)　　(20)(a ＞7) ＆ (b ＞7)

(21)(a ＞7) ｜｜ (b ＞1)　(22)(a ＞7) ｜ (b ＞1)　　(23)(a ＞10) ｜ (b ＞7)

(24)(a ＞7) ＾(b ＞1)　　(25)(a ＞7) ＆＆ ((++b) ＞2) ＆＆ (b ＞2)

(26)(a ＞10) ＆＆ ((b++) ＞1) ＆＆ (b ＞2)

(27)(a ＞7) ｜｜ ((b++) ＞1) ＆＆ (b ＞2)

(28)(a ＞7) ｜｜ ((++b) ＞2) ＆＆ (b ＞2)

(29)(a ＞7) ｜ ((b++) ＞1) ＆ (b ＞2)

(30)(a ＞7) ｜ ((++b) ＞2) ＆ (b ＞2)

(31)a ＞7? a：b　　　(32)a ＞10? a：b　　　(33)(byte)214

五、程序设计题

1. 取两个小于 1 000 的正随机数,若两个数均小于 10,先将它们都放大 50 倍,否则不改变这两个数。最后,求这两个数的和,并将结果输出,并使输出结果仅保留小数点后 4 位(不需四舍五入)。

2. 取一个小于 10 000 的正随机整数,并输出该数的平方根,并使输出结果在四舍五入后保留小数点后 4 位。

第 **3** 章

Java 控制语句

　　就像有感知力的生物一样,程序也应该有能力操控它的世界,并且在执行过程中作决定。Java 的运算符可以控制数据,而决定是由 Java 的控制语句来完成的。语句是 Java 的最小执行单位,用于指示计算机完成某些操作。该操作完成后会把控制权转向另外一条语句。语句不同于表达式,它没有值。语句间以分号(;)作为分隔符。Java 的控制语句分为顺序结构语句、选择结构语句和循环结构语句。本章将详细介绍 Java 中的各种流程控制语句。

🌀 3.1　Java 顺序结构语句

　　Java 顺序结构语句通常指书写顺序与执行顺序相同的语句。语句可以是单一的一条语句(如 a＝b＋c;),也可以是用大括号{}括起来的语句块(也称复合语句)。

3.1.1　表达式语句

　　在 Java 程序中,表达式往往被用于计算某种值,但当表达式加上";"号后,它就变成了表达式语句。

　　例如下面一些表达式语句:

```
x=5;
y++;
a=b+c;
```

　　有的方法调用可直接当作语句,例如:

```
System. out. println("Hello World!");
```

3.1.2　块语句

　　所谓"块"或"复合语句",是指一对花括号"{"和"}"括起来的任意数量的语句组。

　　例如:

```
{     }               //空块
{
Point point1 = new Point();
int x = point1. x;
 }                    //复合语句
```

　　块定义着变量的"作用域"。一个块也可嵌入到另一个块内。

　　例如:

```
public static void main(String args[])
```

```
{
    int a;
    …
    {
        int b;
        …
    }              //b 的作用域只在块内,到块外便失去作用
}
```

注意,Java 不允许在两个嵌套的块内声明两个完全同名的变量。

例如,下面的代码在编译时是通不过的。

```
public static void main(String args[])
{
    int a;
    …
    {
        int b;
        int a;        //在内层的块中又定义一次 a,错误!
        …
    }
}
```

块还应用在流程控制的语句中,如 if 语句、switch 语句及循环语句中。

3.2   选择结构语句

选择结构也称为分支结构,它提供了这样一种控制机制:根据条件值或表达式值的不同选择执行不同的语句序列,其他与条件值或表达式值不匹配的语句序列则被跳过不执行。分支结构的语句又分为 if 语句和 switch 语句。

3.2.1   if 语句

if 语句根据判断条件的多少又分为单分支 if 语句、双分支 if 语句和多分支 if 语句。

1. 单分支 if 语句

格式如下:

```
if(条件)
    语句;
```

或者

```
if(条件)
    {语句块;}
```

第一种情况下,在条件为真时,执行一条语句;否则跳过语句执行下面的语句。

第二种情况下,在条件为真时,执行多条语句组成的语句块;否则跳过语句块执行下面的语句。

上述格式中的"条件"为一关系表达式或布尔逻辑表达式,其值为一布尔值(true 或 false)。单分支 if 语句的流程如图 3-1 所示。

例 3.1:判断某个月是否在冬季。

```
public class Winter
{ public static void main(String args[])
    { int month=3;
        if (month==12||month==1||month==2)
            System. out. println(month+" is in winter");
        if (! (month==12||month==1||month==2))
            System. out. println(month+" is   not in winter");
    }
}
```

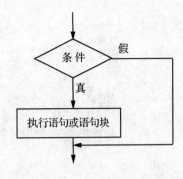

图 3-1　单分支 if 语句的流程图

运行结果:

3 is   not in winter

例 3.2:判断某个学生的分数是否及格。

```
public class PassFail
{ public static void main(String args[])
    { int grade=85;
        if (grade>=60)
            System. out. println("Passed");
        if (grade<60)
        {
            System. out. println("Failed");
            System. out. println("You must learn this course again. ");
        }
    }
}
```

运行结果:

Passed

2. 双分支 if 语句

格式如下:

```
    if(条件)
        {语句体 1}
    else
        {语句体 2}
```

当条件为真时,执行语句体 1,然后跳过 else 和语句体 2 执行下面的语句;当条件为假时,跳过语句体 1,执行 else 后面的语句体 2,然后继续执行下面的语句。注意,else 子句不能单独作为语句使用,必须和 if 子句配对使用。双分支 if 语句的流程如图 3-2 所示。

例 3.3:求一个数的绝对值。

```
public class Absolute
{ public static void main(String args[])
    {
        int x,y;
        x=-3;
        if (x>=0)
            y=x;
        else
            y=-x;
        System. out. println("Absolute is "+y);
    }
}
```

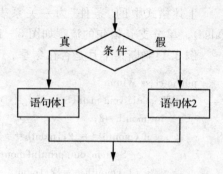

图 3-2　双分支 if 语句的流程图

运行结果：

Absolute is 3

例 3.4：根据车号判断今天是否可以出行。

```
class   Car
{
    int carNo;
    void setCarNo(int carNum)
    {carNo=carNum;}
    void   showCarNo()
    {System. out. println("车号是:"+carNo);}
}
class ForbidRunCars
{public static void main(String args[] )
    {
        Car myCar=new Car();
        myCar. setCarNo(1234);
        if (myCar. carNo%2==0)
            System. out. println("This Car cannot Run today. ");
        else
            System. out. println("This Car can Run today. ");
    }
}
```

运行结果：

This Car cannot Run today

例 3.5：判断一个年份是否是闰年。

分析：闰年的年份可被 4 整除而不能被 100 整除，或者能被 400 整除。因此，首先将年份存放到变量 year 中，如果表达式

year % 4==0 && year % 100 ! =0 || year % 400 ==0

的值为 true,则为闰年;否则就不是闰年。

```java
public class Leapyear
{
    public static void main(String args[])
    {
        int year=2002;
        if(year % 4 ==0 && 100 !=0 || year % 400 ==0)
        {
            System. out. println("year"+year+" is a leap year. ");
        }
        else
        {
            System. out. println("year"+year+" is not leap year. ");
        }
    }
}
```

运行结果:

year2002 is not leap year

3. 多分支 if 语句

格式如下:

```
if(条件 1)
    语句体 1;
else if(条件 2)
    语句体 2;
⋮
else if (条件 N)
    语句体 N;
[else
    语句体 N+1;]
```

如果条件 1 值为 true,则执行语句体 1;否则如果条件 2 的值为 true 则执行语句体 2,
……,如果前 N 个条件都不成立,则执行语句体 N+1。其中,else 部分是可选的。else 总是与
离它最近的 if 配对使用。多分支 if 语句的流程如图 3-3 所示。

例 3.6: 根据学生的考试成绩得出分数等级。

```java
public class Grade
{
    public static void main(String args[])
    {
        int grade=85;
        if (grade>=90)
            System. out. println("A");
```

```
        else if (grade>=80)
            System. out. println("B");
        else if (grade>=70)
            System. out. println("C");
        else if (grade>=60)
            System. out. println("D");
        else
            System. out. println("E");
        }
    }
```

运行结果：

B

例 3.7：判断一个数的符号。

```java
public class Sign
{
    public static void main(String args[])
    {
        int x=-5;
        int y;
        if(x<0)
        {
            y=-1;
        }
        else if(x==0)
        {
            y=0;
        }
        else
        {
            y=1;
        }
        System. out. println("x= "+x+" y= "+y);
    }
}
```

运行结果：

        x= -5 y= -1

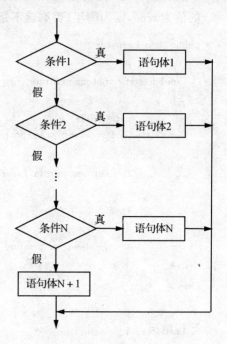

图 3-3 多分支 if 语句的流程图

3.2.2 switch 语句

处理多个分支问题时,使用多分支 if 语句显得非常繁琐。Java 提供了一种多分支结构的 switch 语句。switch 语句根据表达式的值从多个分支中选择一个来执行。它的格式如下：

switch(表达式)

```
{
    case 常量 1：语句体 1;break;
    case 常量 2：语句体 2;break;
        ……
    [default：语句体 n＋1;break;]
}
```

其中,表达式的类型只能是 int,byte,short,char。多分支结构把表达式的值依次与每个 case 子句中的值相比较。如果遇到匹配的值,则执行该 case 子句的语句序列。

case 子句只是起到一个标号的作用,用来查找匹配的入口,并从此处开始执行。case 子句中的值必须是常量,而且所有 case 子句中的值应该是不同的。

default 子句可任选。当表达式的值与任一 case 子句中的值都不匹配时,程序执行 default 后面的语句;如果表达式的值与任一 case 子句中的值都不匹配,且没有 default 子句,则程序不作任何操作,而是直接跳出 switch 语句。

break 语句用来在执行完成一个 case 分支后,使程序跳出 switch 语句,即终止 switch 语句的执行。如果没有 break 语句,当程序执行完匹配的 case 语句序列后,还会继续执行后面的 case 语句序列。因此一般应该在每个 case 分支后,用 break 语句终止后面的分支语句序列的执行。在某些特殊的情况下,当多个相邻的 case 分支执行一组相同的操作时,为了简化程序的编写,相同的程序段只须出现在最后一个 case 分支中;也只在这组分支的最后一个 case 后加 break 语句,组中其他的 case 分支则不使用 break 语句。

case 分支中若包含多条语句,可以不用大括号{}括起。

switch 语句的流程如图 3－4 所示。

例 3.8：判断一个月有多少天。

```java
public class MonthHaveDays
{
public static void main(String args[])
    {
        int month＝11,day＝0;
        switch(month)
        {
            case 1 :day＝31;break;
            case 2 :day＝28;break;
            case 3 :day＝31;break;
            case 4 :day＝30;break;
            case 5 :day＝31;break;
            case 6 :day＝30;break;
            case 7 :day＝31;break;
            case 8 :day＝31;break;
            case 9 :day＝30;break;
            case 10 :day＝31;break;
            case 11 :day＝30;break;
            case 12 :day＝31;break;
```

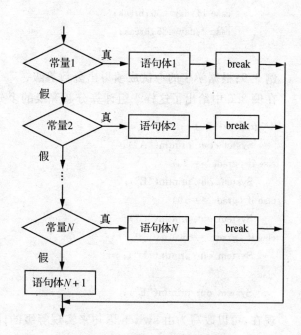

图 3－4　switch 语句的流程图

39

```
        }
        System. out. println(month+" month have "+day+" days");
    }
}
```

运行结果：

11 month have 30 days

在例子中，可以看到写了很多重复代码。因为 1,3,5,7,8,10,12 月为大月，有 31 天;4,6,9,11 月为小月，有 30 天;2 月暂时按非闰年计算为 28 天。因此,本例中的 switch 语句可以改写为如下代码段：

```
switch(month)
    {
        case 1:
        case 3:
        case 5:
        case 7:
        case 8:
        case 10:
        case 12 :day=31;break;
        case 4:
        case 6:
        case 9:
        case 11:day=30;break;
        case 2:day=28;break;
    }
```

例 3.9：根据学生的考试成绩得出分数等级。

在例 3.6 中给出了这样一组计算分数等级的多分支 if 语句：

```
if (grade>=90)
    System. out. println("A");
else if (grade>=80)
    System. out. println("B");
else if (grade>=70)
    System. out. println("C");
else if (grade>=60)
    System. out. println("D");
else
    System. out. println("E");
```

现在,可以改写为由 switch 语句来实现等级的计算了。由于 90~100 为 A 级,80~89 为 B 级,70~79 为 C 级,60~69 为 D 级,60 分以下为 E 级。因此可以在进入 switch 语句之前,先对成绩进行处理。分值的十位为 9 或 10 为 A 级,十位为 8 为 B 级;十位为 7 为 C 级;十位为 6 为 D 级;除此之外为 E 级。改写之后的代码如下：

```
grade=grade/10;
switch(grade)
{
    case 10:
    case 9:System.out.println("A");break;
    case 8:System.out.println("B");break;
    case 7:System.out.println("C");break;
    case 6:System.out.println("D");break;
    default:System.out.println("E");
}
```

3.2.3 选择结构语句的嵌套

上述各种条件结构的语句中，根据实际需要，在每一个条件结构中都可以嵌入另外的条件结构。使用时要特别注意 if 和 else 的搭配。if 语句的嵌套格式如下：

```
if（条件1）
        if（条件2）
            语句体1；
        else
            语句体2；
else
        if(条件3)
            语句体3；
        else
            语句体4；
```

if 嵌套结构的流程如图 3-5 所示。

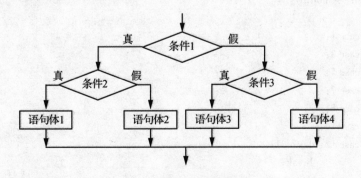

图 3-5 if 嵌套结构的流程图

例 3.10： 找出三个数中的最小数。

```
public class FindMin
{
    public static void main(String args[])
    {
    int x=3,y=5,z=2,min;
```

41

```
        if (x<y)
            if (x<z)
                min=x;
            else
                min=z;
        else
            if(y<z)
                min=y;
            else
                min=z;
        System. out. println("min= "+min);
    }
}
```

运行结果：

min= 2

在 if 结构和 switch 结构中，也可以相互嵌套。在例 3－8 中，2 月的天数应该分为两种情况考虑：平年为 28 天，闰年为 29 天。可以在程序中加入是否为闰年的判断来解决这个问题。

例 3.11：判断一个月有多少天。

```java
public class MonthHaveDays2
{
    public static void main(String args[])
    {
        int year=2012,month=2,day=0;
        boolean leap=false;
        leap = (year%400==0)|| (year%100! =0) && (year%4==0);
        switch   (month)
        {
            case 1:
            case 3:
            case 5:
            case 7:
            case 8:
            case 10:
            case 12: day=31;
                     break;
            case 4:
            case 6:
            case 9:
            case 11: day=30;
                     break;
            case 2:  if (leap)
                         day=29;
                     else
```

```
                    day=28;
                break；
            }
        System. out. println(month+" month have "+day+" days");
        }
    }
```

运行结果：

2 month have 29 days

3.3 循环结构语句

在程序设计中,有时需要反复执行一段相同的代码,直到满足一定的条件为止。Java 中利用循环结构来实现这种流程的控制。Java 提供了三种循环语句:for 语句、while 语句和 do 语句。一个循环结构一般应包含四部分内容。

(1) 初始化部分:用来设置循环控制的一些初始条件。

(2) 循环体部分:这是反复执行的一段代码,可以是单一的一条语句,也可以是复合语句。

(3) 迭代部分:用来修改循环控制条件。

(4) 判断部分:也称终止部分。是一个关系表达式或布尔逻辑表达式。其值用来判断是否满足循环终止条件。每执行一次循环都要对该表达式求值。

3.3.1 while 循环语句

当不知道一个循环会被重复执行多少次时,可以选择不确定循环结构:while 循环。while 循环又称"当型"循环,while 循环结构的流程如图 3-6 所示。它的一般格式为:

［初始化语句］
while(条件表达式)
    {
        循环体；
        ［迭代语句；］
    }

说明:

(1) 初始化控制条件这部分是任选的。

(2) 当条件表达式的值为 true 时,循环执行大括号中的语句,其中迭代部分是任选的。若某次判断条件表达式的值为 false,则结束循环的执行。

(3) while 循环首先计算终止条件,当条件满足时,才去执行循环体中的语句;若首次计算条件就不满足,则循环体部分一次也不会被执行。这是"当型"循环的特点。

(4) while 循环一般用于循环次数不确定的情况,但

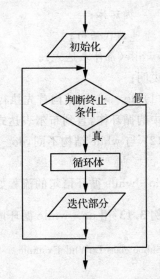

图 3-6 while 循环语句的流程图

43

也可以用于循环次数确定的情况。

例 3.12: 用 while 循环求自然数 $1\sim100$ 之和 $\sum\limits_{n=1}^{100} n$。

```java
public class WhileExample
{
    public static void main(String args[])
    {
        int i,sum;
        i=1; sum=0;                //初始化存放和的变量 sum 以及自然数的第一个值为 1
        while(i<=100)              //当 i<=100 时,累加求和;否则结束循环
        {
            sum=sum+i;            //将自然数 i 的值加到 sum 中
            i++;                 //i 的值加 1 成为下一个自然数
        }
        System.out.println(" The sum is: "+sum);     //输出和值
    }
}
```

运行结果:

The sum is: 5050

3.3.2 do-while 循环语句

do-while 循环又称为"直到型"循环。它的一般格式为:

[初始化语句]

do{

　　循环体;

　　[迭代语句;]

}while(条件表达式);

说明:

(1) do-while 结构首先执行循环体,然后计算终止条件。若结果为 true,则循环执行大括号中的循环体,直到布尔表达式的结果为 false。

(2) 与 while 结构不同,do-while 结构的循环体至少被执行一次,这是"直到型"循环的特点。

do-while 循环语句的流程如图 3-7 所示。

例 3.13: 用 do-while 循环语句求自然数 $1\sim100$ 之和 $\sum\limits_{n=1}^{100} n$。

```java
public class DoWhileExample
{
    public static void main(String args[])
    {
        int i,sum;
```

```
        i=1; sum=0;
    do
    {
        sum=sum+i;
        i++;
    }while (i<=100);
    System. out. println(" The sum is: "+sum);
    }
}
```

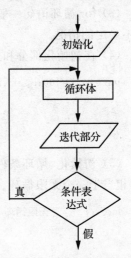

图 3-7 do-while 循环语句的流程图

运行结果：

The sum is: 5050

while 循环和 do-while 循环有些情况下可以相互转换,如例 3.12 和例 3.13 两道例题结果完全相同。但有些情况下是不同的,如下面的 A 程序段与 B 程序段的执行结果就是不相同的。

A 程序段：

```
int num=1;
while(num<1)
    num++;
```

结果 num 为 1

B 程序段：

```
int num=1;
do
    num++;
while(num<1);
```

结果 num 为 2

while 循环与 do-while 循环最大的区别就在于 while 先判断条件再循环,循环体可以一次也不执行;do-while 先循环再判断条件,循环体至少执行一次。

3.3.3 for 循环语句

如果事先知道了循环会被重复执行多少次时,可以选择 Java 提供的确定循环结构——for 循环。for 循环语句的一般格式为：

for(初始化语句;循环条件;迭代语句)
{
    循环体;
}

说明：

(1) for 循环语句执行时,首先执行初始化语句,然后判断循环条件。若为 true,则执行循环体中的语句,最后执行迭代语句。完成一次循环后,重新判断循环条件。

(2) 可以在 for 循环语句的初始化部分声明一个变量。它的作用域为整个 for 循环。

（3）for循环语句一般用于循环次数已知的情况,但也可以根据循环结束条件完成循环次数不确定的情况。

（4）在初始化部分和迭代部分可以使用逗号语句,来时行多个操作。例如：

```
for(i=1,j=100;i<=j;i++,j--)
    {
        …
    }
```

（5）初始化、循环条件以及迭代部分都可以为空语句,但分号不能省略,三者均为空的时候,相当于一个无限循环。例如：

```
for(;;)        //无限循环
{
    …
}


i=1;
for(;i<=100;)
{
    …
    i++;
}
```

（6）for循环语句与while循环语句是可以相互转换的。例如：

```
for(i=1,j=100;i<=j;i++,j--)
    {
        …
    }
```

等同于：

```
i=0;
j=100;
while(i<=j)
{
    …
    i++;
    j--;
}
```

for循环结构的流程如图3-8所示。

例3.14:用for循环语句求自然数1~100之和 $\sum\limits_{n=1}^{100} n$。

```
public class ForExample
{
    public static void main(String args[])
```

```
    {
        int i,sum;
        for(i=1,sum=0;i<=100;i++)
            sum=sum+i;
        System.out.println(" The sum is："+sum);
    }
}
```

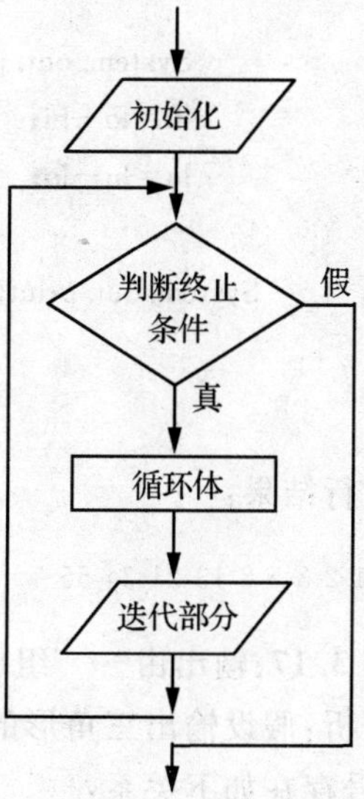

运行结果：

The sum is：5050

例 3.15：计算 1～20 之间的偶数之和,奇数之积。

```
public class EvenSumOddProduct
{
    public static void main(String args[])
    {
        int i,j,sum=0;
        int product=1;
        for(i=1;i<=20;i++)
        {
            if (i%2==0)
                sum+=i;
            else
                product *=i;
        }
        System.out.println("Even sum is ："+sum);
        System.out.println("Odd   product is ："+product);
    }
}
```

图 3 - 8　**for 循环语句的流程示意图**

运行结果：

Even sum is ：110
Odd   product is ：654729075

例 3.16：打印斐波那契序列的前 10 项。斐波那契序列的前两项是 1,1,后续各项是相邻前面两项之和。

```
public class Fibonacci
{
    static final int MAX_INDEX=10;
    public static void main( String args[] )
    {
        int lo = 1;                      //第 1 项
        int hi = 1;                      //第 2 项
        System.out.print(lo+" ");        //打印第 1 项
        for(int i=2;i<= MAX_INDEX;i++)
```

```
        {
            System. out. print(hi+" ");          //打印当前项
            hi=lo+hi;                             //下一项为前两项之和
            lo=hi-lo;                             //求当前项,并存入变量 lo 中
        }
        System. out. print("\n");
    }
}
```

运行结果:

1 1 2 3 5 8 13 21 34 55

例 3.17:输出由"＊"组成的实心等腰三角形。

分析:假设输出三角形的行数为 5 行,每一行都是由空格和星号组成的图形。则行号、空格、星号存在如下关系:

行号	空格	星号
1	4	1
2	3	3
3	2	5
4	1	7
i	5$-$i	2＊i$-$1

第 i 行应该先输出 5$-$i 个空格,紧接着是 2＊i$-$1 个星号,然后换行输出下一行的空格和星号。程序代码如下:

```
public class Triangle
{
    public static void main(String args[])
    {
        int i,j;
        for(i=1;i<=5;i++)
        {
            for(j=1;j<=5-i;j++)
                System. out. print(" ");
            for(j=1;j<=2*i-1;j++)
                System. out. print("＊");
            System. out. println();
        }
    }
}
```

运行结果:

```
        *
       * * *
      * * * * *
     * * * * * * *
    * * * * * * * * *
```

3.4 特殊的控制语句

Java 抛弃了有争议的 goto 语句,以两条特殊的流程控制语句:break 和 continue 语句,来完成流控制的跳转。

3.4.1 break 语句

break 语句可用于 switch,for,while 及 do while 语句中。break 语句在 switch 结构中的作用是退出 switch 结构,使程序从 switch 结构后面的第一条语句开始执行。在循环结构中,break 的作用用来退出循环结构,并从紧跟该循环的第一条语句处开始执行。

例 3.18:输出 i 的值,直到 i>5 为止。

```java
public class BreakExample
{
    public static void main(String args[])
    {
        for (int i = 0; i < 100; i++)
        {
            if ( i >= 5 )
                break;
            System. out. println("i=" +i);
        }
    }
}
```

运行结果:

```
i=0
i=1
i=2
i=3
i=4
```

例 3.19:从键盘输入一正整数 n,计算 4 的 n 次幂。在计算过程中,如果超出了 int 型所能表达的范围,则结束计算显示错误信息。

```java
public class Power
{
    public static void main( String args[] ) throws IOException
```

49

```
{
    int  i,n;
    //下面 7 行语句的作用是从键盘输入 n 的值
    InputStreamReader ir;
    BufferedReader in;
    ir=new InputStreamReader(System.in);
    in=new BufferedReader(ir);                        //创建缓冲区读者对象
    System.out.println("Input n is: ");
    String s=in.readLine();                           //从键盘上读取字符串
    n=Integer.parseInt(s);                            //将字符串转换为整型数
    long po=1;                                        //下面用 for 循环结构计算 4 的 n 次幂
    for(i=1;i<=n;i++)
    {
        po *=4;
        if(po>=Integer.MAX_VALUE)
            break ;                                   //如超出范围则结束循环
    }
    if(i==n+1)
        System.out.println("4 的"+n+"次幂 = "+po);  //正常退出循环时输出 po 的值
    else
        System.out.println("超出了 int 型范围!");     //非正常退出时显示出错信息
}
}
```

运行结果:

Input n is:

15

4 的 15 次幂 = 1073741824

再次运行:

Input n is:

16

超出了 int 型范围!

另外,Java 还提供了"标号",可以放在 for、while 或 do‐while 语句之前。其语义是跳出标号所标记的语句块,继续执行其后的语句。这种形式的 break 语句多用于嵌套块中,控制从内层块跳到外层块之后。其语法格式为:

标号:语句;

例如下面 a,b,c 三个嵌套块中 break 的应用。

```
a:{... //标记语句块 a
    b:{... //标记语句块 b
        c:{... //标记语句块 c
            if(条件) break b;
                ... //如果满足条件,由这些语句不会被执行
```

```
        }//c 块结束
    ... //这些语句不会被执行
    }//b 块结束
    ... //跳出块后从这里开始执行
}//a 块结束
```

例 3.20： break 的应用。

```
class BreakLabelExample
{
    public static void main (String args[])
    {
        int i, j = 0, k = 0, h=0;
label1:  for( i = 0; i < 100; i++, j += 2)
label2:  {
label3:          switch( i%2 )
                {
                    case 1:  h=1; break;
                    default: h=0;  break;
                }
            if( i==50 )
                break label1;
        }
        System. out. println("i= " +i);
        System. out. println("h="+h);
    }
}
```

运行结果：

```
i= 50
h=0
```

3.4.2　continue 语句

在循环语句中，continue 可以立即结束当次循环而执行下一次循环。当然，执行前先判断循环条件是否满足，以决定是否继续循环。continue 语句的格式为：

continue；

也可以使用标号化的 continue 语句跳转到括号指明的外层循环中，这时的格式为：

continue 标号；

例 3.21： 求 100～200 间的所有素数。

```
public class PrimeNumber
{
    public static void main( String args[] )
    {
        System. out. println(" ＊ ＊ 显示 100～200 之间的素数 ＊ ＊");
```

```
        int n=0;
outer：  for(int i=101;i<200;i+=2)
        {
            for(int j=2;j<=i-1;j++)
            {
                if( i%j==0 )
                        continue outer;
            }
            System. out. print(" "+i);
            n++;
            if( n<10 )
                continue;
            System. out. println();
                n=0;
        }
        System. out. println();
    }
}
```

运行结果：

```
＊＊ 显示 100～200 之间的素数 ＊＊
101 103 107 109 113 127 131 137 139 149
151 157 163 167 173 179 181 191 193 197
199
```

程序中的 break 和 continue 有时是可以避免的。将例 3－21 改写为例 3－22。

例 3.22：求 100～200 间的所有素数。

```
public class PrimeNumber1
{
    public static void main( String args[] )
    {
        System. out. println(" ＊＊ 显示 100～200 之间的素数 ＊＊");
        int n=0,j;
        for(int i=101;i<200;i+=2)
        {
            for( j=2;j<=i-1;j++)
                if( i%j==0 )
                    break;
            if (j>i-1)
            {
                System. out. print(" "+i);
                n++;
                if( n==10 )
                {
                    System. out. println();
```

```
                    n=0;
                }
            }
        }
        System. out. println();
    }
}
```

与例 3.21 程序的运行结果完全相同。

例 3.23：输出由"＊"组成的直角三角形。

```
class ContinueExample
{
    public static void main (String args[])
    {
outer:      for (int i = 0; i < 10; i++)
            {
                for (int j = 0; j < 20; j++)
                {
                    if ( j>i )
                    {
                        System. out. println();
                        continue outer;
                    }
                    System. out. print(" * ");
                }
            }
    }
}
```

运行结果：

```
*
* *
* * *
* * * *
* * * * *
* * * * * *
* * * * * * *
* * * * * * * *
* * * * * * * * *
* * * * * * * * * *
```

习题三

一、选择题

1. 在 switch 语句中，switch 之后的判断表达的类型可是（   ）。

    A. boolean   B. char   C. byte   D. short

    E. int   F. long   G. float   H. double

2. 欲使下面的程序片断在控制台窗口中输出"Message2"，变量 i 的值可以是（   ）。

```java
class demo3_1{
    public static void main(String[] args){
        int i=_____;
        switch (i){
            case 1：
                System. out. print("Message 1. ");
            case 2：
            case 3：
                System. out. print("Message 2. ");
                break;
        }
    }
}
```

    A. 0   B. 1   C. 2   D. 3   E. 4

3. 针对下面的程序，结论正确的是（   ）。

```java
class demo3_2{
    public static void main(String[] args){
        byte b=1;
        while(++b>0)
            ;
        System. out. println("Loop ?");
    }
}
```

    A. 运行程序时将会进入死循环，从而导致什么都无法输出

    B. 每运行一次程序，则输出一次"Loop?"并退出

    C. 每运行一次程序，则输出多次"Loop?"

    D. 程序中含有编译错误

4. 下面程序片段输出的是（   ）。

```java
class demo3_3{
    public static void main(String[] args){
        int i=0,j=9;
        do{
            if(i++>--j)
```

```
                break；
            }while(i<4)；
            System. out. println("i="+i+" and j="+j)；
    }
}
```

A. i ＝4 and j ＝4　　　　　B. i ＝5 and j ＝5

C. i ＝5 and j ＝4　　　　　D. i ＝4 and j ＝5

二、简答题

1. 指出下面程序可能存在的问题。

```
class demo3_4{
    public static void main(String[] args){
        for(int i==0;i<10;i++)
            System. out. println(i)；
    }
}
```

2. 请指出下面程序片断可能存在的问题。

```
class demo3_5{
public static void main(String[] args){
    for(int i=0;i==10;i++)
        System. out. println(i)；
}
}
```

3. 指出下面程序可能存在的问题。

```
class demo3_6{
    public static void main(String[] args){
        int i=0；
            while(i<5){
                System. out. println(i)；
            }
    }
}
```

4. 请判断下面的程序能否通过编译，并正常运行。如果能通过编译并正常运行，则请写出程序运行结果。

```
class demo3_7{
    public static void main(String[] args){
        int i=0；
            do{
            System. out. println(i++)；
        }while(i<5)；
    }
}
```

5. 请指出下面程序可能存在的问题。

```
class demo3_8{
    public static void main(String[] args){
        int i=0;
        do{
            System. out. println(i++);
        }
    }
}
```

三、阅读程序，写出运行结果

1.
```
public class demo3_9{
    public static void main(String[] args){
        int i=0;
        while(true){
            if(i++>10)
                break;
        }
        System. out. println(i);
    }
}
```

2.
```
public class demo3_10{
    public static void main(String[] args){
        int i=0;
        while(true){
            if(++i>10)
                break;
        }
        System. out. println(i);
    }
}
```

3.
```
public class demo3_11{
    public static void main(String[] args){
        int a=1,b=2;
        if((a==0)&(++b==6))
            a=100;
        System. out. println(a+b);
    }
}
```

4.
```
public class demo3_12{
    public static int mb_method(int x){
        int j=1;
        switch(x){
            case 1:
                j++;
            case 2:
```

```
                    j++;
                case 3:
                    j++;
                case 4:
                    j++;
                case 5:
                    j++;
                default:
                    j++;
            }
            return j+x;
        }
        public static void main(String[] args){
            System. out. println("Value="+mb_method(4));
        }
    }
```

5.
```
class demo3_13{
    public static void main(String[] args){
        int a=2;
        switch(a){
            case 1:
                a+=1;
                break;
            case 2:
                a+=2;
            case 3:
                a+=3;
                break;
            case 4:
                a+=4;
                break;
            default:
            a=0;
        }
        System. out. println(a);
    }
}
```

6.
```
public class demo3_14{
    static boolean fun(char c){
        System. out. print(c);
        return true;
    }
    public static void main(String[] args)
    {
```

57

```
        int i=0;
        for(fun('a');fun('b') && (i<2);fun('c')){
            i++;
            fun('d');
        }
    }
}
```

7.
```
public class demo3_15{
    public static void main(String[] args){
        int sum=0;
        outer:
        for(int i=1;i<100;i++){
            inner:
            for(int j=1;j<3;j++){
                sum+=j;
                if(i+j>6)
                    break outer;
            }
        }
        System. out. println("sum="+sum);
    }
}
```

8.
```
public class demo3_16{
    public static void main(String[] args){
        int sum=0;
        outer:
        for(int i=1;i<10;i++){
            inner:
            for(int j=1;j<3;j++){
                sum+=j;
                if(i+j>6)
                    break inner;
            }
        }
        System. out. println("sum="+sum);
    }
}
```

9.
```
public class demo3_17{
    public static void main(String[] args){
        int sum=0;
        outer:
        for(int i=1;i<10;i++){
            inner:
            for(int j=1;j<3;j++){
```

```
                    sum+=j;
                    if(i+j>6)
                        continue inner;
                }
            }
    System. out. println("sum="+sum);
    }
}
```

10.
```
public class demo3_18{
    public static void main(String[] args){
        int sum=0;
        outer:
        for(int i=1;i<10;i++){
            inner:
            for(int j=1;j<3;j++){
                sum+=j;
                if(i+j>6)
                    continue outer;
            }
        }
    System. out. println("sum="+sum);
    }
}
```

11.
```
int  x=0,y=4, z=5;
if ( x>2){
    if (y<5){
        System. out. println("Message  one");
    }
    else {
        System. out. println("Message  two");
    }
}
else if(z>5){
    System. out. println("Message  three");
}
else {
    System. out. println("Message  four");
}
```

12.
```
int   j=2;
switch  ( j ) {
case  2:
        System. out. print("Value is two. ");
    case  2+1 :
        System. out. println("Value is three. ");
```

```
            break;
        default:
            System. out. println("value is "+j);
            break;
    }
```

四、程序设计题

1. 请编写程序,要求采用循环语句,在屏幕上输出如下图案。

```
        *
      * * *
    * * * * *
  * * * * * * *
```

2. 编写程序,通过循环生成如下所示的图案。

```
        A
       B C
      D E F
     G H I J
    K L M N
     O P Q
      R S
       T
```

3. 请编写一个程序,计算并输出"1 + 2 +⋯ + 2008"的结果。

4. 在程序中直接给定一个正整数 n(如 n =201),计算并输出小于 n 的最大素数。

5. 请编写程序输出 1 000 以内的所有素数。

6. 请编写一个 Application 实现如下功能:在主类中定义方法 f1(int n)和方法 f2(int n),它们的功能均为求 n!,方法 f1( )用循环实现,方法 f2( )用递归实现。在主方法 main( )中,以 4 为实在参数分别调用方法 f1( )和方法 f2( ),并输出调用结果。

7. 请编写一个 Application 实现如下功能:接受命令行中给出的三个参数 x1,x2 和 op。其中 x1 和 x2 为 float 型数,op 是某个算数运算符(+,-,*,/之一),请以如下形式输出 x1 和 x2 执行 op 运算后的结果(假设 x1 的值为 269,x2 的值为 18,op 为运算符-):

$$269-18=251$$

第 **4** 章

数组与字符串

数组类型属于复合数据类型,是由若干类型相同的元素组成的一个有顺序的数据集合。其中的元素可以是基本类型,也可以是类类型,还可以是数组。数组是对象,因此类 Object 中定义的方法都可以用于数组。

字符串是字符的序列,Java 中字符串是当做对象来处理的,通常用 String 类和 StringBuffer 类来创建字符串。

本章主要讲解数组的声明、创建和应用,字符串的创建及处理。

4.1 数 组

数组中各元素的类型相同,而且元素有顺序,所有元素共用一个名称。数组中的元素可以通过下标来访问。根据下标的数量不同,数组又分为一维数组和多维数组。多维数组中最常用的是二维数组。数组通常要先声明,再创建,然后才可以使用。

4.1.1 一维数组的声明

一维数组的声明格式:

数组元素类型　数组名[ ];
数组元素类型　[ ]数组名;

例如:

```
char   s[ ];              // s 的每个元素都是 char 类型的
Point  points[ ];         // points 的每个元素都是类 Point 类型的
Car    Cars[ ];           // Cars 的每个元素都是类 Car 类型的
```

这三条语句可以等价地写为:

```
char[ ] s;
Point[ ]  points;
Car[ ]  Cars[ ];
```

4.1.2 一维数组的创建

声明一个数组仅仅是为这个数组指定数组名和数组元素的类型,并不为数组元素分配实际的存储空间。数组经过初始化后,其长度就会固定下来,不再改变。Java 数组的初始化的方法有两种:一种是直接指定初始值的方式,也可以用 new 操作符来初始化数组。

1. 直接指定初始值的方式创建数组
在声明一个数组的同时将数组元素的初值依次写入赋值号后的一对花括号内,给这个数组的所有数组元素赋上初始值。

例如：

int[] a1={1,−9,4,8};

赋值后,如图 4−1 所示。

2. new 操作符创建数组

用关键字 new 来创建数组有两种方式:一种是先声明数组,再创建数组;另外一种是在声明数组的同时用 new 关键字创建数组。

格式如下:

    类型标识符 数组名[];
    数组名=new 类型标识符[数组长度];

或

    类型标识符 数组名[]=new 类型标识符[数组长度];

或

    类型标识符[]数组名=new 类型标识符[数组长度];

例如:

 int a[];
a=new int[4];

或

int[] a=new int[4];

用关键字 new 初始化数组,只为数组分配存储空间而不对数组元素赋初值。初始化后如图 4−2 所示。

数组元素	a[0]	a[1]	a[2]	a[3]
初始值	1	-9	4	8

图 4−1　数组 a 的初始化过程

数组元素	a[0]	a[1]	a[2]	a[3]
初始值				

图 4−2　new 操作符初始化数组 a 的过程

4.1.3　一维数组的引用

当数组初始化后就可通过数组名与下标来引用数组中的每一个元素。一维数组元素的引用格式如下:

数组名[数组下标]

注意:在 Java 中,数组下标从 0 开始,数组中的元素个数 length 是数组类中唯一的数据成员变量。使用 new 创建数组时系统自动给数组长度 length 赋值。

数组名是经过声明和初始化的标识符;数组下标是指元素在数组中的位置,数组下标的取值范围是 0 到比数组长度少 1 的值,下标值可以是整数型常量或整数型变量表达式。

例如:

int[] a=new int[10],n=3;

```
a[3]=25;                   //正确,下标是整数常量
a[3+6]=90;                 //正确,下标是整数表达式
a[n]=45;                   //正确,下标是整型变量
a[10]=8;                   //错误,下标 10 越界
```

例 4.1：数组长度测定的一个例子。

```
public class c4_1
  {
    public static void main(String arg[])
    {
      int i;
      double a1[];
      a1=new double[5];
      int a2[]=new int[5];
      byte[] a3=new byte[5];
      char a4[]={'A','B','C','D','E'};
      System. out. println("a1. length="+a1. length);
      System. out. println("a2. length="+a2. length);
      System. out. println("a3. length="+a3. length);
      System. out. println("a4. length="+a4. length);
      for(i=0;i<5;i++)
      { a1[i]=100.0+i;
        a2[i]=(char)(i+97);
      }
      System. out. println("\ta1\ta2\ta3\ta4");
      System. out. println("\tdouble\tint\tbyte\tchar");
      for(i=0;i<5;i++)
      System. out. println("\t"+a1[i]+"\t"+a2[i]+"\t"+
      a3[i]+"\t"+a4[i]);
    }
  }
```

该程序的运行结果如下：

```
a1. length=5
a2. length=5
a3. length=5
a4. length=5
        a1      a2      a3      a4
        double  int     byte    char
        100. 0  97      0       A
        101. 0  98      0       B
        102. 0  99      0       C
        103. 0  100     0       D
        104. 0  101     0       E
```

例 4.2：用数组求解 Fibonacci 数列(1,1,2,3,5,8,13,21,…)的前 20 项。

观察数列,可以找到各个元素满足如下规律:

$$\begin{cases} F1 = 1 & (n = 1) \\ F2 = 1 & (n = 2) \\ F_n = F_{n-1} + F_{n-2} & (n \geqslant 3) \end{cases}$$

由此设计程序如下:

```java
public class fib
{
  public static void main(String[] args)
  {
   int i;
   int fib[]=new int[20];
   fib[0]=1;fib[1]=1;
   for(i=2;i<20;i++)
   fib[i]=fib[i-2]+fib[i-1];
   for(i=0;i<20;i++)
   {
     if(i%5==0)System.out.println("\n");
       System.out.print("\t"+fib[i]);
   }
  }
}
```

程序运行结果:

1	1	2	3	5
8	13	21	34	55
89	144	233	377	610
987	1597	2584	4181	6765

4.1.4 多维数组

Java中没有真正的多维数组,但因为数组元素可以说明为任何类型,所以数组元素也可以由数组来担任。这样,就可以建立数组的数组,从而得到多维数组。下面以二维数组为主讲解,其他多维数组与此类同。

二维数组的声明方式:

类型说明符 数组名[][];

或

类型说明符[][] 数组名;

例4.3:二维数组的创建。

int a[][]=new int[2][];

```
a[0]＝new int[4];
a[1]＝new int[4];
```

第一行调用 new 创建的对象只是一个一维数组,数组含 4 个元素,每个元素又是对整数数组元素的引用,由此构成二维数组。这种方式构成的数组是一个矩阵数组。可以把每一行看成一个数组元素,则有二行的数组可看成只有二个数组元素,只不过这二个元素又是由四个元素组成的,如图 4-3 所示。

例 4.3 中的数组第二维的大小是固定不变的,每一行上都有四个元素,称为矩阵数组。在 Java 中还可以创建非矩阵数组。

例 4.4:非矩阵数组的创建。

```
int a[][]＝new int[4][];
a[0]＝new int[2];
a[1]＝new int[4];
a[2]＝new int[6];
a[3]＝new int[8];
```

a 数组为 4 行,每行中的元素个数分别为 2,4,6,8 个,数组形式如图 4-4 所示。

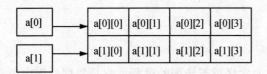

图 4-3 二维数组的形式   图 4-4 非矩阵数组的形式

该数组各维的长度如下:

a.length＝4
a[0].length＝2
a[1].length＝4
a[2].length＝6
a[3].length＝8

综上所述,二维数组的一般创建格式为:

类型 数组名[][]＝new 类型[length1][length2];

其中,length1 和 length2 分别为数组各维的大小。

以下的方式是错误的:

```
int errarr1[2][3];                      // 不允许静态说明数组
int errarr2[ ][ ] = new int [ ][4];     // 数组的维数说明顺序应从高维到低维
int errarr3[ ][4] = new int [3][4];     // 数组维数的指定只能出现在 new 运算符之后
```

4.1.5 二维数组的初始化

在声明二维数组的同时,也可以用指定初值的方法对数组元素赋初值。

例如 int[][] arr1＝{{3,−9,6},{8,0,1},{11,9,8} };声明并初始化数组 arr1。它有 3 个元素,每个元素又都是有 3 个元素的一维数组。

用指定初值的方式对数组初始化时,各子数组元素的个数可以不同。

例 4.5:二维数组的初始化。

int[][] arr1={{3,−9},{8,0,1},{10,11,9,8} };

它等价于:

int[][] arr1=new int[3][];
int arr1[0]={3,−9};
int arr1[1]={8,0,1};
int arr1[2]={10,11,9,8};

也等价于:

int[][] arr1=new int[3][];
int arb1[0]={3,−9};
int arb2[1]={8,0,1};
int arb3[2]={10,11,9,8};
arr1[0]=arb1; //实际上是将一个一维数组赋给了一个二维数组的元素
arr1[1]=arb2;
arr1[2]=arb3;

4.1.6 数组的排序与查找

排序是把一组数据按照值的递增或递减的次序重新排列的过程。它是数据处理中极其常用的运算。利用数组的顺序存储特点,可方便地实现排序。排序算法有多种,这里只讨论较易理解的冒泡排序和选择排序两种。

查找是在一个排好序的数组中查找一个元素的位置。这里介绍最常用的二分法查找法。二分查找是在一个有序表中,每次都与中间的那个元素比较,若相等则查找成功;否则,调整查找范围,若中间那个元素的值小于待查值,则在表的后一半中查找;若中间那个元素的值大于待查值,则在表的前一半中查找;如此循环,每次只与一半中的一个元素比较,可使查找效率大大提高。

例 4.6:用冒泡法对 10 个数按从小到大排序。

排序过程:

(1) 比较第一个数与第二个数,若为逆序 a[0]>a[1],则交换。然后比较第二个数与第三个数,若为逆序 a[1]>a[2],则交换。依次类推,直至第 n−1 个数和第 n 个数比较为止——第一趟冒泡排序,结果最大的数被安置在最后一个元素位置上。

(2) 对前 n−1 个数进行第二趟冒泡排序,结果使次大的数被安置在第 n−1 个元素位置。

(3) 重复上述过程,共经过 n−1 趟冒泡排序后,排序结束。

程序:

```java
import java.io. * ;
    class SortClass
    { void sort(int arr[])
      { int i,k,temp;
        for(i=0;i<arr. length−1;i++)
```

```
        for(k=arr. length-1;k>i;k--)
        if( arr[k]<arr[k-1])
          { temp=arr[k-1];
            arr[k-1]=arr[k];
            arr[k]=temp;
            }
      }
    }


public class sortb
{
    public static void main(String[] args)throws IOException
    { BufferedReader keyin=new BufferedReader(new InputStreamReader(System. in));
      int i,k,temp;
      String c1;
      int arr[]=new int[10];
      System. out. println(" 请从键盘输入 10 个整数:");
      for(i=0;i<arr. length;i++)
      { c1=keyin. readLine();
        arr[i]=Integer. parseInt(c1);
      }
      System. out. print ("排序前的数据:");
      for(i=0;i<arr. length;i++)
      System. out. print(" "+arr[i]);
      System. out. println("\n");
      SortClass p1=new SortClass();
      p1. sort(arr);
      System. out. println("冒泡法排序的结果:");
      for(i=0;i<arr. length;i++)
      System. out. print(" "+arr[i]);
      System. out. println("\n");
    }
}
```

程序运行结果:

请从键盘输入 10 个整数:

1
3
4
5
2
10
13
25

78

排序前的数据：1 3 4 5 2 10 13 25 67 78

冒泡法排序的结果：

1 2 3 4 5 10 13 25 67 78

例 4.7：用选择法对 10 个数按从小到大排序。

排序过程：

(1) 首先通过 $n-1$ 次比较，从 n 个数中找出最小的，将它与第一个数交换——第一趟选择排序，结果最小的数被安置在第一个元素位置上。

(2) 再通过 $n-2$ 次比较，从剩余的 $n-1$ 个数中找出关键字次小的记录，将它与第二个数交换—第二趟选择排序。

(3) 重复上述过程，共经过 $n-1$ 趟排序后，排序结束。

程序：

```java
import java.io. * ;
class SelectSort
    {
    static void sort(int arr1[])
    {
    int i,j,k,t;
    for(i=0;i<arr1. length-1;i++)
    {
      k=i;
      for(j=i+1;j<arr1. length;j++)
      if( arr1[j]<arr1[k]) k=j;
      if(k>i)
      { t=arr1[i];
        arr1[i]=arr1[k];
        arr1[k]=t;
      }
    }
    }
    }

public class sortselect extends SelectSort
    {
    public static void main(String[] args) throws IOException
    {
    BufferedReader keyin=new BufferedReader(new InputStreamReader(System. in));
    int i,k,temp;
    String c1;
    int arr[]=new int[10];
    System. out. println("请从键盘输入 10 个整数:" );
    for(i=0;i<arr. length;i++)
```

```
    {c1＝keyin. readLine();
     arr[i]＝Integer. parseInt(c1);
    }
    System. out. print ("排序前的数据:");
    for(i＝0;i＜arr. length;i＋＋)
    System. out. print(" "＋arr[i]);
    System. out. println("\n");

    SelectSort. sort(arr);
    System. out. print("选择法排序的结果:");
    System. out. println("length＝"＋arr. length);
    for(i＝0;i＜arr. length;i＋＋)
    System. out. print(" "＋arr[i]);
    System. out. println("\n");
  }
}
```

程序运行结果:

请从键盘输入 10 个整数:

1
2
3
6
7
9
2
4
10
11

排序前的数据：1 2 3 6 7 9 2 4 10 11

选择法排序的结果:length＝10

1 2 2 3 4 6 7 9 10 11

例 4.8:用二分查找法,查找数组中的元素。

```
import java. io. * ;
class findsearch
{
  int binarySearch(int arr[],int key)
  {
    int low＝0;
    int high＝arr. length－1;
    int mid＝(low＋high)/2;
    while(low＜＝high ＆＆ arr[mid]! ＝key)
    {
```

```
                    if( arr[mid]<key)
             low=mid+1;
                    else
             high=mid-1;
           mid=(low+high)/2;
       }
       if(low>high) mid=-1;
       return mid;
    }
}

public class find
{
 public static void main(String[] args)throws IOException
  {
   BufferedReader keyin=new BufferedReader(new InputStreamReader(System.in));
   int i,k,key,mid;
   String c1;
   int arr[]={2,4,7,18,25,34,56,68,89};
   System.out.println("原始数据为：");
   for(i=0;i<arr.length;i++)
   System.out.print(" "+arr[i]);
   System.out.println("\n");
   System.out.println("输入要查找的数");
   c1=keyin.readLine();
   key=Integer.parseInt(c1);
   findsearch p1=new findsearch();
   mid=p1.binarySearch(arr,key);
   if(mid==-1)
      System.out.println("对不起,没找到!");
   else
      System.out.println("所查整数在数组中的位置下标是:"+mid);
  }
}
```

程序运行结果：

原始数据为：

2 4 7 18 25 34 56 68 89

输入要查找的数

34

所查整数在数组中的位置下标是：5

4.1.7 数组的复制

分析下面两条语句：

```
int a[]=new int[10];
a=new int[5];
```

当程序执行完上面两条语句时,实际上第一个数组已经丢失了,被一个新的数组空间(5个整型数组大小的空间)取代了原有的数组空间(10个整型数组大小的空间)。为了避免这种情况,可以使用复制数组的方法。Java 在 System 类中提供了一个特殊的方法 arraycopy(),它实现数组之间的复制。下面,通过一个例子来说明 arraycopy()方法的使用。

arraycopy()方法的形式为:

arraycopy(源数组、复制的起始位置、目标数组,被复制的起始位置、复制的元素个数);

例 4.9:数组复制方法 arraycopy()的应用。

```
import java.io. * ;
class arraycopytest
{
public static void main(String args[]) throws IOException
{
     int sourceelements[]={1,2,3,4,5,6,7,8};//初始数组
     int targetelements[]={10,9,8,7,6,5,4,3,2,1};//目标数组
     System. arraycopy(sourceelements,1,targetelements,0,4);
     for(int i=0;i<targetelements. length;i++)
     {
         System. out. print(targetelements[i]);
     }
}
}
```

程序运行结果:

2345654321

程序的功能是将 sourceelements 数组中的元素,从第二个(下标为 1)到第 4 个元素依次放到 targetelements 中,下标从 0 开始到 3 的 4 个位置上。

🌐 4.2 String 类

Java 中提供了 String 和 StringBuffer 两种类型来处理字符串。与其他语言不同,由于 String 和 StringBuffer 是类,所以 Java 中的字符串是一个真正的对象。

String 类(字符串类)的对象是一经创建便不能变动内容的字符串常量。对 String 类的对象只能进行查找和比较等操作。用 StringBuffer 类创建的对象在操作中可以更改字符串的内容,因此也被称为字符串变量。对于 StringBuffer 类的对象可以做添加、插入、修改之类的操作。

4.2.1 String 类字符串的初始化

Java 的标准包 java. lang 中封装了类 String 和 StringBuffer,分别处理不变字符串和可变

字符串。String 类(字符串类)的对象是一经创建便不能变动内容的字符串常量,即 String 类处理的是不变字符串。例如输出语句 System. out. println("This is a String! \n");中的参数" This is a String! \n "就是字符串常量。

Java 程序中的字符串分常量和变量两种。任何字符串常量都是 String 类的对象,只不过在没有用明确命名时,Java 自动为其创建一个匿名 String 类的对象,所以,它们也被称为匿名 String 类的对象。例如:

System. out. println("This is a String! \n");将创建"This is a String! \n"对象,这个创建过程是隐含的。

对于字符串变量,在使用之前要显式说明,并进行初始化。

例如:

创建一个 String 类的对象 s1:

String s1;

创建一个 String 类的空的字符串 s1:

String s1=new String();

直接用字符串常量来初始化一个字符串:

String s1="OK!";

由字符数组创建字符串:

char carray[]={'a','b','c','d'};
String s1=new String(carray);

例 4.10: String 类创建对象的方法。

```
import java. io. * ;
public class Stringconstructor
{
    public static void main(String[] args)
    {
        char charArray[]={'T','h','i','s',' ','i','s',' ','a',' ','s','a','m','p','l','e'};
        byte byteArray[]={-61,-26,-49,-14,-74,-44,-49,-13};
        String s,s1,s2,s3,s4,s5,s6,s7,ss;
        s=new String("Welcom to java programming!");        //用字符串常量来初始化
        ss="Goodbye!";
        s1=new String();                          //创建一个空的字符串
        s2=new String(s);                         //用已知字符串初始化新的字符串
        s3=new String(charArray);
        s4=new String(charArray,10,6);            //从已字符串的第 10 个字符开始取 6 个字符组
                                                  //成的字符串初始化新字符串
        s5=new String(byteArray);
        s6=new String(byteArray,2,4);
        System. out. println("s1="+s1);
        System. out. println("s2="+s2);
        System. out. println("s3="+s3);
        System. out. println("s4="+s4);
```

```
        System. out. println("s5＝"＋s5);
        System. out. println("s6＝"＋s6);
        System. out. println("ss＝"＋ss);
    }
}
```

程序运行结果：

s1＝

s2＝Welcom to java programming!

s3＝This is a sample

s4＝sample

s5＝面向对象

s6＝向对

ss＝Goodbye!

4.2.2 String 类字符串的常用方法

创建一个 String 类的对象后,可以使用相应类的成员方法对创建的对象进行处理,以完成编程所需要的功能,如下表 4－1 所列。

表 4－1　Java. lang. String 常用成员方法

成员方法	功能说明
length()	返回当前串对象的长度
charAt(int index)	返回当前串对象下标 int index 处的字符
indexof(int ch)	返回当前串内第一个与指定字符 ch 相同的下标,若找不到,则返回－1
indexOf(String str,int fromIndex)	从当前下标 fromIndex 处开始搜索,返回第一个与指定字符串 str 相同的第一个字母在当前串中的下标,若找不到,则返回－1
substring(int beginIndex)	返回当前串中从下标 beginIndex 开始到串尾的子串
substring(int beginIndex,int endIndex)	返回当前串中从下标 beginIndex 开始到下标 endIndex－1 的子串
equals(Object obj)	当且仅当 obj 不为 null,且当前串对象与 obj 有相同的字符串时,返回 true;否则返回 flase
equalsIgnoreCase(String s)	功能与 equals 类似,equalsIgnoreCase 在比较字符串时忽略大小写
compareTo(String another_s)	比较两字符串的大小。返回一个小于、等于或大于零的整数。返回的值取决于此字符串是不小于、等于或大于 another_s
concat(String str)	将字符串 str 连接在当前串的尾部,返回新的字符串
replace(char oldCh,char newCh)	将字符串的字符 oldCh 替换为 字符串 newCh
toLowerCase()	将字符串中的大写字符转换为小写字符
toUpperCase()	将字符串中的小写字符转换为大写字符
valueOf(type variable)	返回变量 variable 值的字符串形式。Type 可以是字符数组
valueOf(char[] data, int offset,int count)	返回字符数组 data 从下标 offset 开始的 count 个字符的字符串

成员方法	功能说明
valueOf(Object obj)	返回对象 obj 的字符串
toString ()	返回当前字符串
append()	StringBuffer 类对象使用 append()方法实现字符串的连接

注意,String 类的对象实例是不变字符串,对字符串施加操作后并不能改变字符串本身,而是又生成了另一个实例。

例 4.11: String 类对象的不变性。

```java
public class Stringclass
{
    public static void main(String args[])
    {
        String s="THIS IS A TEST STRING!";
        System. out. println("before changed:s="+s);
        String t=s. toLowerCase();
        System. out. println("after changed:s="+s);
        System. out. println("t="+t);
    }
}
```

程序运行结果:

before changed:s=THIS IS A TEST STRING!
after changed:s=THIS IS A TEST STRING!
t=this is a test string!

例 4.12: 字符串处理函数的应用。

```java
public class Stringfunction
{
    public static void main(String args[])
    {
        String s1="THIS IS A TEST STRING!";
        String t=s1. concat(" CONCAT");
        boolean result1=s1. equals("this is a test string!");
        boolean result2=s1. equalsIgnoreCase("this is a test string!");
        String s2="THIS IS A TEST STRING!";
        String s3=new String(s1);
        boolean result3=s1==s2;
        boolean result4=s1==s3;
        System. out. println("s1="+s1);
        System. out. println("t="+t);
        System. out. println("resualt1="+result1);
        System. out. println("resualt2="+result2);
```

```
        System. out. println("resualt3＝"＋result3)；
        System. out. println("resualt4＝"＋result4)；


    }
}
```

运行结果：

s1＝THIS IS A TEST STRING!
t＝THIS IS A TEST STRING! CONCAT
resualt1＝false
resualt2＝true
resualt3＝true
resualt4＝false

注意，equals()与 equalsIgnoreCase()都可判断两个字符串是否相等，但 equalsIgnoreCase()比较时不区分字母的大小写。关系运算符"＝＝"也可判定两个字符串是否相等。但与 e-quals()方法不同的是，"＝＝"判定两个字符串对象是否是同一实例，即它们在内存中的存储空间是否相同。

4.3　StringBuffer 类

与 String 类创建对象不同的是 StirngBuffer 类创建对象时可以指定字符串的长度。对于字符串变量，在使用之前同样需要显式说明，并进行初始化。例如：

创建一个空的字符串对象，默认空间长度为 16 个字符：

StringBuffer buf1＝new StringBuffer()；

创建一个字符串对象，并且空间长度为 10 个字符

StringBuffer buf2＝new StringBuffer(10)；

创建一个字符串对象，直接用字符串常量来初始化：

StringBuffer buf3＝new StringBuffer("hello")；

Java 为 StringBuffer 类提供的方法不同于 String 类的方法。系统为 String 类对象分配内存时，按照对象中所含字符的实际个数等量分配，而为 StringBuffer 类对象分配内存时，除去字符所占空间外，再另加 16 个字符大小的缓冲区。

创建一个 StringBuffer 对象后，同样可使用它的成员方法对创建的对象进行处理。Java. lang. StringBuffer 常用成员方法如表 4－2 所示。

表 4－2　**Java. lang. StringBuffer 常用成员方法**

成员方法	功能说明
length()	返回当前缓冲区中字符串的长度
charAt (int index)	返回当前缓冲区中字符串下标 index 处的字符
setcharAt (int index,char ch)	将当前缓冲区中字符串下标 index 处的字符改变成字符 ch 的值

成员方法	功能说明
capacity()	返回当前缓冲区长度
append(Object obj)	将 obj.toString()返回的字符串添加到当前字符串的末尾
append(type variable)	将变量值转换成字符串再添加到当前字符串的末尾。type 可以是字符数组、串和各种基本类型
append (char[]str,int offset,int len)	将数组从下标 offset 开始的 len 个字符依次添加到当前字符串的末尾
insert(int offset, Object obj)	将 obj.toString()返回的字符串插入当前字符下标 offset 处
insert(int offset, type variable)	将变量值转换成字符串,插入到当前字符数组下标为 offset 的位置处
toString()	将可变字符串转化为不可变字符串

例 4.13：测试缓冲区长度的 length()、charAt()和 capacity()等成员方法的比较。

```java
public class StrLength
{
  public static void main(String args[])
  {
  StringBuffer buffer1＝new StringBuffer();
  StringBuffer buffer2＝new StringBuffer(5);
  StringBuffer buffer3＝new StringBuffer("I Love China!");
  int len1＝buffer1.length();
  int len2＝buffer2.length();
  int len3＝buffer3.length();
  int le1＝buffer1.capacity();
  int le2＝buffer2.capacity();
  int le3＝buffer3.capacity();
  char ch＝buffer3.charAt(7);
  System.out.println("buffer1＝"+buffer1.toString());
  System.out.println("length()方法测试的长度 len1＝"+len1);
  System.out.println("capacity()方法测试的长度 le1＝"+le1);
  System.out.println("buffer2＝"+buffer2.toString());
  System.out.println("length()方法测试的长度 len2＝"+len2);
  System.out.println("capacity()方法测试的长度 le2＝"+le2);
  System.out.println("buffer3＝"+buffer3.toString());
  System.out.println("length()方法测试的长度 len3＝"+len3);
  System.out.println("capacity()方法测试的长度 le3＝"+le3);
  System.out.println("buffer3 中字符串的第 7 个字符 ch＝"+ch);
  }
}
```

运行结果：

buffer1＝
length()方法测试的长度 len1＝0
capacity()方法测试的长度 le1＝16

buffer2＝

length()方法测试的长度 len2＝0

capacity()方法测试的长度 le2＝5

buffer3＝I Love China!

length()方法测试的长度 len3＝13

capacity()方法测试的长度 le3＝29

buffer3 中字符串的第 7 个字符 ch＝C

例 4.14： StringBuffer 类的 append()方法的使用。

```
public class StrAppend
{
 public static void main(String[] args)
 {
  StringBuffer buffer1＝new StringBuffer();
  String s＝"Hello";
  char c[]＝{'G','o','o','d',' ','b','y','e','! '};
  buffer1. append(s);
  buffer1. append(' ');
  buffer1. append(c,0,4);
  buffer1. append('! ');
  System. out. println("buffer1＝"＋buffer1);
 }
}
```

运行结果：

Buffer1＝Hello Good!

例 4.15： StringBuffer 类的 insert()方法的使用。

```
public class StrInsert
{
 public static void main(String[] args)
 {
  StringBuffer buffer1＝new StringBuffer();
  String s＝"Hello";
  char c[]＝{'G','o','o','d',' ','b','y','e','! '};
  buffer1. insert(0,s);
  buffer1. insert(0,' ');
  buffer1. insert(0,c);
  buffer1. append('! ');
  System. out. println("buffer1＝"＋buffer1);
 }
}
```

运行结果：

buffer1＝Good bye! Hello!

StringBuffer 类提供了 insert(int offset，Object obj)和 insert(int offset，type variable)成员方法用于插入字符串到当前字符串中。其中的参数 offset 指出插入位置。第二个参数表示被插入的字符串（或字符数组）或变量值。

例 4.16： setcharAt(int index，char ch)方法是将当前字符串下标 index 处的字符改变成字符 ch 的值。

```
public class c4_16
{
        public static void main(String[] args)
        {
            StringBuffer buf＝new StringBuffer("hello kitty");
            System. out. println("当前字符串为:"＋buf. toString());
            System. out. println("第 0 个字符: "＋buf. charAt(0));
    System. out. println("第 6 个字符："＋buf. charAt(6));
    buf. setCharAt(0,'H');
    buf. setCharAt(6,'K');
    System. out. println("改变之后的字符串:"＋buf. toString());
        }
}
```

运行结果：

当前字符串为:hello kitty
第 0 个字符：h
第 6 个字符：k

改变之后的字符串:Hello Kitty

习题四

一、选择题

1. 下面语句中会发生编译错误的是（　　　）。

    A. int[] a;　　　　　　　　　　　　　　B. int[] b ＝new int[10]；

    C. int c[] ＝new int[]；　　　　　　　　D. int d[] ＝null；

2. 下面语句中会发生编译错误的是（　　　）。

    A. int[10] a;　　　　　　　　　　　　　B. int[10] b ＝new int[5]；

    C. int c[10] ＝new int[10]；　　　　　D. int d[10] ＝null；

3. 下面语句中有语法错误的是（　　　）。

    A. int a ＝{1, 2, 3, 4, 5}；　　　　　B. int b ＝(1, 2, 3, 4, 5)；

    C. int c[] ＝{1, 2, 3, 4, 5}；　　　　D. int[] d ＝{1 2 3 4 5}；

4. 下面语句中有语法错误的是（　　　）。

    A. int a[] ＝new {1, 2, 3, 4, 5}；　　　B. int[] b ＝new [1, 2, 3, 4, 5]；

    C. int c[] ＝new (1, 2, 3, 4, 5)；　　　D. int[] d ＝new[5]；

5. 关于下面程序,结论正确的是(　　)。

```java
public class demo4_1
{
    public static void main(String[] args)
    {
        int[] a=new int[5];
        boolean b[]=new boolean[5];
        System. out. println(a[1]+b[2]);
    }
}
```

　A. 程序可以通过编译并正常运行,结果输出"0false"

　B. 程序可以通过编译并正常运行,结果输出"1True"

　C. 程序可以通过编译并正常运行,结果输出"0"

　D. 程序无法通过编译

6. 关于下面程序,结论正确的是(　　)。

```java
public class demo4_2
{
    public static void main(String[] args)
    {
        int[] a=new int[5];
        boolean b[]=new boolean[5];
        System. out. print(a[1]);
        System. out. println(b[2]);
    }
}
```

　A. 程序可以通过编译并正常运行,结果输出"0false"

　B. 程序可以通过编译并正常运行,结果输出"1True"

　C. 程序无法通过编译

　D. 程序可以通过编译,但无法正常运行或运行结果不确定

7. 关于下面程序,结论正确的是(　　)。

```java
public class demo4_3
{
    public static void main(String[] args)
    {
        int[] a=new int[5];
        boolean b[]=new boolean[5];
        System. out. print(a[4]);
        System. out. println(b[5]);
    }
}
```

　A. 程序可以通过编译并正常运行,结果输出"0false"

B. 程序可以通过编译并正常运行,结果输出"1True"

C. 程序无法通过编译

D. 程序可以通过编译,但无法正常运行

8. 下面语句中,会发生编译错误的是(　　)。

    A. double[] a1 = new double(3);　　　　B. double a2[][] = new double[];

    C. double[] a3 = new double[3];　　　　D. double a4[] = {1.0 2.0 2.0};

9. 下面语句中,没有语法错误的是(　　)。

    A. String a[] = {"1","2","3","4",null};　　B. String b[] = {"1","2","3","4",'c'};

    C. String c[5] = new String[5];

    D. String d[] = new String[5]{"1","2","3","4","5"};

10. 下面语句中,会引起编译错误的是(　　)。

    A. int a[][] = new int[][3];　　B. int b[][] = {{1, 2}, {3, 4, 5}, {6, 7}};

    C. String s[][] = new String[2][];

    D. String t[][] = {{"Can","I"},{"help","you","?"}};

11. 下面语句中,有语法错误的是(　　)。

    A. int a[][] = new int[5][5];　　　　　　B. int[][] b = new int[5][5];

    C. int[] c[] = new int[5][5];　　　　　　D. int[][] d = new int[5, 5];

12. 下面语句中,能定义 5 行 5 列数组的是(　　)。

    A. int a[5][5] = new int[5][5];　　　　　B. int[5][5] b = new int[5][5];

    C. int[] c[] = new int[5][5];　　　　　　D. int d[][] = new int[25];

13. 假设已经定义并初始化了如下数组:

```
int[] a, b[];
int[][] c;
int d[][];
a = null;   b = null;
c = null;   d = null;
```

    则下列语句中不能通过编译的是(　　)。

    A. b = a;　　　　　　B. b = c;　　　　　　C. b = d;　　　　　　D. d = a;

14. 以下定义中,可以用来指向一个含有 5 个字符串元素的数组实例对象的变量是(　　)。

    A. String a[5];　　　B. char[][] b;　　　C. String c[];　　　D. Object[] d;

15. 对于数组"int[] a",下面语句中可以输出数组 a 的元素个数的是(　　)。

    A. System. out. println(a. size);　　　　　B. System. out. println(a. size());

    C. System. out. println(a. length());　　　D. System. out. println(a. length);

16. 关于下面的程序,结论正确的是(　　)。

```
public class demo4_4{
    public static void main(String[] args){
        int[] a = new int[5];
        a. length = 10;
```

```
        System. out. println(a. length);
    }
}
```

A. 程序可以通过编译并正常运行,结果输出"10"

B. 程序可以通过编译并正常运行,结果输出"5"

C. 程序无法通过编译

D. 程序可以通过编译,但无法正常运行

17. 下面语句中,能够输出数组"int[] a"所有元素的是(　　)。

A. for (int i =0; i ＜a. length −1; i++)　　System. out. print(a[i]);

B. for (int i =0; i ＜a. length; i++)　　　　System. out. print(a[i]);

C. for (int i =1; i ＜a. length; i++)　　　　System. out. print(a[i]);

D. for (int i =1; i ＜a. length +1; i++)　　System. out. print(a[i]);

E. for (int i =0; i ＜a. length() −1; i++)　　System. out. print(a[i]);

F. for (int i =0; i ＜a. length(); i++)　　　System. out. print(a[i]);

G. for (int i =1; i ＜a. length(); i++)　　　System. out. print(a[i]);

H. for (int i =1; i ＜a. length() +1; i++)　　System. out. print(a[i]);

18. 假设已经定义了变量"String s ="String";",则语句中可以通过编译的是(　　)。

A. int a =s. length();　B. int b =s. length;　C. char c =s[3]　D. s +=3;

19. 假设已经定义了变量:

String s1 ="1";　　String s2 ="2";　　String s3 ="3";

则下列语句中可以通过编译的是(　　)。

A. s3 =s1 +s2;　B. s3 =s1−s2;　C. s3 =s1 & s2;　D. s3 =s1. toString();

20. 关于下面一段代码,结论正确的是(　　)。

String a ="java";　String b ="java";　String x ="ja";　String y ="va";　String c =x +y;

A. a 和 b 指向同一个实例对象,a 和 c 指向同一个实例对象

B. a 和 b 指向同一个实例对象,a 和 c 不指向同一个实例对象

C. a 和 b 不指向同一个实例对象,a 和 c 指向同一个实例对象

D. a 和 b 不指定同一个实例对象,a 和 c 不指向同一个实例对象

21. 已经定义了两个变量

String s1 ="ja";　String s2 ="va";

下面选项中声明并初始化的变量与直接量"java"指向同一个实例对象的是(　　)。

A. String a ="ja" +"va";　　　　　　　B. String b =new String("java");

C. String c ="java". toString();　　　　　D. String d =s1 +s2;

22. 关于下面程序,结论正确的是(　　)。

```
public class demo4_5
{
    public String m_s="1234";
```

```
static void mb_method(String s)
{
    s. replace('1','2');
    s+="5678";
}
public static void main(String[] args)
{
    demo4_5 ass=new demo4_5();
    app. mb_method(m_s);
    System. out. print(m_s);
}
}
```

A. 程序可以通过编译并正常运行,结果输出"22345678"

B. 程序可以通过编译并正常运行,结果输出"12345678"

C. 程序可以通过编译并正常运行,结果输出"1234"

D. 程序无法通过编译

23. 关于下面的程序,结论正确的是(   )

```
public class demo4_6{
    public static void main(String[] args){
        String s="1234";
        System. out. println(s. charAt(3));
    }
}
```

A. 程序可以通过编译并正常运行,结果输出"2"

B. 程序可以通过编译并正常运行,结果输出"3"

C. 程序可以通过编译并正常运行,结果输出"4"

D. 程序无法通过编译

24. 假设"S ="today";",则下面语句可以返回"day"的是(   )。

A. s. substring(2,5);   B. s. substring(2);

C. s. substring(3);   D. s. substring(3,5);

25. 下面这段代码可以产生的 String 对象个数是(   )。

```
String s1 ="hello";
String s2 =s1. substring(2,3);
String s3 =s1. toString();
String s4 =new StringBuffer(s1). toString();
```

A. 1个   B. 2个   C. 3个   D. 4个

26. 下面方法中可以会改变原有对象的是(   )。

A. String 的 toUpperCase   B. String 的 replace()

C. StringBuffer 的 reverse()   D. StringBuffer 的 length()

27. 下面语句中有语法错误的是(　　)。

A. StringBuffer a ＝"1"；　　B. System. out. print((new StringBuffer("1")) ＋2)；

C. c ＝"1" ＋new StringBuffer("2")；D. String d ＝new StringBuffer("1") ＋"2"；

二、填空题

1. 对象数组的长度在数组对象创建之后,就(　　)改变。数组元素的下标总是从(　　)开始的。

2. 已知数组 a 的定义是"int a[] ＝{1, 2, 3, 4, 5}；",则这时 a[2] ＝(　　)。已知数组 b 的定义是"int b[] ＝new int[5]；",则这时 b[2] ＝(　　)。已知数组 c 的定义是"Object[] c ＝new Object[5]；",则这时 c[2] ＝(　　)。

3. 在 Java 语言中,字符串直接常量是用(　　)括起来的字符序列。字符串不是字符数组,而是类(　　)的实例对象。

4. 下面的程序片段被执行后,s2 的值是(　　),s3 的值是(　　),b 的值是(　　)。

```
class demo4_7{
    public static void main(String[] args){
        String s1＝"1234";
        String s2＝s1. concat("5678");
        String s3＝s1＋"5678";
        boolean b＝(s2＝＝s3);
        System. out. println("b＝"＋b);
    }
}
```

5. 类 String 本身负责维护一个字符串池。该字符串池存放(　　)所指向的字符串实例,以及调用过类 String 成员方法(　　)后的字符串实例。

三、简答题

1. 写出以下程序的功能。

```
public class  demo4_8
{
    public static void main(String  args[]){
        int i , j ;
        int a[ ] ＝ { 9,7,5,1,3};
        for ( i ＝ 0 ; i ＜ a. length－1; i ＋＋ ) {
            int k ＝ i;
            for ( j ＝ i ; j ＜ a. length ;  j＋＋ )
                if ( a[j]＞a[k] )   k ＝ j;
            int temp ＝a[i];
            a[i] ＝ a[k];
            a[k] ＝ temp;         }
        for ( i ＝0 ; i＜a. length; i＋＋ )
            System. out. print(a[i]＋"  ");
        System. out. println( );
    }
```

```
        }
```

2. 对于下面的程序片断,会出现运行错误或在运行时出现异常的语句行有哪些?

```
public class demo4_9 {
    public static void main(String[] args) {
        String s=null;
        if((s！＝null) && (s.length()＞10))
            System.out.println("more than 10");
        else if((s！＝null) & (s.length()＜5))
            System.out.println("less than 5");
        else
            System.out.println(s);
    }
}
```

3. 如果下面程序可以正常运行,则请写出程序运行的输出结果。否则,写出含有错误的语句的行号,并修正含有错误的语句。

```
public class demo4_10 {
    String s1="1";
    String[] s2={"2"};
    public static void main(String[] args) {
        demo4_22 app=new demo4_22();
        app.s_operate(aa.s1,app.s2);
        System.out.println(app.s1+app.s2[0]);
    }
    static void s_operate(String k1,String[] k2) {
        k1=new String("3");
        k2[0]=new String("4");
    }
}
```

四、阅读程序,写出运行结果

1.
```
class demo4_11{
    public static void main(String[] args){
        String[] s={"1","2"};
        swap(s[0],s[1]);
        System.out.print(s[0]+s[1]);
    }
    static void swap(String s0,String s1){
        String t=s0;
        s0=s1;
        s1=t;
    }
}
```

2.
```
class demo4_12{
```

```java
    public static void main(String[] args){
        System.out.print(1+2);
        System.out.print(1+2+"");
        System.out.print(1+""+2);
        System.out.print(""+1+2);
    }
}
```

3.
```java
class demo4_13{
    public static String m_s;
    public static void main(String[] args){
        String s1="1234";
        String s2=s1;
        s2+="5678";
        s1.concat("5678");
        String s3=s1+"5678";
        System.out.println(s1+s2+m_s);
    }
}
```

4.
```java
class demo4_14{
    public static String m_s;
    public static void main(String[] args){
        String s0=" ";
        String s1=s0+s0+"12"+s0+"34"+s0+s0;
        String s2= s0+s0+"56"+s0+"78"+s0+s0;
        s1.concat(s2);
        s2=s1.trim();
        System.out.println(s1.length()+s2.length());
    }
}
```

5.
```java
public class demo4_15{
    public static void main(String[] args){
        String s1="abc";
        String s2="def";
        s2.toUpperCase();
        s1.concat(s2);
        System.out.println(s1+s2);
    }
}
```

6.
```java
public class demo4_16{
    public static void method1(String s,StringBuffer t){
        s=s.replace('j','i');
        t=t.append("C");
    }
}
```

```java
    public static void main(String[] args){
        String a=new String("java");
        StringBuffer b=new StringBuffer("java");
        method1(a,b);
        System.out.println(a+b);
    }
}
```

7.
```java
public class demo4_17{
    public static void method1(String x,String y){
        x.concat(y);
        y=x;
    }
    public static void main(String[] args){
        String a=new String("A");
        String b=new String("B");
        method1(a,b);
        System.out.println(a+","+b);
    }
}
```

8.
```java
public class demo4_18{
    public static void method1(StringBuffer x,StringBuffer y){
        x.append(y);
        y=x;
    }
    public static void main(String[] args){
        StringBuffer a=new StringBuffer("A");
        StringBuffer b=new StringBuffer("B");
        method1(a,b);
        System.out.println(a+","+b);
    }
}
```

9.
```java
public class demo4_19{
    public static void method1(String s,StringBuffer b){
        String s1=s.replace('1','9');
        String s2=s.replace('2','8');
        b.append("56");
    }
    public static void main(String[] args){
        String s=new String("12");
        StringBuffer b=new StringBuffer("34");
        method1(s,b);
        System.out.println(s+b);
    }
}
```

五、程序设计题

1. 请编写一个 Application,其中定义了两个 double 类型数组 a 和 b,还定义了一个方法 square()。数组 a 各元素的初值依次为 1.2,2.3,3.4,4.5,5.6;数组 b 各元素的初值依次为 9.8,8.7,7.6,6.5,5.4,4.3;方法 square() 的参数为 double 类型的数组,返回值为 float 类型的数组,功能是将参数各元素的平方做为返回数组的元素的值。请在方法 main() 中分别以 a 和 b 为实在参数调用方法 square(),并将返回值输出在屏幕上。

2. 请编写一个 Application 实现如下功能:在主类中定义两个 double 类型数组 a 和 b,再定义一个方法 sqrt_sum()。数组 a 各元素的初值依次为 1.2,2.3,3.4,4.5,5.6;数组 b 各元素的初值依次为 9.8,8.7,7.6,6.5,5.4,4.3;方法 sqrt_sum () 的参数为 double 类型的数组,返回值类型为 float 型,功能是求参数各元素的平方根之和。请在主方法 main() 中分别以 a 和 b 为实在参数调用方法 sqrt_sum(),并将返回值输出在屏幕上。

3. 编写 Application,主类中包含以下两个自定义方法:void printA(int[] array)和 int[] myArray(int n)。方法 printA(int[] array) 的功能是把参数数组各元素在屏幕的一行中输出。方法 myArray(int n) 的功能是生成元素值是 50~100 之间的随机值的 int 型数组,数组元素的个数由参数 n 指定。在应用程序的 main() 方法中,用命令行传入的整数作为 myArray(int n) 方法调用时的实际参数,生成一个整型数组,并调用方法 printA() 输出该数组的所有元素。

第 5 章

对象和类

　　Java 是一种面向对象的语言，Java 程序的基本组成单位是类，要掌握 Java 的编程思想，首先要了解对象和类的概念。本章以实例引出类和对象的概念，依次介绍类的定义、对象的创建、构造方法、各种访问修饰符、抽象类、接口、包等知识，最后介绍 API 文档的使用。

5.1　对象和类的概念

5.1.1　对　象

　　对象是客观世界中存在的事物，例如一个人、一辆车、一堂计算机课，正是无数的对象构成了世界，因此人们对于世界的认识是以对象为单位开始的。一个对象通常具有三方面特征：标识、属性、方法（行为）。

　　例如，一匹马可以用以下三方面特征描述：

　　　　标识：马

　　　　属性：名称小矮马、身高 80 cm、体重 40 kg、毛色棕色

　　　　方法：奔跑、睡觉、吃草

5.1.2　类

　　在客观世界中，人们通常将具有共性的事物归为一些类，从而方便人们认识世界。同样在面向对象的语言中，可以将具有相同属性和行为的一批对象定义为一个类（class）。定义类时需要指出三方面内容：类的标识、属性、方法。

　　例如：定义一个 Horse 类。

```
class    Horse
{String name;
 int height;
    int weight;
    String color;
    public void run()
    {……}
    public void sleep()
    {……}
    public void eat()
    {      }
}
```

　　Horse 类的类标识为 Horse，属性有四个：name，height，weight 和 color，方法有三个 run， sleep 和 eat。

可以这样理解 Horse 类是对世界上每匹具体的马的抽象,而小矮马是 Horse 类的一个具体实例,因此说类是多个对象的抽象,而对象是类的具体实例。

利用 Java 进行程序设计的过程就是根据具体的问题,分析其中涉及的对象,抽象出对象的属性及行为(即类),并找出解决问题的方案,最终用 Java 语言来实现的过程。

5.2　类的定义

定义类的一般格式如下:

［修饰符］class 类名［extends 父类］［implements 接口 1,接口 2,…］

　{

　　类属性声明;

　　类方法声明;

　}

类的定义由类首部和类体构成,定义中的第一行为类首部。类首部中必不可少的是关键字 class 以及类名,其余部分为可选项。

类名应符合标识符定义规则,在设计程序过程中最好遵循如下规则(并不是必需的):类名的首字母大写;如果由多个单词构成,各单词首字母都应大写;类名最好有实际意义(能代表所定义的类)。

类体由一对大括号括起来,用来描述一类事物的共同属性和行为的。因此内部包含类属性声明和类方法声明两部分。

类属性声明部分的作用是为类的各个属性定出名称和类型。类属性声明的格式如下:

［修饰符］属性类型　属性名称表;

属性类型是指如 int,float 等 Java 允许的各种数据类型。

属性名表是指一个或多个属性名,即用户自定义标识符,最好采用首字母小写,中间单词首字母大写形式。当同时声明多个属性名时,应该用逗号分隔。

类方法的声明部分的作用是描述属于该类的对象所能完成的某一项具体功能。

类方法声明的格式如下:

［修饰符］　返回值的类型　方法名（形式参数表)throw　　［异常列表］

{

　　说明部分;

　　语句部分;

　}

返回值的类型指明方法完成其所定义的功能后,运算结果值的数据类型,可以是如 int,float 等 Java 允许的各种数据类型。若成员方法没有返回值,则在返回值的类型处写上 void。

方法名是用户自定义的标识符,最好采用首字母小写,中间单词首字母大写形式。

形式参数表指明调用该方法所需要的参数个数、参数的名字及其参数的数据类型。其格式为:

（形参类型 1　形参名 1,形参类型 2　　形参名 2,…)

当方法不需要参数时,方法名后的一对圆括号不可省略。

例 5.1:声明一个圆的类,包含半径、面积、周长等属性,取得半径的方法、计算周长的方法、计算面积的方法以及显示圆的各个属性的方法。

```java
public class Circle
{
    double radius,perimeter,area;           //声明半径、周长、面积等属性
    final double PI=3.14;
    void  getRadius(double r)               //获取半径的方法
     {
      radius=r;
     }
    void  calPerimeter()                    //获取周长的方法
     {
       perimeter=2 * PI * radius;
     }
    void calArea()                          //获取面积的方法
     {
       area=PI * radius * radius;
     }
    void showCircle()                       //显示半径、周长、面积的方法
     {
       System. out. println("半径:"+radius+";周长:"+perimeter+";面积:"+area);
     }
}
```

例 5.2:声明一个学生类,具有学号、姓名、高考总分等属性,以及显示和设置各属性的方法。

```java
public class Student
{
    String no;                 //声明学号属性
    String name;               //声明姓名属性
    int score;                 //声明高考总分属性
    void setNo(String n)       //设置学号的方法
     {
       no=n;
     }
    void setName(String str)   //设置姓名的方法
     {
       name=str;
     }
    void setScore(int s)       //设置高考总分的方法
     {
       score=s;
     }
```

```
    void   showStudent()              //显示学号、姓名、高考总分的方法
    {
      System. out. println("学号:"+no+";姓名:"+name+";高考总分:"+score);
    }
}
```

例 5.3：定义日期类，具有年、月、日三个属性，以及设置日期，显示日期的方法。

```
public class Date
{
    int day, month, year;                //声明年、月、日等属性
    void setDate ( int y, int m, int d)  //设置年、月、日的方法
    {
          day = d;
          month = m;
          year = y;
    }
    void printDate()                     //显示年、月、日的方法
    {
      System. out. println(year+"年"+month+"月"+day+"日");
    }
}
```

增加一个判断某年某月天数的方法。

```
int daysInMonth()
    {
    switch (month)
    {
      case 1: case 3: case 5: case 7: case 8: case 10: case 12:
              return 31;
      case 4: case 6: case 9: case 11:
              return 30;
      default:
        if ( year % 100 ! = 0 && year % 4 = = 0 || year%400==0)
              return 29;
        else
              return 28;
    }
    }
```

91

🌀 5.3　创建对象与使用

　　类定义后，只有实例化后才有意义，Java 程序就是用类创建对象，通过对象之间的信息传递完成功能。接下来介绍如何创建对象以及如何使用对象。

5.3.1　创建对象

　　所谓的创建对象就是在内存中开辟一段空间,存放对象的属性和方法。创建对象分为声明对象和实例化对象两步。

　　声明对象就是确定对象的名字及所属的类,格式如下:

　　类名　　对象名;

　　对象的命名规则同属性的命名规则,名字的首字母小写,名字内部的单词首字母大写。
例如:

　　　　Student　comStu;

　　声明了一个Student类的对象comStu。注意此时comStu并未在内存中分配空间,comStu的值为null(空值)。

　　实例化对象是在内存中为对象分配具体的空间,并初始化其属性和方法,格式如下:

　　对象名＝ new　类名(参数列表);

　　例如:

　　　　comStu＝new Student( );

　　此时为comStu在内存中分配了空间,空间大小根据comStu
的属性与方法而定,如图5-1所示。

　　也可以将两步合为一步:

　　类名　对象名＝new　类名(参数列表);

　　例如:

Student　comStu ＝new Student();

comStu	null	no
	null	name
	0	score

图5-1　对象的实例化

5.3.2　对象的使用

　　对象的使用主要是通过访问其属性和方法实现的。属性和方法的访问可以通过"."操作符完成,格式如下:

　　对象名.成员名　　　　　　　//引用对象中的成员

　　对象名.方法名(参数)　　　　//调用对象中的方法

　　例如:

　　　　comStu.name 表示引用对象 comStu 的 name 成员;

　　　　comStu.setName("李力")表示调用对象 comStu 的 setName 方法。该方法的作用是将该对象的 name 成员值设为"李力"。

　　例5.4:在例5.2定义的Student类中增加main方法,完成对象的创建与访问操作。

```
public static void main(String str[])
    {
        Student comStu＝new Student();
        comStu.setNo("2011010101");
        comStu.setName("李力");
        comStu.setScore(650);
        comStu.showStudent();
    }
```

5.4 构造方法

在创建对象过程中，new 关键字后面的类名（参数列表），实际上是在调用一个特别的方法：构造方法。构造方法的一个重要作用是完成对象的初始化，可以使对象在创建时具有不同的初值，以便在创建对象时被自动调用。构造方法可以在类中定义，构造方法的方法名与类名相同，构造方法没有返回值，每个类都至少有一个构造方法。如果没有为类定义构造方法，系统会自动为该类生成一个默认的构造方法。默认构造方法的参数列表及方法体均为空。

例 5.5：为例 5.2 定义的学生类 Student 增加一个构造方法。

```java
public class Student
{
    String no;
    String name;
    int score;
    public Student(String n,String str,int s)          //构造方法的定义
    {
      no＝n;
      name＝str;
      score＝s;
        }
    void setNo(String n)
    {
      no＝n;
    }
    void setName(String str)
    {
      name＝str;
    }
    void setScore(int s)
    {
      score＝s;
    }
    void   showStudent()
    {
      System. out. println("学号:"+no+";姓名:"+name+";高考总分:"+score);
    }
    public static void main(String str[])
    {
      Student comStu＝new Student("2011010101","李力",650); //调用构造方法创建对象
      comStu. showStudent();
    }
}
```

本例中自定义了一个构造方法，在创建对象时调用该方法。通过构造方法初始化了学生

93

的学号为 2011010101、姓名为李力和高考总分为 650 分；而上例中创建对象时调用的是系统默认的构造方法，由于参数列表中为空，所以学生对象的属性按所属类型的默认初值初始化，即 no 为 null，name 为 null，score 为 0。

如果在本例中使用默认构造方法，即 Student comStu＝new Student()；则编译时会出现错误，原因是 Java 规定在定义了非空构造方法后，不允许直接调用默认构造方法，除非在类中自行添加不含参数的构造方法，比如：

```
public Student( )
    {
    }
```

注意构造方法只有在创建对象时被调用，而 setNo()，setName()和 setScore()等普通方法则可以在对象创建后调用多次。

5.5 访问控制修饰符

在一个类内可以直接访问各属性和方法。类与类之间的属性和方法的访问是由访问控制修饰符决定的。访问控制修饰符是一组起到限定类、属性或方法被程序中的其他部分访问和调用的修饰符。

类的修饰符可以取 public 和默认两种，属性和方法的修饰符包括 public、默认、private、protected 等。下面依次说明各个修饰符的作用。

5.5.1 公共访问控制符(public)

若类声明为 public，则表明这个类可以被所有的其他类访问和引用，即其他类可以创建这个类的对象，并访问这个类内部的可见的属性，调用可见的方法。

若属性变量声明为 public，其他类的方法可以直接访问它，但这样破坏了封闭性。

若方法声明为 public，其他类可以直接调用这个方法，一般常通过 public 方法访问对象的属性。

5.5.2 默认控制符

若没有设置访问控制符，则说明该类、属性或方法具有默认访问控制权限。这样的类、属性和方法只能被同一个包中的类访问和引用，因此，将其称为包访问性(关于包的概念在 5.10 中介绍，在同一目录下的类都属于一个默认的包)。

5.5.3 私有访问控制符(private)

用 private 修饰的属性和方法只能被类自身访问，而不能被任何其他类(包括子类)引用。一般将不希望他人随意引用或修改的属性设置成 private，以此将它们隐藏起来，实现了对象的封装。

例 5.6：将例 5.3 定义的日期类中的属性声明为私有。

class Date

```
{
  private int day, month, year; //私有属性声明
  public void setDate ( int y, int m, int d)
    {
    day = d;
    month = m;
    year = y;
    }
  public void printDate()
    {
      System. out. println(year+"年"+month+"月"+day+"日");
    }
}
public class Program
{
  public static void main(String args[])
    {
    Date today=new Date();
    today. setDate(2011,10,1);
    today. printDate();
    }
}
```

Date 类中的三个属性均是私有(private)的,而两个方法均是公有(public)的;在另一个类 Program 中,可以访问两个公共方法,但是如果在 main 方法中增加一句：System. out. println ("今年是"+today. year);则编译时会出现"year has private access in Date"提示,表示 year 是 Date 类的私有属性,在 Program 类中不能直接访问,可以借助公共方法 printDate 来间接访问。

5.5.4　保护访问控制符(protected)

用 protected 修饰的属性可以被三种类所引用:该类自身;同一个包中的其他类;在其他包中的该类的子类。

属性和方法的访问权限除了与自身的修饰符有关,同时还受类的访问控制修饰符的限定,各个访问控制修饰符的作用范围如表 5－1 所列。

类、属性和方法的修饰符除了访问控制修饰符外,还包括一些非访问控制修饰符,比如 static,final 等,这些将在下面章节中依次介绍。

表 5－1　访问控制修饰符的作用范围

类　　　　属性、方法	public	默认
public	所有类	包中的类
默认	包中的类	包中的类
private	本类	本类
protected	包中的类及所有子类	包中的类

95

5.6 最终修饰符(final)

final 可以用来修饰类、属性和方法,分别表示类不能被继承,属性不能被赋值或隐藏,方法不能被重载和覆盖。

5.6.1 最终类

最终类是用 final 声明的类,不能再有子类,通常是一些具有固定作用,用来完成某种标准功能的类。

5.6.2 最终属性

用 final 声明的属性,初始化后不能再被赋值,通常用来表示一些常量值。

5.6.3 最终方法

用 final 修饰的方法,不能再被覆盖或重载,用来限制子类对父类方法的重载,确保程序的安全性和正确性。

例 5.7:final 修饰符举例。

```
final class Area
{
    final double PI=3.1416;
    final double area(double r)
    {                          //如果此处要写成 PI=3.14159;则是错误的
     return (PI * r * r);
    }
}


class FinalProgram        //如果写成 class  FinalProgram extends Area 则是错误的
{
    static public void main(String arg[])
    {
      Area a = new Area ( );
      System. out. println("area= "+a. area(5.0));
    }
}
```

5.6.4 终结器

终结器是名为 finalize 的方法,它没有参数列表和返回值。在系统回收对象资源时,系统自动地调用它。因此,若在此时需要完成一些特殊的操作,就应该声明该方法。

其格式为:

```
protected void finalize( )
```

```
{
    必要的操作
}
```

5.7　静态修饰符(static)

在类定义过程中,如果希望类的某些属性或方法属于该类,即在未创建该类的对象时已经分配空间,可以在属性或方法前面加上 static 修饰符,成为静态属性或静态方法。

5.7.1　静态属性

静态属性是一个公共的存储单元,不属于任何一个对象。任何一个类的对象都可以访问它,因此既可以用"类名.静态属性"形式访问,也可以用"对象名.静态属性"形式访问。

例 5.8:静态属性举例。

```
public class Student
{   private String   no;                 //学号
    private String   name;               //姓名
    private char   sex;                  //性别
    static double   pay;                 //助学补助
    public static void main(String args[])
    { Student s1＝new Student();
      Student s2＝new Student();
      s1. pay＝300;
      System. out. println("所有学生的助学补助:"＋Student. pay);      //类名访问静态属性
      System. out. println("第一个学生的助学补助:"＋s1. pay);         //对象名访问静态属性
      System. out. println("第二个学生的助学补助:"＋s2. pay);         //对象名访问静态属性
    }
}
```

5.7.2　静态方法

静态方法属于整个类,随着类的定义而分配空间,不被某个对象专有,因此调用静态方法时,既可以使用类名做前缀,也可以使用对象名做前缀,静态方法只能处理静态属性,静态方法只能调用静态方法。

例 5.9:静态方法举例。

```
public class Student
{   private String   no;                 //学号
    private int   innerNo;               //班内编号
    private String   name;               //姓名
    private char   sex;                  //性别
    static double   pay;                 //助学补助
    void setStudent(String n,String nm,char s)
    {
```

```
        no＝n；  name＝nm；sex＝s；
    }
    String getName()
    {
     return name;
    }
    static   double   getPay()                        //获取助学补助的静态方法
    {
       return   pay;
    }
    void showPay()
    {
      System. out. println(name＋"的助学补助:"＋pay);
    }
    public static void main(String args[])
    { Student1 s＝new Student();
      Student1 s＝new Student();
      s1. setStudent("2011010101","周涛",'男');
      s2. setStudent("2011010103","马千慧",'女');
      s1. pay＝300;
      System. out. println("所有学生的助学补助:"＋Student. getPay());   //类名访问静态方法
      s1. showStudent();
      System. out. println(s2. getName()＋"的助学补助:"＋s2. getPay());
          //对象名访问静态方法
   }
  }
```

程序中 getPay()为静态方法,其方法体内只能使用静态属性 pay,showPay()为非静态方法。其方法体内既可以使用静态属性 pay,也可以使用非静态属性 name。

由于 getPay()为静态方法,在主方法中使用 Student. getPay(),s2. getPay()或 s1. getPay()得到的都是静态属性 pay 的值。

由于主方法也是静态方法,因此可以直接调用静态方法 getPay()得到 pay 的值,即可以写成 System. out. println("所有学生的助学补助:"＋getPay());但是 getName()方法为非静态方法,在主方法中就不能写成 System. out. println(getName()＋"的助学补助:"＋s2. getPay())。

5.7.3 静态初始化器

静态初始化器是用 static 引导的一对大括号括起的语句组,完成类中静态属性的初始化,在类加入内存时,会自动调用。静态初始化器没有方法名、返回值和参数列表。

例 5.10:静态初始化器举例。

```
public class Student
{   private String   no;                              //学号
    private  int  innerNo;                            //班内编号
```

```
    private String   name;                    //姓名
    private char   sex;                        //性别
    static double   pay;                        //助学补助
    static int nextInnerNo;                    //下一个同学的班内编号
    public Student(String n,String str,char ch)    //构造方法
    {
    no＝n;
    innerNo＝nextInnerNo;
    nextInnerNo＋＋;
    name＝str;
    sex＝ch;
    }
    static                                    //静态初始化器
    {
        pay＝300;
        nextInnerNo＝1;
    }
    public void printStudent()
    {
    System. out. println("学号:"＋no＋"  班内编号:"＋innerNo＋"  姓名:"＋name＋"  性别:"＋
    sex＋"  助学补助:"＋pay);
    }
    public static void main(String args[])
    { Student s1＝new Student("2011010101","周涛",'男');
    Student s2＝new Student("2011010103","马千慧",'女');
    s1. printStudent();
    s2. printStudent();
  }
}
```

在 Student 类被加载到内存时,即调用静态初始化器完成静态属性 pay 和 nextInnerNo 的初始化,分别是 300.0 和 1;当创建 Student 类的对象 s1 时,调用构造方法初始化 s1 的学号、班内编号、姓名和性别等属性。其中班内编号由 nextInnerNo 得到,其值为 1,之后执行 nextInnerNo＋＋,nextInnerNo 变为 2;当创建 Student 类的对象 s2 时,调用构造方法初始化 s2 的学号、班内编号、姓名和性别等属性。其中班内编号由 nextInnerNo 得到,其值为 2,之后执行 nextInnerNo＋＋,nextInnerNo 变为 3。这样随着对象的创建,其班内编号会逐一增加。

5.8 继承与重载

继承是根据现有的类创建新类的机制。新的类称为子类,被继承的类称为父类。子类可以通过关键字 extends 继承父类,采用如下格式:

```
class 子类名 extends   父类名
}
```

}

　　Java 规定不支持多重继承,即一个子类只能有一个父类,不能存在多个父类。Java 中的所有类都是直接或间接地从 Object 类继承而来。

　　子类对父类的继承包括对父类的属性的继承、方法的继承、构造方法的继承,以及批判的继承(对继承来的属性作新的定义,即属性的隐藏;对继承来的方法作新的定义,即方法的覆盖)。

5.8.1　属性的继承与隐藏

　　属性的继承是指子类可以继承父类所有的非私有属性。

　　属性的隐藏是指子类对从父类中继承来的属性重新加以定义。

　　例 5.11:属性的继承与隐藏举例。

```
class Person
{
  String    name;
  char      sex;
}
class  Student  extends  Person
{
  String sex;        //该 sex 隐藏了父类的 char sex
  String speciality;
  int    score;
  void setStudent(String nm,String s,String sp,int sc)
  {
   name=nm;      //该 name 是由父类继承而来
   sex=s;
   speciality=sp;
   score=sc;
  }
  void printStudent()
  {
    System. out. println("姓名:"+name+"  性别:"+sex+"  专业:"+speciality+"  成绩:"+
score);            //此处的 name 由父类继承而来,sex 是 Student 类内自定义的
  }
  public static void main(String args[])
  {
   Student stu =new Student();
   stu. setStudent("周涛","男","计算机",99);
   stu. printStudent();
  }
}
```

　　程序中定义了两个类,在 Person 类中定义了属性 name 和 sex,Student 类是 Person 类的子类,Student 类可以从父类继承 name 属性。由于 Student 类定义的属性 sex 与父类的属性

重名,这样在 Student 类中会将父类的 sex 属性隐藏,同时 Student 类又定义了新的属性 speciality 和 score,这是不同于父类的,因此 Student 类共含有 4 个属性。注意,如果父类 Person 将 name 属性定义为 private,则子类 Student 将无法继承该属性。

5.8.2　方法的继承、覆盖与重载

方法的继承是指子类可以继承父类中非私有的方法。

方法的覆盖是指子类定义的方法与父类的方法完全相同(返回值、方法名、参数列表),可以通过在方法名前加不同的类名或对象名区分。

方法的重载指同一类中可以包含多个同名方法的情况,但这些方法参数必须不同。Java 根据参数的类型及参数的个数来区分这些方法,即或者是参数的个数不同,或者是参数的类型不同,不能通过返回值来区分同名方法。参数类型的区分度一定要足够,例如不能是同一简单类型的参数,如 int 与 long。重载使程序具有更好的兼容性,体现了面向对象程序设计的多态性。

例 5.12:方法的继承与覆盖举例。

```
class A
{
 int a,b;
void setNumab(int x,int y)
{
   a＝x;
   b＝y;
 }
 void print()
 {
  System. out. println("a＝"+a+" b＝"+b);
  }
}
class B extends A
{
   int c,d;
   void setNumcd(int x,int y)
   {
     c＝x;
     d＝y;
   }
   void print()                //B类的 print()方法覆盖了父类 A 的 print()方法
   {
    System. out. println("a＝"+a+" b＝"+b+" c＝"+c+" d＝"+d);
   }
   public static void main(String args[])
   {
    B   bo＝new B();
    bo. setNumab(1,2);         //setNumab()方法是从父类继承而来
```

```
    bo. setNumcd(3,4);
    bo. print();                    //该 print()方法是 B 类声明的方法
    }
}
```

父类 A 中定义了两个非私有方法：setNumab()和 print()。子类 B 中定义了两个方法 setNumcd()和 print()方法。B 类可以从 A 类继承 setNumab()方法。由于 B 类的 print()方法和父类的 print()方法首部完全相同，因此子类中的 print()方法将父类的同名方法覆盖了，所以子类对象可以使用三个方法：从父类继承的 setNumab()方法；覆盖了父类同名方法的 print()方法；自身定义的 setNumcd()方法。

例 5.13：方法的重载举例。

```
class C
{
    int    add(int a,int b)                          //具有两个 int 型参数的 add 方法
    {
     return a+b;
    }
    double add(double a,double b)                    //具有两个 double 型参数的 add 方法
    {
     return a+b;
    }
    double add(double a,double b,double c)           //具有三个 double 型参数的 add 方法
    {
      return a+b+c;
    }
    public static void main(String args[])
    {
     C    co=new C();
     System. out. println("两个整数和值:"+co. add(2,3));
     System. out. println("两个实数和值:"+co. add(2.5,3.6));
     System. out. println("三个实数和值:"+co. add(1.1,2.2,3.3));
    }
}
```

类 C 中定义了三个名为 add 的方法，但是三个方法的参数个数和类型各不相同，这就叫做方法的重载。当调用对象的 add 方法时，可根据实参的个数和类型选中相应的一个方法。

5.8.3 this 和 super

在 Java 有三个特殊的关键字：null,this 和 super,用来表示一些特定的对象。null 用来表示空对象，即对象只是声明了，还未创建，例如：Student stu=null;下面详细说明 this 和 super 的作用。

1. this

this 表示当前对象本身，代表当前对象的一个引用（对象的另一个名字）。在 Java 中，如

果在类的方法中访问类的属性,可以使用关键字 this 指明要操作的对象。

Java 允许属性与方法的形式参数同名,这时可以在属性前加 this. 来区分。

例如,Student 类的 setStudent( )方法可以写成如下形式。

```
void setStudent(String no,String name,char sex)
{
   this. no＝no;   this. name＝name; this. sex＝sex;
}
```

this 还可以把当前对象的引用作为参数传递给其他的对象或方法。

例 5.14:求给定半径圆的面积以及当半径增加一倍后的圆的面积。

```
public class Circle
{
   double r;
  Circle( double r)
   {
      this. r＝r;                //this. r 表示当前对象的属性 r
}
   Circle( Circle c)
   {
      r＝c. r;
}
   public double area2r()
{
Circle c＝new Circle(this);        //以 this(当前对象)为参数,创建对象 c
      c. r＝ 2 * r;
      return   c. area();
   }
   public double area()
   {
      return r * r * Math. PI;
   }
   public static void main(String args[])
   {
      Circle   co＝new Circle(4);
      System. out. println("圆的面积是:"＋co. area());
      System. out. println("半径增加一倍后圆的面积是:"＋co. area2r());
   }
}
```

2. super

super 表示当前对象的直接父类对象,是当前对象的直接父类对象的引用。当子类隐藏了父类的属性或覆盖了父类的方法时,可以借助 super 加点(super.)来访问被隐藏的属性或被覆盖的方法。

例 5.15:super 用法举例。

```
class A
 {
   boolean x;
   void setX()
   {
       x = true;
   }
}
class B extends A
 {
   boolean x;                                    //隐藏了父类的 x 属性
   void setX()                                   //覆盖了父类的 setX()方法
     {
       x = false;
       super. setX();                            //通过 super 调用父类的 setX()方法
       System. out. println("子类的 x="+x);      //访问子类的 x 属性
       System. out. println("父类的 x="+super. x);  //通过 super 访问父类的 x 属性
     }
   public static void main(String args[])
   {
      B b = new B();
      b. setX();
   }
 }
```

从程序可以看出,父类的属性 x 被子类隐藏,父类的方法 setX 被子类覆盖。在子类的方法中 x=false,表示将子类属性 x 赋值为 false。super. setX()指调用父类的 setX 方法,而此方法将父类的属性 x 赋值为 true,因此语句 System. out. println("子类的 x="+x);输出的 x 为子类的 x 其值为 false,语句 System. out. println("父类的 x="+super. x);输出的 x 为父类的 x,其值为 true。

5.8.4 构造方法的重载与继承

构造方法是完成对象初始化的方法,也存在着重载与继承关系。

构造方法的重载是指同一个类中存在着若干个具有不同参数列表的构造方法。重载的构造方法中可以使用 this()形式调用其他构造方法,注意该语句必须是构造方法的第一条语句。

例 5.16:学生类 Student 中构造方法的重载。

```
public class Student
{
    String no;
    String name;
    int score;
    public Student(String n)
     {
        no=n;
```

```java
        }
    public Student(String n,String str)              //构造方法的重载
    {
      this(n);
      name=str;
    }
    public Student(String n,String str,int s)        //构造方法的重载
    {
      this(n,str);
      score=s;
    }
    void setNo(String n)
    {
        no=n;
    }
    void setName(String str)
    {
        name=str;
    }
     void setScore(int s)
    {
        score=s;
    }
    void   showStudent()
    {
        System. out. println("学号:"+no+";  姓名:"+name+";  高考总分:"+score);
    }
    public static void main(String str[])
    {
        Student stu1=new Student("2011010101");
        stu1. setName("马千慧");
        stu1. setScore(700);
        stu1. showStudent();
        Student stu2=new Student("2011010102","李放");
        stu2. setScore(600);
        stu2. showStudent();
        Student stu3=new Student("2011010103","李力",650);
        stu3. showStudent();

    }
```

　　构造方法的继承指子类可以继承父类的构造方法:若子类内无构造方法,将继承父类的无参数构造方法;若子类有构造方法,将先执行父类的无参数构造方法,然后再执行自己的构造方法。在子类构造方法中可以使用 super( )调用父类的构造方法,但该语句应该是构造方法的第一条语句。

例 5.17:构造方法的继承举例。

```java
class A
{
  int a;
  A(int x)
  {
   a＝x;
  }
  void show()
  {
    System. out. println("a＝"＋a);
  }

}
public class B extends A
{
  int b;
  B(int x,int y)
  {
    super(x);            //调用父类的构造方法
    b＝y;
  }
  void show()
  {
    System. out. println("a＝"＋a+"\nb＝"＋b);
  }
  public static void main(String args[])
  {
  B b＝ new B(2,5);
  b. show();
  }
}
```

5.9 抽象修饰符(abstract)

现实生活中为了方便认识事物和学习知识,通常将事物定义成抽象的概念,比如车就是一个抽象的概念,"陆地上有轮子的运输工具",而汽车类、自行车类、马车类都属于车类,但是并不存在一个车类的对象,它不属于汽车类,不属于自行车类,也不属于马车类。提出车类的概念是为了人们理解知识的方便,Java 中也支持这种结构,即抽象类。

用 abstract 修饰的类被称为抽象类。抽象类是一种没有具体实例对象的类。它的主要用途是用来描述概念性的内容,这样可以提高开发效率,更好地统一用户接口。

用 abstract 修饰的方法成为抽象方法,抽象方法没有方法体(即方法体为 ;)。

抽象方法必须存在于抽象类之中,当然抽象类中可以含有非抽象方法。在抽象类的子类

中必须实现抽象类中定义的所有抽象方法。由于抽象类主要是用来派生子类,因此抽象类不
能用 final 修饰。抽象类中也不能有 private 的属性或方法。

例 5.18:抽象类、抽象方法举例。

```
abstract class A                        //抽象类
{ int   a;
  void get(int x )
    {
    a＝x;
    }
  abstract void show( );                //抽象方法
}
class B extends A
{
    int   b;
    void get(int x,int y )
    {
    super. get(x);
    b＝y;
    }
    void show()                         //子类实现父类的抽象方法
    {
    System. out. println("a＝"+a+"b＝"+b);
    }
}
class abstractProgram
{
    static public void main(String arg[ ])
    {
        B b = new B();
        b. get(1,2);
        b. show();
    }
}
```

抽象类 A 中含有一个属性 a、一个非抽象方法 get()、一个抽象方法 show()。其子类 B 除
了继承 A 类属性 a 外,又定义了一个属性 b。子类 B 重载了父类的非抽象方法 get(),并具体
实现了父类 A 中的抽象方法 show()。

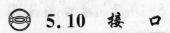 **5.10 接 口**

Java 不支持多重继承,即一个类只能有一个直接父类。这使得 Java 程序比较简单,便于
操作,但是自然界中存在类似这样的现象:学校中有学生(Student)类和教师(Teacher)类,对
于教师在读研究生这个群体来说,既有 Student 类的特征,又有 Teacher 类的特征,也就是说

教师在读研究生这个类是从两个类继承而来,而 Java 不允许多重继承。为了描述这种情况,Java 引入了接口的概念,一个类可以实现多个接口,因此可以将学生类和教师类定义为接口。这样教师在读研究生这个类可以通过实现两个接口,来实现类间多重继承关系。

5.10.1　接口的定义

接口的定义格式如下:

［修饰符］ interface　接口名称　［extends 父接口名列表］
　　{
　　　　公共静态常量声明
　　　　公共抽象方法声明
　　}

接口名称与类的命名规则相同,通常首字母和单词首字母为大写。接口的修饰符与类的修饰符相同,接口之间可以通过 extends 实现继承关系,而且可以是多重继承,即一个接口可以继承多个接口(extends 后面用逗号将多个父接口间隔开)。由于接口中定义的方法都是公共、抽象的,成员都是静态、公共的常量,所以修饰符可以省略。

例 5.19:接口的定义举例。

```
interface  A
{
  int  a=100;            //相当于 public static final int n=100
  void showA( );
                         //相当于 public abstract void showA(),由于方法是抽象的,因此无方法体
}
interface  B
{
  int b=200;
  void showB( );
}
interface  C  extends  A , B    //接口的继承
{
int c=300;
  void showC();
}
```

该例中定义了三个接口,其中接口 C 继承了接口 A 和 B,因此接口 C 具有 a,b,c 三个常量成员和三个方法 showA(),showB()和 showC()。

5.10.2　接口的使用

定义接口的目的是为了实现多重继承,因此通常在一个类中采用 implements 方式实现一个或多个接口,格式如下:

class　类名　implements　接口名列表
　　{

类体

```
}
```

　　如果一个类实现多个接口时,接口名之间用逗号间隔,在类体中要实现各接口中的所有方法。特别注意,这些方法的首部必须与接口中完全一致,由于接口中各方法都是公共的,因此在类中必须在各个方法首部加上 public 修饰符。

　　例 5.20:接口实现举例。

```java
public class D implements C        //实现接口,要实现接口中所有的方法(包括继承的方法)
{
  public void showA()
  {
   System. out. println("a="+a);
  }
  public void showB()
  {
   System. out. println("b="+b);
  }
  public void showC()
  {
    System. out. println("c="+c);
  }
  public static void main(String args[ ])
  {
    D d=new D( );
    d. showA();
    d. showB();
    d. showC();
  }
}
```

　　以上程序中,类 D 实现类接口 C,而接口 C 又继承了接口 A 和 B,因此类 D 具有三个成员 a,b,c,其值分别为 100,200,300。类 D 中必须具体实现三个方法 showA(),showB()和 showC(),而且各方法的首部都加上 public 修饰符。

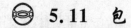 5.11　包

　　为了更好地组织类,Java 提供了包机制。包是类和接口的容器,用于分隔类名空间,一般将一组功能相近或相关的类和接口放入一个包中,不同包中的类名可以相同。

　　在默认情况下,系统会为每个 java 源文件创建一个无名包。该文件中定义的所有类都隶属于这个无名包,它们之间可以相互引用。但是由于这个无名包是没有名字的,所以它不能被其他包中的类所引用。因此本节主要讲述如何创建有名的包以及引用包中的类。

5.11.1　包的创建

　　创建包是在当前目录下创建与包名结构一致的目录结构,并将指定的类文件放入该目录。

可以在需要放入该包的类源文件开头定义包,形式为:

　　package　　pkg1[.pkg2[.pkg3...]];

　　package 语句应该是源文件中的第一条可执行语句。它的前面只能有注释或空行。一个文件中只能有一条 package 语句,其作用是将源文件中所有类的字节码文件存入指定的包中。

　　包的名字有层次关系,各层之间以点分隔,包层次必须与 Java 开发系统的文件系统结构相同,通常包名全部用小写字母表示。

　　例 5.21: 将 Student 类放入 myprogram. mypkg 包中。

```
package   myprogram.mypkg;   //定义包
public class Student
{
    String no;
    String name;
    int score;
    public Student(String n,String str,int s)
    {
        no=n;
        name=str;
        score=s;
    }
    void setNo(String n)
    {
        no=n;
    }
    void setName(String str)
    {
        name=str;
    }
    void setScore(int s)
    {
        score=s;
    }
    void  showStudent()
    {
        System.out.println("学号:"+no+"; 姓名:"+name+"; 高考总分:"+score);
    }
}
```

5.11.2　包的引用

1. 直接引用

将包名作为类名的一部分,采用"包名.类名"的格式访问其他包中的类。

例如,要访问 java.lang 包中的 Math 类,则该类可写成 java.lang.Math,即在程序中使用

java. lang. Math 引用 Math 类。

2. import 语句引用

在 Java 中,使用引入(import)语句告诉编译器要使用的类所在的位置。

引入语句的格式如下:

import pkg1[. pkg2[. pkg3...]]. (类名 | *);

例如,同样要访问 java. lang 包中的 Math 类,可以在程序的开始加上 import　java. lang. Math;则在程序的其他地方可以直接引用 Math 类。

要引入包的所有类时,可以使用通配符"＊",如,import java. lang. ＊;引入整个包时,可以方便地访问包中的每一个类,但是会占用过多的内存空间,而且代码下载的时间将会延长,因此在了解了包的基本内容后,实际用到哪个类,就引入哪个类,尽量不造成资源的浪费。

java. lang 包是编译器自动加载的,因此使用该包下的类时,可以省略 import java. lang. ＊语句。

例 5.22:在 myProgram 包中放置一个创建两个 Student 对象的类文件。

```
package myprogram;
import    myprogram. mypkg. Student;
public class TwoStudents
{
    public static void main(String str[])
    {
        Student stu1＝new Student("2011010101","李力",650);
        stu1. showStudent();
        Student    stu2＝new Student("2011010102","方明",640);
        stu2. showStudent();
    }
}
```

程序中的语句 package myprogram;的作用是创建 myprogram 包,并将 TwoStudents 类的字节码文件放入 myprogram 包中。语句 import myprogram. mypkg. Student;是引用 myprogram. mypkg 包中的 Student 类。

5.11.3　包中类的编译与运行

1. 编　译

编译具有 package 语句的类源文件,可以使用如下格式:

javac　−d　包所在的位置　源文件名

则 Java 编译器可以创建包目录,并把生成的类文件放到该目录中。

比如:

javac −d　F:\　Student. java

该命令将在 F 盘根目录下创建 myprogram 目录,在 myprogram 目录下创建 mypkg 目录,并将编译后的 Student. class 文件放在 mypkg 目录下,即创建了 myprogram. mypkg 包,并将 Student. class 放入该包中。

又如：

> javac　－d　F:\　　TwoStudents. java?

该命令将编译生成的 TwoStudent. class 放入 F 盘的 myprogram 包中。

2. 运 行

运行包中的类字节码文件可以采用如下格式：

java －classpath　包所在的路径名　包名. 类名

或：

set classpath＝包所在的路径名

java　　包名. 类名

例如：

> java　　－classpath　F:\　　myprogram. TwoStudents

该命令会运行 F 盘根目录下的 myprogram 包中的 TwoStudents. class 文件。

也可以采用如下格式：

set classpath＝F:\

java　　myprogram. TwoStudents

5.12　Java API 文档的使用

Java 的应用程序接口(API)是以包的形式组织的。每个包中包含大量相关的类、接口等，Java API 文档是 Java API 的详细介绍文档。

5.12.1　Java API 文档的使用

在下载 JDK 环境的同时，应同时下载 Java 文档(Java2SDK Standard Edition Documentation)。该文档包含了 Java 系统的所有包的详细信息，如果能充分了解 Java 文档中的 API (Application Program Interface)文档，对于熟练掌握 Java 是大有帮助的。下面介绍 API 文档的使用。

首先进入 Java 文档的 API 文件夹，打开 index. html 文件，将会出现如图 5－2 所示的画面。

窗口包括左右窗格。其中左窗格上半部分中 All Classes 是表示 Java 中的所有类，package 下面是 Java 中的所有包的列表，左窗格的下半部分是所选包中的类与接口的列表；右窗格显示左窗格所选的类或接口的详细信息。右窗格顶部的各个选项的作用见表 5－2 所列。

比如要了解 Java 关于数学计算的一些方法，可以在 package 中选择 java. lang 包，然后在左窗格下半部分选择 Math 类，则在右窗格中可以看到关于 Math 类的继承关系。Math 类的详细介绍，如图 5－3 所示。若想查看 Math 类的属性或方法可以直接拖动垂直滚动条或是单击窗口上部的 SUMMARY:FIELD 或 METHOD，想查看 Math 类的属性或方法的详细信息可以单击窗口上部的 DETAIL:FIELD 或 METHOD，CONSTR 表示构造方法。

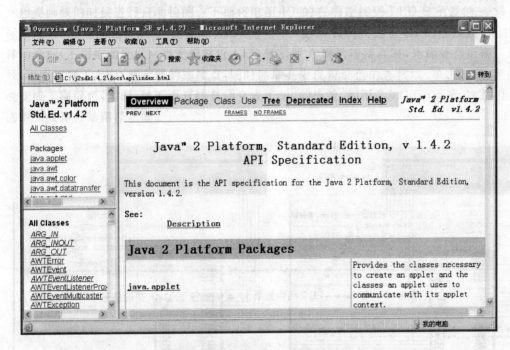

图 5 - 2　Java API 文档的主页

表 5 - 2　Java API 文档主页顶部各个选项的作用

名　称	作　用
Overview	显示 Java 中所有的包及其简介
Package	显示所选包的作用以及该包中所具有的接口、类、异常类与错误类的简介
Class/Inteface	显示所选类或接口的继承关系,主要作用,属性、构造方法,其他方法的简介,属性、构造方法、其他方法的详细说明
Use	列出可以使用当前包或类的包、类、方法、构造方法和属性
Tree	列出与所选包有关的类和接口的详细继承关系
Deprecated	列出不提倡使用的类或接口
Index	按字母顺序列出所有的类、接口、构造方法、其他方法、属性
Help	显示关于 API 文档的帮助信息
Prev/Next	显示当前包、类或接口相关的前一项或后一项
Frames/No Frames	显示或隐藏左窗格

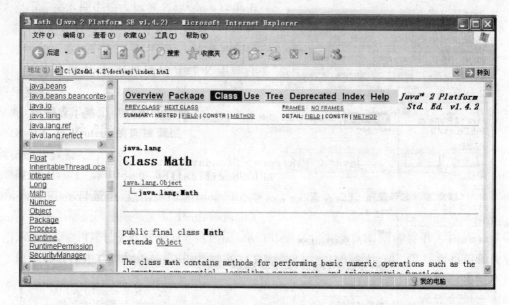

图 5-3　在 Java API 文档中查看 java.lang 包下 Math 类的信息

5.12.2　Java 中常用几个包

（1）java.applet 包中含有一个 Applet 类和几个接口，用来创建能够运行于浏览器中的 Java Applet 小程序。

（2）java.lang 包是 Java 语言的核心包，包含运行 Java 程序必不可少的系统类，比如 Object 类、基本数据类型类、数学类、字符串处理类、线程类、异常处理类等。每个 Java 程序运行时，系统都会自动地调用 java.lang 包，因此这个包的加载是默认的。

（3）java.io 包含有实现 Java 程序与操作系统、用户界面以及其他 Java 程序做数据交互所使用的类，如基本输入输出流、文件输入输出流等。

（4）java.awt 包中含有了许多关于 GUI（图形用户界面）的类和接口。借助这些类与接口可以很方便地编写出美观、实用的图形用户界面程序。

（5）java.swing 包提供了比 java.awt 包更为丰富的轻量级图形用户界面的类和接口。

（6）java.util 包括了 Java 语言中的一些低级的实用工具，比如处理时间的 Date 类、产生随机数的 Random 类、处理变长数组的 Vector 类、Stack（栈）类和 HashTable（哈希表）类等。

（7）java.net 包是 Java 语言用来实现网络功能的包。

5.12.3　Java 中常用的几个类

1. Object 类

是 Java 程序中所有类的直接或间接父类，所有的类都是从 Object 类派生出来的，所有类都可以继承或重载该类的方法。

Object 类两个主要方法：

equals（）方法用来比较两个对象的内容。如果对象是相等的，它返回 true，否则返回 false。

toString()方法返回一个调用它的对象的名字字符串。该方法在对象使用 println()输出时自动调用。

2. 数据类型类

在 Java 中,每个基本数据类型都对应一个数据类型类,以便完成一些变换操作。常见的基本数据类型类有:Boolean,Character,Double,Float,Integer,Long。

Boolean 类的常用方法是 valueOf(String s):将字符串转换为布尔类型值。

例如:

Boolean. valueOf("True")返回值为 true

Boolean. valueOf("yes")返回值为 false

Character 类的常用方法如下。

isDigit(char ch):判断字符 ch 是否为数字字符

isLetter(char ch):判断字符 ch 是否为英文字母

isSpaceChar(char ch):判断字符 ch 是否为空白符(空格符、换行符、换页符)

toLowerCase(char ch):将字符 ch 转换为小写字母形式

toUpperCase(char ch):将字符 ch 转换为大写字母形式

charValue ():将 Character 对象转换为 char 型字符

四种数值类(Double,Float,Integer,Long)的方法比较相似,因此以 Integer 为例讲解。

valueOf(String s):是将字符串 s 转换为对应的 int 型数值;

parseInt(String s):是将字符串 s 转换为对应的 int 型数值;

例如:

Double. parseDouble("12.345")　返回值为 double 型的 12.345

Long. valueOf("3456789")　返回值为 long 型的 3456789

3. Math 类

Math 类中包括两个常量属性 PI(圆周率),E(自然数)。

Math 类中常见的方法有:

sin(double a):返回 a 的正弦值

cos(double a):返回 a 的余弦值

tan(double a):返回 a 的正切值

asin(double a):返回 a 的反正弦值

acos(double a):返回 a 的反余弦值

atan(double a):返回 a 的反正切值

log(double a):返回 a 的自然对数值

exp(double a):返回 e^a

pow(double a,double b):返回 a^b

sqrt(double a):返回 a 的平方根

random():返回大于等于 0.0 且小于 1.0 的随机数

ceil(double a):返回大于或等于 a 的最小整数值

floor(double a):返回小于或等于 a 的最大整数值

round(double a):返回将 a 四舍五入的整数值

以下三个方法的参数可以是 int,long,float 或 double 型值：

abs(a)：返回 a 的绝对值

max(a,b)：返回 a 和 b 的较大值

min(a,b)：返回 a 和 b 的较小值

4. 日期类

与日期时间有关的类有 Date 和 Calender。这两个类都在 java.util 包中。

Date 类的常用方法有：

setTime(long time)：设置时间

getTime()：获取时间

然而这里的时间是以 1970 年 1 月 1 日零时零分零秒为基准的长整型 ms 值，

如果采用如下程序：

```
date    today＝new Date()
System. out. println(today. getTime());
```

屏幕上将显示一组长整型值，分不出年月日来。要想使时间的显示更合理，应借助 java. text 包中的 DateFormat 类的子类 SimpleDateFormat 类实现。

SimpleDateFormat 类的构造方法如下：

public SimpleDateFormat（String pattern），其中字符串 pattern 为显示日期时间的格式，其中可以包含格式控制符如表 5 - 3 所列。

SimpleDateFormat 类 的 format（Date date)方法能够将设定的格式应用于某个 Date 对象。

例如：

```
Date today＝new Date();
SimpleDateFormat df＝new SimpleDateFormat("yyyy 年 MM 月 dd 日 H:m:s");
System. out. println(df. format(today));
```

表 5 - 3　日期时间的显示格式控制符

项　目	符　号	显示格式
年	yy	两位年份
	yyyy	四位年份
月	M	一位月份
	MM	两位月份
	三个以上的 M 串	汉字的月份
日	d	一位日期
	dd	两位日期
小时	H	一位小时
	HH	两位小时
分钟	m	一位分钟
	mm	两位分钟
秒钟	s	一位秒钟
	ss	两位秒钟
星期	E	汉字的星期

解决了日期格式的输出问题，但是在日期的设置方面 Date 类还是不方便（用 setTime 方法需要设置距 1970 年 1 月 1 日 0 时 0 分 0 秒的毫秒值），因此可以采用 Calendar 类。

由于 Calendar 类为抽象类，可以借助其 getInstance()方法产生一个该类的对象。

Calendar 类的常用属性有：

YEAR(年)、MONTH(月)、DATE(日)

HOUR(小时)、MINUTE(分)、SECOND(秒)

DAY_OF_YEAR(当前年的天数)

DAY_OF_MONTH(当前月的天数)

HOUR_OF_DAY(当前天的小时数)

Calendar 类的常用方法有：

public final Date getTime()

取得该对象的时间，返回值为 Date 类。

public long getTimeInMillis()

取得该对象的毫秒时间，返回值为 long 型。

public final void set(int year, int month, int date)

设置年、月、日。

public final void set(int year, int month, int date, int hour, int minute)

设置年、月、日、时、分。

public final void set(int year, int month, int date, int hour, int minute, int second)

设置年、月、日、时、分、秒。

注意，在 Java 中月份的值从 0 开始计数，因此若设置 12 月份时，程序中应标注为 11。

例 5.23：某同学在 2011 年 3 月 1 日 11 时借了一本书。如果今天还书，计算这位同学借了多少天该书。

```
import java. util. * ;
import java. text. * ;
public class BBB
{
public static void main(String args[])
  {
  long borrowTime, returnTime;
   Calendar   d=Calendar. getInstance();                //创建当前日期对象
   SimpleDateFormat df=new SimpleDateFormat("yyyy 年 MM 月 dd 日 H:m:sEE");
   System. out. println("还书日期:"+df. format(d. getTime()));
   returnTime=d. getTimeInMillis();
   d. set(2011,2,1,11,0);                                //设置借书日期对象
   borrowTime=d. getTimeInMillis();
   System. out. println("借书日期:"+df. format(d. getTime()));
   System. out. println("借期是"+(returnTime-borrowTime)/1000/60/60/24+"天");
  }
}
```

关于日期程序也可以通过 Calendar 类的子类 GregorianCalendar 来实现。

例 5.24：显示当前日期，并判断当前年是否为闰年。

```
import java. util. * ;
import java. text. * ;
public class CCC
{
 public static void main(String args[])
  {int year;
```

```
GregorianCalendar  d＝new GregorianCalendar();
SimpleDateFormat df＝new SimpleDateFormat("yyyy 年 MM 月 dd 日 EE");
System. out. println("今天的日期是："＋df. format(d. getTime()));
year＝d. get(Calendar. YEAR);
if(d. isLeapYear(year))  //判断 year 是否为闰年，是闰年返回 true；否则返回 false
    System. out. println(year＋"年是闰年");
else
    System. out. println(year＋"年不是闰年");
  }
}
```

5. Vector(向量)类

Vector 类位于 java. util 包，向量可以存放由不同类的对象组成的一个数据序列。其中的对象数目是不定的，借助向量可以方便地实现对象序列中元素的查找、插入和删除等操作。

注意，向量中的对象不能是简单类型(如 int，long，float，doule、char、boolean 等)的变量。

向量与数组的区别是：

向量可以存放不同类的对象，数组必须存放相同类型的数据；

向量的元素空间可以变化，数组元素的空间相对固定；

向量不能存储简单类型数据，数组可以存放简单类型数据；

向量对元素的插入/删除比较容易实现，数组的这些操作较复杂。

下面介绍向量的常用方法。

(1) 构造方法(用于创建向量对象)

```
public Vector()
public Vector(int initialCapacity)
public Vector(int initialCapacity, int capacityIncrement)
```

其中，initCapacity 表示刚创建时 Vector 序列包含的元素数目，capacityIncrement 表示如果向 Vector 序列中加元素，一次性加多少个。

(2) 增加向量元素的方法

```
public void addElement(Object obj)
```
将对象 obj 添加到向量中。
```
public void insertElement(Object obj, int index)
```
将对象添加到向量的 index 位置上。

(3) 修改向量元素的方法

```
public void setElementAt(Object obj, int index)
```
将向量中第 index 位置处的对象改为 obj。

(4) 删除向量元素的方法

```
public boolean removeElement(Object obj)
```
删除向量中第一个出现的 obj 对象，如果成功则返回 true，否则返回 false。
```
public void removeElementAt(int index)
```

删除向量中第 index 位置处的对象。

public void removeAllElements()

删除向量中的所有对象。

（5）查找向量元素的方法

public Object elementAt(int index)

返回向量中第 index 位置的对象。

public boolean contains(Object elem)

检测向量中是否存在 elem 对象。

public int indexOf(Object elem)

从前向后查找 elem 对象出现的位置,如果对象不存在,返回-1。

public int lastIndexOf(Object elem)

从前向后查找 elem 对象出现的位置,如果对象不存在,返回-1。

（6）检测向量的大小与容量的方法

public int size()

返回向量的元素个数。

public int capacity()

返回向量所占的空间。

例 5.25：编程实现将键盘上输入的一组学生姓名存入向量,接着从键盘上输入一个学生的姓名,从向量中将其删除。

```java
import java.io. * ;
import java.util. * ;
public class VectorProgram
{public static void main(String args[])
  throws IOException
 {
    BufferedReader  bf＝new BufferedReader(new InputStreamReader(System. in));
    String   name;
    Vector   v＝new Vector();
    System. out. println("请输入学生的姓名（以回车间隔）");
    name＝bf. readLine();
    while (! name. equals(""))
      {
      v. addElement(name); //将 name 添加到向量 v 中
      name＝bf. readLine();
      }
    System. out. println("向量中的学生信息:");
    for(int i=0;i<v. size();i++)
     System. out. println(v. elementAt(i));//显示向量中第 i 个对象的信息

    System. out. println("请输入要删除的学生姓名:");
    name＝bf. readLine();
```

```
    if（v. contains(name)）
        {
        v. removeElement(name)；//从向量中删除 name 对象
        System. out. println("删除后向量中的学生信息:")；
        for(int i＝0；i＜v. size()；i＋＋)
          System. out. print(v. elementAt(i)＋"   ")；
        }
    else
        System. out. println("该生不存在!")；
    }
}
```

6. Stack(栈)类

Stack 类是 Vector 类的子类,与向量不同,栈具有先进后出的特点,也就是现存入的数据后取出来。

栈的常见方法如下:

public Stack()
创建栈。
public Object push(Object item)
将对象存入栈。
public Object pop()
从栈中取出对象。
public Object peek()
察看栈顶的对象,并不取出。
public boolean empty()
检测栈是否为空。
public int search(Object o)

在栈中查找对象。

例 5.26:利用栈将键盘上输入的一组字符倒序输出。

```
import java. util. ＊；
import java. io. ＊；
public class StackProgram
{
 public static void main(String args[])
   throws IOException
 {
   Stack s＝new Stack()；
   char ch；
     System. out. println("请输入 10 个字符:")；
   for(int i＝0；i＜10；i＋＋)
     {
     ch＝(char)System. in. read()；
     s. push(new Character(ch))；        //将字符对象存入栈
     }
```

```
System. out. println("倒序后的字符:");
while(! s. empty())
  {ch=((Character)s. pop()). charValue();//从栈中取出字符赋值给 ch
    System. out. print(ch);
    }
System. out. println();
  }
}
```

7. HashTable(哈希表)类

哈希表也能够实现对象的存储。哈希表中对象是按照给定的关键字进行存储查找等操作。常用的方法有:

(1) 构造方法(创建哈希表)

```
public Hashtable()
public Hashtable(int initialCapacity)
public Hashtable(int initialCapacity, float loadFactor)
```

其中参数 initialCapacity 表示哈希表的初始大小,参数 loadFactor 为哈希表的装载因子,取值范围为 0.0~1.0,默认为 0.75。

(2) 增加或修改数据的方法

public Object put(Object key, Object value)

用给定的关键字 key,将 value 对象保存到哈希表中。

(3) 取得数据的方法

public Object get(Object key)

获得关键字 key 对应的对象。

(4) 删除数据的方法

public Object remove(Object key)

删除关键字 key 对应的对象。

(5) 检索数据的方法

public boolean containsKey(Object key)

判断关键字 key 对应的对象是否存在。

public boolean contains(Object value)

判断对象 value 是否存在。

(6) 其他方法

public boolean isEmpty()

判断哈希表是否为空。

public int size()

返回哈希表的大小。

public void clear()

清空哈希表。

例 5.27：利用哈希表存储一组 Student 类的对象，修改某个学生的高考总分，最后显示所有学生信息。

```java
public class HashtableProgram
{
    public static void main(String str[]) throws IOException
    {
        Student stu;
        Hashtable    hs=new Hashtable();
        BufferedReader    bf=new BufferedReader(new InputStreamReader(System. in));
        String    no,name;
        int score;
        for(int i=0;i<3;i++)
        {
         System. out. print("学号:");
         no=bf. readLine();
         System. out. print("姓名:");
         name=bf. readLine();
         System. out. print("高考总分:");
         score=Integer. parseInt(bf. readLine());
         stu=new Student(no,name,score);
         hs. put(no,stu);                 //将学生对象添加到哈希表
        }
        System. out. print("请输入要修改信息的学生学号:");
        no=bf. readLine();
        if(hs. containsKey(no))
          { stu=(Student)hs. get(no);      //从哈希表中取出指定学号的学生信息
            System. out. print("请修改该生的高考总分:");
            stu. setScore(Integer. parseInt(bf. readLine()));
            hs. put(no,stu);              //将修改后的学生对象存回哈希表
          }
        else
            System. out. println("查无此人!");
        System. out. println("显示所有同学的信息:");
        Enumeration e=hs. elements();
        while(e. hasMoreElements())
          {stu=(Student)e. nextElement();
           stu. showStudent();
          }
    }
}
```

以上程序中，hs. elements()方法是将哈希表中的对象全部放入 Enumeration 类的对象中，想取出每个元素可以调用 Enumeration 类的 nextElement()方法，而 Enumeration 类的 hasMoreElements()方法是判断是否还存在着元素。当然，也可以将 Enumeration 类应用与

Vector 类,达到显示向量中所有对象的目的。

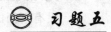 **习题五**

一、选择题

1. 设 X,Y 为已定义的类名,以下能够正确声明 X 类对象的语句是(   )。

    A. static X xo;

    B. public X x0＝new X(int 123)

    C. Y xo;

    D. X xo＝X();

2. Java 所有类的父类为(   )。

    A. Father   B. father   C. Object   D. object

3. 以下关于构造方法的叙述中不正确的是(   )。

    A. 构造方法是类的一种特殊方法,它的方法名必须与类名相同

    B. 构造方法的返回类型只能是 void

    C. 构造方法的主要作用是完成对类的对象的初始化工作

    D. 一般在创建新对象时,系统会自动调用构造方法

4. 构造方法在下面(   )情况下被调用。

    A. 类定义时   B. 创建对象时   C. 调用对象方法时   D. 使用对象变量时

5. 如果不想让成员变量的数据被其他类访问,应将成员变量设为(   )。

    A. private   B. public   C. protected   D. native

6. 下列修饰符中(   )既能作为类的修饰符,也能作为类成员的修饰符。

    A. private   B. public   C. protected   D. static

7. 定义类的类头时可以使用的关键字是(   )。

    A. private   B. protected   C. final   D. static

8. 为 AB 类的一个无形式参数无返回值的方法 method 书写方法头,使得用类名 AB 作为前缀就可以调用它。该方法头的形式为(   )。

    A. static void method( )

    B. public void method( )

    C. final void method( )

    D. abstract void method( )

9. 设有下面两个类的定义:

```
class  Person {              class  Student  extends  Person {
    long      id;                int  score;
    String   name;              int  getScore(){
    }                              return  score;
                                 }
                             }
```

则类 Person 和类 Student 的关系是(   )。

    A. 继承关系   B. 包含关系   C. 关联关系   D. 无关系,上述类定义有语法错误

10. Java 语言类间的继承关系是(   )。

    A. 多重的   B. 单重的   C. 线程的   D. 不能继承

11. 在定义子类时,声明父类名的关键字是( )。

    A. interface   B. package   C. extends   D. class

12. 设有下面的两个类定义:

```
class   AA
  {
    void   Show()
    { System. out. println("我喜欢 Java!");
      }
    }
      class   BB extends   AA
{
void   Show()
{ System. out. println("我喜欢 C++!");
    }
}
```

则顺序执行如下语句后输出结果为( )。

    AA   a;   BB   b;

    a. Show();   b. Show();

    A. 我喜欢 Java!   B. 我喜欢 C++!   C. 我喜欢 Java!   D. 我喜欢 C++!
    我喜欢 C++!   我喜欢 Java!   我喜欢 Java!   我喜欢 C++!

13. 下列关于继承的说法中正确的是( )。

    A. 子类能继承父类的所有数据成员和方法

    B. 子类能继承父类的非私有数据成员和方法

    C. 子类只能继承父类 public 数据成员和方法

    D. 父类只能继承父类的方法,而不继承数据成员

14. super 是指( )。

    A. 代表当前对象的一个引用

    B. 指当前对象的直接父类对象的引用

    C. 是指当前对象的祖先类对象的引用

    D. 代表当前类的子类对象的一个引用

15. 在 Java 中,一个类可同时定义许多同名的方法。这些方法的形式参数的个数、类型或顺序各不相同,传回的值也可以不相同,这种面向对象程序特性称为( )。

    A. 隐藏   B. 覆盖   C. 重载   D. 继承

16. 区分类中重载的同名的不同方法,要求( )。

    A. 采用不同的形式参数列表   B. 返回值的数据类型不同

    C. 调用时用类名或对象名做前缀   D. 参数名不同

17. 下面的是关于类及其修饰符的一些描述,不正确的是( )。

    A. abstract 不能与 final 同时修饰一个类

    B. abstract 类只能用来派生子类,不能用来创建 abstract 类的对象

    C. final 类不但可以用来派生子类,也可以用来创建 final 类的对象

D. abstract 方法必须在 abstract 类中声明,但 abstract 类定义中可没有 abstract 方法

18. 用于定义接口的关键字是(　　)。

    A. abstract　　　　B. implements　　C. interface　　　D. class

19. 接口中定义的成员方法是(　　)。

    A. 抽象方法　　　　B. 具体方法　　　C. 有方法体　　　D. 与类中方法相同

20. 在使用 interface 声明一个接口时,可以使用默认或者(　　)修饰符修饰该接口。

    A. private　　　B. private protected　　　C. public　　　D. protected

21. 为了使包 abc 中的所有类在当前程序中可见,可以使用的语句是(　　)。

    A. import abc. * ;　　　　　　　　B. package abc. * ;

    C. import abc. ? ;　　　　　　　　D. package abc. ? ;

22. 若一个类要引用其他包中的 public 类,不可采用的方法是(　　)。

    A. 直接引用 public 类　　　　　　B. 使用包名、类名为前缀

    C. 加载需要使用的类　　　　　　　D. 加载整个包

23. 在编写 Java Application 程序时,若需要使用到标准输入输出语句,必须在程序的开头写上(　　)语句。

    A. import java. awt. * ;　　　　　B. import java. applet. Applet ;

    C. import java. awt. Graphics ;　　D. import java. io. * ;

24. 设有下面两个赋值语句:a = Integer. parseInt("1024");　b = Integer. valueOf("1024"). intValue();

    下述说法正确的是(　　)。

    A. a 是整数类型变量,b 是整数类对象　　B. a 是整数类对象,b 是整数类型变量

    C. a 和 b 都是整数类对象并且其值相等　　D. a 和 b 都是整数类型变量并且其值相等

25. 在 Java 中,用 package 语句说明一个包时,该包的层次结构必须是(　　)。

    A. 与文件的结构相同　　　　　　　B. 与文件目录层次相同

    C. 与文件大小相同　　　　　　　　D. 与文件类型相同

26. java. util 包中 Date 类对象表示时间的默认顺序是(　　)。

    A. 年、星期、月、日、小时、分、秒　　B. 秒、分、小时、日、月、星期、年

    C. 小时、分、秒、星期、日、月、年　　D. 星期、月、日、小时、分、秒、年

27. 在 Java 中,存放字符串常量的对象属于(　　)类对象。

    A. Character　　B. String　　　C. StringBuffer　D. Vector

28. 能够正确计算 30°的余弦值的是(　　)。

    A. double d＝Math. cos(30)　　　B. double d＝Math. cosine(30)

    C. double d＝Math. cos(Math. toRadians(30))

    D. double d＝Math. cos(Math. toDegrees(30))

125

二、填空题

1. 对象是一组相关属性和相关方法的封装体,是类的一个(　　)。

2. (　　)方法是一种能够实现对象初始化的特殊方法。

3. Java 使用(　　)运算符实现对数据成员和方法的调用。

4. 在子类中重新定义一个与从父类同名的数据成员时,这种情况称为数据成员的
(   )。

5. 子类对象可以借助关键字(   )引用被它隐藏了的父类的属性或调用被它覆盖了的
父类的方法。

6. 指向本类的关键字是(   ),指向父类的关键字是(   )。

7. 抽象类的修饰符为(   )。

8. Java 语言通过(   )实现多重继承的功能。

9. 接口中所有的方法都是(   )方法。

10. (   )类提供日期和时间的表示,它以公历来计算。

三、简答题

1. 说明类和对象的关系。　　2. static 方法与非 static 方法的区别。

3. 最终类的作用是什么?　　4. 方法覆盖与方法重载?

5. 什么是多态性?　　6. 向量与数组的区别。

四、阅读下列程序,回答问题

1.

```java
class a1
  {
    int x=18;
  }
class test extends a1
{  int x=48;
   public static void main(String[] argS)
   {   int s1,s2;
      a1   p=new a1();
      test p1=new test (·);
      s1=p. x;
      s2=p1. x;
      System. out. println("s1="+s1);
      System. out. println("s2="+s2);
   }
}
```

2.

```java
class addclass
  {
      public int x=0,y=0,z=0;
      addclass(int x)
      {    this. x=x;  }
      addclass(int x,int y)
      {  this(x);
        this. y=y;
      }
```

```
         addclass(int x,int y,int z)
         {       this(x,y);
                 this.z=z;
         }
             public int add( )
             { return    x+y+z;}
             }
public class t
  {
      public static void main(String[ ] args)
      {
             addclass p1=new addclass(2,3,5);
             addclass p2=new addclass(10,20);
             addclass p3=new addclass(1);
             System.out.println("x+y+z="+p1.add( ));
             System.out.println("x+y="+p2.add( ));
             System.out.println("x="+p3.add( ));
         }
  }
public class Student
  {
      String no;
      String name;
      int score;
      public Student(String no)
       {
          this.no=no;
       }
      public Student(String n,String str)
       {
         this(n);
         name=str;
       }
      public Student(String n,String str,int s)
       {
         this(n,str);
         score=s;
       }
      void setNo(String n)
       {
          no=n;
       }
      void setName(String str)
       {
          name=str;
```

```
        }
        void setScore(int s)
        {
            score=s;
        }
        void   showStudent()
        {
            System. out. println("学号:"+no+";   姓名:"+name+";   高考总分:"+score);
        }
        public static void main(String str[])
        {
            Student stu1=new Student("2006010101");
            stu1. setName("李奇");
            stu1. setScorc(700);
            stu1. showStudent();
            Student stu2=new Student("2006010102","李放");
            stu2. setScore(600);
            stu2. showStudent();
            Student stu3=new Student("2006010103","李力",650);
            stu3. showStudent();
        }
    }
```

问题 1:程序的运行结果是什么？　　问题 2:语句 this(n,str);的作用是什么？

五、程序填空

1. 按如下要求定义两个类 A 和 B:类 A 中定义一个 int 类型属性 x(将其赋值为 8)和一个在命令行下输出 x 值的方法 myPrint()。类 B 是类 A 的子类,其中也定义一个 int 类型属性 y(将其赋值为 16)和 String 类型的属性 s(将其赋值为"java program!");一个在命令行下输出 y 和 s 值的方法 myPrint();类 B 中还有一个方法 printAll( ),该方法中分别调用父类和子类的 myPrint()方法。编写 Application,创建类类 B 的对象 b,调用 printAll( )方法,输出结果。

```
public class Blank
{
    public static void main(String args[])
    {
/************************SPACE************************/
        【1】=new B();
        b. printAll( );
    }
}
class A
{
    int x=8;
    public void myPrint()
```

```
    {
      System. out. println( "x＝"＋x );
    }
}
/ *********************SPACE*********************/
class B【2】
{
  int y＝16;
/ *********************SPACE*********************/
  【3】 s＝"java program!";
  public void myPrint()
    {
      System. out. println("y＝"＋y);
      System. out. println("s＝"＋s);
    }
  void printAll()
    {
/ *********************SPACE*********************/
    【4】. myPrint();
    myPrint();
    }
}
```

2. 定义一个电话计费的类 Blank,属性包括:通话时间、单位时间计费标准、费用合计;方法有:构造方法(将个各属性初始化为 0)、构造方法(按参数初始化通话时间与单位时间计费标准属性,合计费用属性为 0)、累计方法(计算出合计费用)、结果显示方法(显示出通话时间以及费用情况);最后创建该类的对象验证各方法。

```
    public class TelCharge
    {
/ *****************SPACE*****************/
    Double   time,price,sum;
    【1】 ()
      {
        time＝ 0;
        price＝0;
        sum＝0;
      }
/ *****************SPACE*****************/
    TelCharge (【2】,double p)
      {
        time＝t;
        price＝p;
        sum＝0;
      }
/ *****************SPACE*****************/
```

```
        void【3】
        {
            sum＝time * price；
        }
/ ******************SPACE ******************/
        void【4】
        {
            System. out. println("您的通话时间为："＋time＋"秒，单位时间计费标准为 "＋price＋"元/
秒，您的通话费用为"＋sum＋"元。")；
        }
        public static void main(String args[])
        {
            TelCharge a ＝ new TelCharge (35，0.6)；
            a. add()；
            a. print()；
        }
    }
```

六、程序设计题

1. 定义一个学生类，属性包括：姓名、性别、年龄、联系电话等；方法包括：构造方法（完成各属性的初始化）、取得年龄方法、取得性别方法、取得联系电话方法、以"××的电话为××"形式作为返回值的方法。

2. 定义一个复数类，包括实部与虚部两个属性，以及设置虚部实部的构造方法、复数求和方法、复数求差方法、复数求积方法，显示复数方法。

3. 定义一个日期类，包括年、月、日三个属性，以及设置日期的方法，显示日期的方法；定义一个学生类 Student，包括姓名、生日属性，包括设置姓名与生日的方法，显示姓名生日的方法。

4. 用重载的方法实现求两个不同类型数据的乘积。

5. 定义一个形状接口 Shape，包括求面积 getArea() 和求周长 getPerimeter 的方法，然后设计一个 Rectangle 类，实现 shape 接口中的方法，并求出半径为 5 的圆的面积和周长。

第 6 章

异常处理

在程序设计和运行过程中,出现异常或错误都是无法避免的。这就要求设计程序时要充分考虑到可能会出现的各种意外情况,既要保证程序运行结果的正确性,又要使程序具有较强的容错能力。这种能够处理异常情况的技术就是异常处理。Java 异常处理功能也是 Java 的特色之一,通过使用异常处理可以增加程序的灵活性和健壮性,便于程序的调试和后期的程序的维护。

本章先介绍 Java 异常的定义和分类、异常处理机制、异常类和异常类的继承关系,然后重点介绍异常处理的方法。

6.1　异常的概念

6.1.1　异常的定义和分类

异常是指程序执行过程中发生的各种意外事件,从而导致程序改变原来执行流程的情况。比如说由于用户输入错误、所需文件找不到、内存空间不够用、除法运算时除数为零、数组使用的下标出现越界等等,都会导致程序不能正常执行。

Java 语言中的异常分为两类:错误(error)和异常(exception)。错误是指 Java 虚拟机系统内部错误、资源耗尽等严重情况;违例则是指因编写程序错误或者由于偶然外在因素而导致的一般性问题。当发生错误时系统只能停止程序的执行,因此用户无法对错误进行捕捉和处理;而发生违例时,用户可以捕捉到。当对其进行适当的处理后,程序可以正常进行。

首先通过两个例子说明异常。

例 6.1:除数为 0,系统自动抛出异常实例。

```java
public class c6_1
{
    public static void main(String[ ] args)
    {
        int x=100;
        int y=10;
        int z=0;
        System. out. println("The result is "+x/y);
        System. out. println("Divided by zero is "+x/z);
    }
}
```

当对其编译时,没有语法错误。运行时,程序结果如图 6-1 所示。

分析:第一行是正确的结果,第二行表示程序运行到第 9 行,即 System. out. println("Di-

```
The result is 10
Exception in thread "main" java.lang.ArithmeticException: / by zero
        at c6_1.main(c6_1.java:9)
```

图 6-1　例 6.1 程序运行结果

vided by zero is "＋x/z）；语句时，系统会产生一个异常对象，即抛出了一个异常。该异常为 ArithmeticException（算术运算异常），即除数是 0。由于发生此异常，没有处理，所以返回到它的调用层，显示这样的出错信息。

例 6.2： 数组下标越界，系统自动抛出异常。

```
public class c6_2
{
    public static void main(String[] args)
    {
        String students[]={"LiMing","WangHong","ChenChen"};
        for(int i=0;i<5;i++)
            System. out. println(student[i]);
        System. out. println("\nThis is the end");
    }
}
```

程序运行结果如图 6-2 所示。

```
LiMing
Wanghong
ChenChen
Exception in thread "main" java.lang.ArrayIndexOutOfBoundsException: 3
        at c6_2.main(c6_2.java:7)
```

图 6-2　例 6.2 程序运行结果

分析： 程序中定义了一个 students 字符串数组，并给其中三个元素分别赋予初始值，然后用循环结构输出下标为 0 到 4 的数组元素。在输出前三个元素时，结果正常显示。当下标为 $i=3$ 时程序运行到第 7 行，即 System. out. println（student[i]）；语句时，系统会抛出一个异常。该异常为 ArrayIndexxOutOfBoundsException（数组下标越界异常），数组下标不能超过 3，所以程序在此抛出一个异常后终止，其后的输出语句也不能被执行了。

通过这两个例子大家可以看出，出现异常的情况编程者事先是可以预料到的，如果能够正常处理，就不会导致程序的中断。下面介绍 Java 异常处理机制。

6.1.2　Java 异常处理机制

Java 程序运行发生异常时，按照异常处理机制往往有两种处理方式，如图 6-3 所示。当用户不进行自行处理时，由系统按照预设的异常处理方法，输出一些简单的信息到显示器上，然后结束程序的执行，如前面例 6.1 和例 6.2 的两个例子。此外，Java 还可以采用捕捉-抛出（catch - throw）的编程方式处理异常。通过这种方式，在程序中可以监视可能会发生异常的程序块，把所有异常收集起来放到程序的某一段集中处理。这就使完成正常程序功能的代码和进行异常处理的程序功能的代码分开,增强了程序的可读性,同时由于异常的处理减少程序运行时中途终止的可能性。具体方法在 6.2 节中详细介绍。

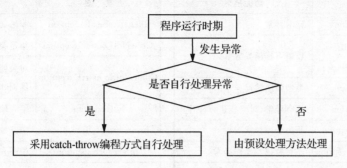

图 6 - 3　Java 异常处理机制

6.1.3　异常类及继承关系

在 Java 中定义了很多异常类。每个异常类代表一类运行错误。类中包含了该运行错误的信息和处理错误的方法等内容。当 Java 程序运行中某些地方出现一个可识别的运行错误时,系统就会在所在的地方创建一个相应异常类的对象,并由系统中的相应机制去处理,而不会产生死机、死循环或者其他有损害的结果。

Java 语言采用继承方式来组织各种异常,所有的异常类都直接或间接地继承于 java. lang. Throwable 类。Throwable 类有两个直接子类:Error 子类和 Exception 子类。Error 类包含 LInkageError(动态链接失败)、VirtualMachineError(虚拟机出错)等,由系统保留,具体见表 6 - 1。Exception 类包含输入输出异常(IOException)、运行异常(RuntimeException)等。其中运行异常的产生非常普遍,可以不对其处理,常见的运行异常见表 6 - 2。而其他的异常如果不对其进行处理就无法通过编译。常见的一般异常见表 6 - 3。

表 6 - 1　Java 常见的错误

类　名	功能描述
ClassCircularityError	初始化某类检测到的类的循环调用错误
ClassFormatError	非法类格式错误
IllegalAcessError	非法访问错误
IncompatibleClassChangError	非法兼容类更新错误
InternaError	系统内部错误
LinkageError	链接错误
NoClassDefFoundError	运行系统找不到被引用类的定义
NoSuchFieldError	找不到指定域错误
NoSuchMethodsError	所调用的方法不存在
OutofMemoryError	内存不足错误
UnknownError	系统无法确认的错误
UnsatisfiedLinkError	定义为本地的方法运行时与另外的例程相连接错误
VerifyError	代码校验错误
VirtualMachineError	虚拟机出错,可能 JVM 错或资源不足
InstantiationError	企图实例化一个接口或抽象类的错误

133

表 6 - 2　Java 常见的一般异常列表

类　名	功能描述
ArithmeticExecption	算术异常
ArrayIndexOutOf BoundsException	数组下标越界异常
ClassCastException	类型强制转换异常
EmptyStackException	栈空异常,对空栈进行操作
IllegalArgumentException	非法参数异常
IllegalMonitorStateException	非法监视器操作异常
IllegalThreadStateException	非法线程状态异常
IndexOutofBoundException	下标越界异常
NegativeArraySizeException	数组长度为负异常
NoSuchElementException	枚举对象不存在给定的元素异常
NullPointerException	空指针异常
NumberFormatException	非法数据格式异常
SecurityException	违背安全原则异常
StringIndexOutof BoundsException	字符串下标越界错误

表 6 - 3　Java 常见的运行异常列表

类　名	功能描述
IllegalAccessException	非法访问异常
ClassNotFoundException	指定类或接口不存在异常
CloneNotSupportException	对象使用 clone 方法而不实现 cloneable 接口
IOException	输入输出异常
InterruptedIOException	中断输入输出操作异常
InterruptException	中断异常
EOFException	文件已结束异常
FileNotFoundException	文件未找到异常
MalformedURLException	URL 格式不正确
ProtocolException	网络协议异常
SocketException	Socket 操作异常
UnknowHostException	给定的服务器地址无法解析
UnknowServiceException	网络请求服务出错
UTFDataFormatExcepton	UTF 格式字符串转换出错
InstantiationException	企图实例化接口或抽象类
NoSuchMethodException	方法未找到异常

　　运行异常和错误的区别主要在于对系统所造成的危害程度不同,恢复正常的难易程度也不同。错误是一种致命的异常,系统是没有办法恢复的,而异常是可以捕获和处理的,不会导致系统的崩溃。

　　异常类的继承关系如图 6 - 4 所示。

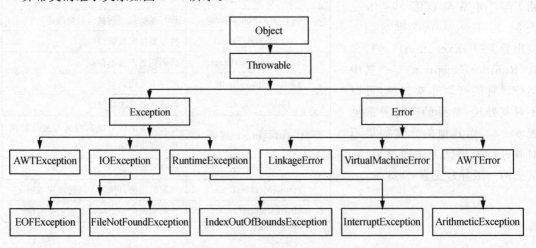

图 6 - 4　异常类的继承关系

Throwable 类的构造方法：

public Throwable()

public Throwable(String message)

throwable 类的常用方法有：

public String toString()

返回异常的简短描述，即异常的类名和 getMessage()得到的内容,若 getMessage()得到的是空值,它只返回类名。

public String getMessage()

返回异常的详细信息描述,对于带参数的构造方法,返回的是创建异常时的参数内容,对无参数构造方法,返回的是空值。

printStackTrace()

用来在标准输出设备上输出堆栈使用的跟踪。

fillStackTrace()

在重新抛出异常时对堆栈的跟踪。

6.2 异常的处理

前面介绍内容中当出现异常时,没有通过编程解决。本节介绍编程处理异常的方法。可以处理异常的语句包括 try,catch,finally,throw 和 throws 语句。

6.2.1 异常的直接捕获与处理:try - catch - finally 语句

Java 语言提供了 try - catch - finally 语句。使用该语句可以明确地捕捉到某种类型的异常,并按要求加以适当的处理。这才是发挥异常处理机制的最佳方式。

try - catch - finally 组合语句用来实现抛出异常和捕获异常的功能,其格式如下:

try

{

可能发生异常的语句块;

}

catch（异常类 1　异常对象）

{

当产生异常类 1 的处理异常的语句块 1;

}

catch（异常类 2　异常对象）

{

当产生异常类 2 的处理异常的语句块 2;

}

...
finally
{

    无论是否发生异常都要执行的语句块；

}

说明：

(1) 将可能出现异常的程序代码放在 try 块中,对 try 中的语句块进行检查,可能会抛出一个或多个异常。因此,try 后面可跟一个或多个 catch。如果没有异常抛出,则跳过所有的 catch 块,执行后面的语句。

(2) catch 的功能是捕获异常,其中包括异常类和异常类的对象。这是由前面的 try 语句块的语句生成的。异常类是 Throwable 类中的子类。它指出 catch 语句中所处理的异常类型。catch 捕获异常的过程中,要将 Throwable 类中的异常类型和 try 语句抛出的异常类型进行比较。若相同,则执行相应的 catch 语句块。

(3) Finally 可有可无,是这个组合语句的统一出口,一般用来进行一些"善后"操作,例如释放资源、关闭文件等。

下面通过一些例子说明采用 try－catch－finally 组合语句编程处理异常的方法。

例 6.3：用 try - catch 编程处理算术运算异常。

```
public class c6_3
{
    public static void main(String[ ] args)
    {
        int x=100;
        int y=10;
        int z=0;
        try                          //将可能产生异常的语句放到 try 语句块中
        {
          System. out. println("The result is "+x/y);
            System. out. println("Divided by zero is "+x/z);
        }
        catch(ArithmeticException err)    //捕捉可能产生异常的对象
        {
            System. out. println("Error in calculation");
                                     //将出现这种异常的处理放到 catch 块中
        }
    }
}
```

程序的运行结果如图 6－5 所示。

分析：try 语句块中 System. out. println("The result is "+x/y);正常执行输出结果,语句 System. out. println("Divided by zero is "+x/z);除数是零,产生 ArithmeticException 异常,由 catch 捕捉,执行里面的语句 System. out. println("Error in calculation");。

例 6.4：用 try - catch 编程处理数组下标越界异常。

```java
public class c6_4
{
    public static void main(String[] args)
    {
        String students[]={"LiMing","WangHong","ChenChen"};
        try
        {
            for(int i=0;i<5;i++)
                System. out. println(students[i]);
        }
        catch(ArrayIndexOutOfBoundsException e)
        {
            System. out. println("Index error");
        }
        System. out. println("\nThis is the end");
    }
}
```

程序的运行结果如图 6-6 所示。

```
The result is 10
Error in calculation
```

```
LiMing
WangHong
ChenChen
Index error

This is the end
```

图 6-5 例 6.3 程序运行结果   图 6-6 例 6.4 程序运行结果

读者可考虑将可能产生异常的循环语句 for(int i=0;i<5;i++) 改为 for(int i=0;i<3;i++)，是否还会产生异常，程序的执行结果是什么？

上面例子也可以用 try-catch-finally 语句编程实现。

例 6.5：用 try-catch 编程处理数组下标越界异常。

```java
public class c6_5
{
    public static void main(String[] args)
    {
        String students[]={"LiMing","WangHong","ChenChen"};
        try
        {
            for(int i=0;i<5;i++)
                System. out. println(students[i]);
        }
        catch(ArrayIndexOutOfBoundsException e)
        {
            System. out. println("Index error");
            return;
```

```
        }
        finally
        {
            System. out. println("\nThis is the end");
        }
    }
}
```

程序执行结果与例 6.4 相同。

下面介绍一个多异常处理的例子。

例 6.6：运行程序时，输入两个整数，显示两个数的商。

```
public class c6_6
{
    static String s1;
    static String s2;
    public static void main(String[] args)
    {
        int a=0;
        int b=0;
        s1=new String(args[0]);
        s2=new String(args[1]);
        String strResult=new String();
        s1=s1. trim();
        s2=s2. trim();
        try
        {
            a=Integer. parseInt(s1);
            b=Integer. parseInt(s2);
            int result=a/b;
                strResult=String. valueOf(result);
        }
        catch(NumberFormatException e)
        {
            strResult="The error number:"+e. getMessage();
        }
        catch(ArithmeticException e)
        {
            strResult="Divided by zero:"+e. getMessage();
        }
        finally
        {
            System. out. println(strResult);
        }
    }
}
```

程序运行结果如图6-7所示。

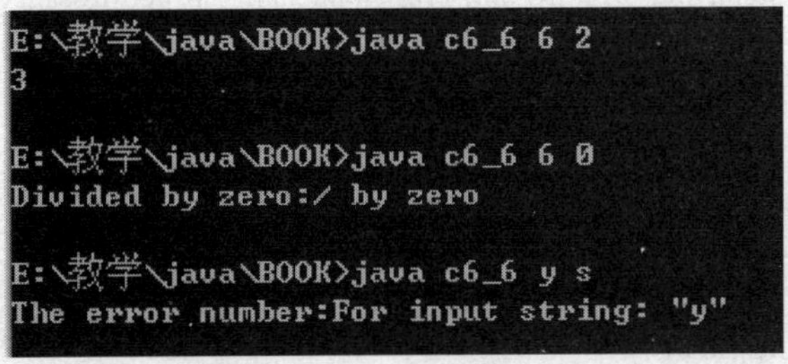

```
E:\教学\java\BOOK>java c6_6 6 2
3

E:\教学\java\BOOK>java c6_6 6 0
Divided by zero:/ by zero

E:\教学\java\BOOK>java c6_6 y s
The error number:For input string: "y"
```

图6-7 例6.6程序运行结果

分析：当输入的两个参数都是整数，且第二个参数不是0时，显示正确的结果；当输入的参数不是整数时，语句 a＝Integer. parseInt(s1)；和 b＝Integer. parseInt(s2)；都可能抛出 NumberFormatException 异常，由第一个 catch 捕捉；当输入的两个参数数都是整数，且第二个参数是0时，int result＝a/b；语句抛出 ArithmeticException 异常，由第二个 catch 捕捉。

6.2.2 嵌套的 try – catch – finally 语句

Java 语言中，允许在 try 或 catch 中包含另外的 try – catch – finally 语句，即 try – catch – finally 语句可以嵌套使用。

例6.7：使用嵌套的 try – catch – finally 语句自行处理异常。程序运行结果如图6-8所示。

```
public class c6_7
{
    static String s1;
    static String s2;
    static String strResult;
    public static void main(String[] args)
    {
        try
        {
            int a＝0;
            int b＝0;
            s1＝new String(args[0]);
            s2＝new String(args[1]);
            strResult＝new String();
            s1＝s1. trim();
            s2＝s2. trim();
            try
            {
                a＝Integer. parseInt(s1);
                b＝Integer. parseInt(s2);
            }
            catch(NumberFormatException e)
```

```
        {
            System. out. println("The error number:"+e. getMessage());
        }
        finally
        {
            System. out. println("Inner finally");
            return;
        }
        int result=a/b;
            strResult＝String. valueOf(result);
    }
    catch(ArithmeticException e)
    {
        System. out. println("Divided by zero:"+e. getMessage());
    }
    finally
    {
        System. out. println(strResult);
        System. out. println("Outer finally");
    }
}
```

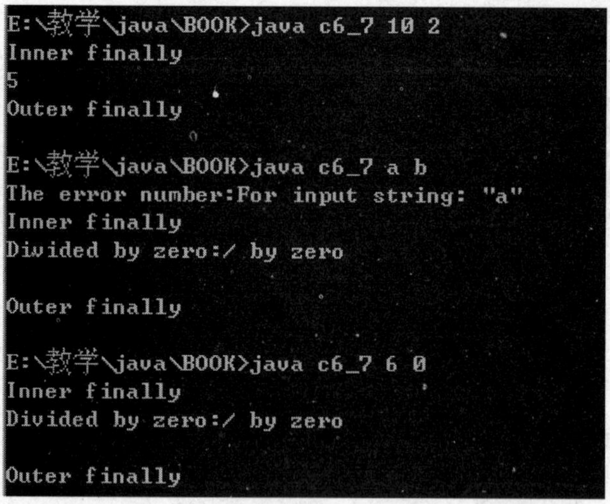

```
E:\教学\java\BOOK>java c6_7 10 2
Inner finally
5
Outer finally

E:\教学\java\BOOK>java c6_7 a b
The error number:For input string: "a"
Inner finally
Divided by zero:/ by zero

Outer finally

E:\教学\java\BOOK>java c6_7 6 0
Inner finally
Divided by zero:/ by zero

Outer finally
```

图 6-8   例 6.7 程序运行结果

140

6.2.3   直接抛出异常:throw 语句

在编程时,可以用 throw 语句来明确地抛出一个异常,后面接一个可抛出的异常对象。作用是改变程序的执行流程,使程序跳到与之相匹配的 catch 语句中执行。

throw 语句格式如下:

throw 异常对象

例 6.8：使用 throw 语句抛出异常。

```
public class c6_8
{
    public static void main(String[ ] args)
    {
        try
        {
            int x＝100；
             int y＝0；
             if (y＝＝0)
                 throw   new Exception("Divided by zero")；
            System. out. println("x/y＝ "＋x/y)；
        }
        catch(Exception e)
        {
            System. out. println(e. getMessage())；
        }
    }
}
```

程序的运行结果如图 6－9 所示。

分析：程序运行时，如果除数 y 是 0，则抛出
一个异常对象，由 catch 捕捉，如果除数 y 不是 0，
则 try 语句继续执行，而忽略 catch 块中的内容。

```
E:\教学\java\BOOK>java c6_8
Divided by zero
```

图 6－9　例 6.8 程序运行结果

6.2.4　异常的间接声明抛弃：throws 子语句

当程序中出现异常时，如果不需要一个方法本身来处理异常，或者不知道该怎样处理，可以在定义方法中用 throws 声明异常类型，并间接将其抛出。实际上就是将异常向上移交给调用这个方法的方法来处理，也就是说异常对象可以从调用栈向后传播，直到有合适的方法对其进行捕获为止。

throws 子语句的用法如下：

［＜修饰符＞］＜返回值类型＞ ＜方法名＞(＜参数列表＞)　 throws　 ＜异常类型列表＞

例 6.9：使用 throws 语句抛出异常。

```
public class c6_9
 {
    public static void main(String[ ] args)
    {
        try
        {
            int x＝100；
            int y＝0；
            int z；
```

```
            z＝test(x,y);
        System. out. println("x/y＝ "＋z);
    }
    catch(ArithmeticException e)
    {
        System. out. println("Exception:"＋e. getMessage());
    }
}
static int test(int i,int j) throws ArithmeticException
{
    int k;
    k＝i/j;
    return k;
}
}
```

程序的运行结果如图 6－10。

```
E:\教学\java\BOOK>java c6_9
Exception:/ by zero
```

图 6－10   例 6.9 程序运行结果

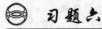 习题六

一、选择题

1. 下面关于异常的含义正确的是(   )。

   A. 程序语法出错   B. 程序预先定义好的异常事件

   C. 程序编译时出错   D. 程序编译或运行中所发生的异常事件

2. Java 语言中当程序运行时出现异常又不知道该如何处理时,下面说法正确的是(   )。

   A. 声明异常   B. 捕获异常   C. 抛出异常   D. 嵌套异常

3. 如果要抛出异常,应该使用的语句是(   )。

   A. try   B. catch   C. throw   D. finally

4. 在编写异常处理的 Java 程序中,每个 catch 语句块都应该与(   )语句块对应,使得用该语句块来启动 Java 的异常处理机制。

   A. if-else   B. switch   C. try   D. throw

5. Java 语言中,自定义的异常类可以从下面(   )类中继承。

   A. VirtualMachineException   B. Exception 及其子类

   C. Error   D. AWTError

二、填空题

1. Java 语言中所有的异常都继承自 Throwable 类。Throwable 类有两个直接子类：Exception 类和（　　）类。

2. 异常对象从产生和被传递提交给 Java 运行系统的过程称为（　　）异常。

3. 在 Java 运行时，如获得一个异常对象，它会自动寻找处理该异常的代码。它从生成异常对象的代码构件开始，沿着方法（　　）类回溯寻找，直至找到处理该异常方法为止。

三、简答题

1. 什么是异常？Java 为什么要引入异常处理机制？

2. Java 中的异常有哪些特点？简述 try – catch – fianally，throw 和 throws 的不同。

第 **7** 章

输入输出

几乎所有的程序都离不开对信息的输入输出操作。比如输入来自键盘,而输出到显示器上。从文件中获取或者向文件存入数据、在网络连接上进行信息交互都会涉及有关输入输出的处理。在 Java 语言中,输入输出的操作是使用流来实现的。

7.1 输入输出流

7.1.1 数据流的基本概念

流(Stream)是指数据在计算机各部件之间的流动,是一组有顺序的、有起点和终点的字节集合。它包括输入流与输出流。输入流(Input Stream)表示从外部设备(键盘、鼠标、文件等)到计算机的数据流动,输入流只能读不能写;输出流(Output Stream)表示从计算机到外部设备(屏幕、打印机、文件等)的数据流动,输出流只能写不能读。

在 Java 开发环境中,java.io 包为用户提供了几乎所有常用的数据流,因此在所有涉及数据流操作的程序中几乎都在程序的最前面出现语句:

import java.io. * ;

在 java.io 包中基本输入输出流类可按其读写数据的类型不同分为两种:字节流和字符流。字节流用于读写字节类型的数据(包括 ASCII 表中的字符),字节流类可分为表示输入流的 InputStream 类及其子类;表示输出流 OutputStream 类及其子类。字符流用于读写 Unicode 字符。

7.1.2 输入输出流类库

在 java.io 包中定义了一些流类。图 7-1 表明了包中输入流的类层次。输出流类的层次关系与输入流类的层次关系相类似。

FileInputStream 和 FileOutputStream 这些类是节点流,而且正如这个名字所暗示的那样,它们使用磁盘文件。这些类的构造方法允许指定它们所连接的文件。要构造一个 FileInputStream,所关联的文件必须存在,而且是可读的。如果要构造一个 FileOutputStream 而输出文件已经存在,则它将被覆盖。

BufferInputStream 和 BufferOutputStream 这些是过滤器流。它们可以提高 I/O 操作的效率。

DataInputStream 和 DataOutputStream 这些过滤器通过流来读写 Java 基本类。

PipedInputStream 和 PipedOutputStream 管道流用来在线程间进行通信。一个线程的 PipedInputStream 对象从另一个线程的 PipedOutputStream 对象读取输入。要使管道流有

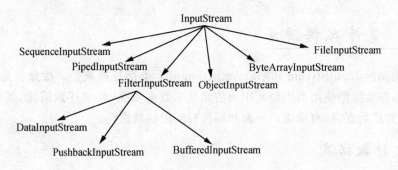

图 7－1   java.io 包中输入流类层次结构

用,必须有一个输入方和一个输出方。

7.1.3   输入数据流 InputStream 类

java.io 包中所有输出数据流都是由抽象类 InputStream 类继承而来的,并且实现了其中所有方法,包括读取数据、标记位置、重置读写指针、获取数据量等。InputStream 类提供的主要成员方法见表 7－1 所列。

由于 InputStream 是抽象类,不能直接创建对象。程序中创建的输入流一般是 Input-Stream 类的某个子类的对象,由这个对象来实现与外设的连接。

7.1.4   OutputStream 类

OutputStream 类是用于输出字节型数据的输出流类。和 InputStream 类一样,由于 Out-putStream 是抽象类,程序中创建的输出流对象隶属于 OutputStream 类的某个子类。类成员方法见表 7－2。

表 7－1   InputStream 类成员方法

成员方法	说　明
int read()	自输入流中读取 1 字节
int read(byte b[])	将输入的数据存放在指定的字节数组
int read(byte b[], int offset,int len)	自输入流中的 offset 位置开始读取 len 字节并存放在指定的数组 b 中
void reset()	将读取位置移至输入流标记之处
long skip(long n)	从输入流中跳过 n 字节
int available()	返回输入流中的可用字节个数
void mark (int readlimit)	在输入流当前位置加上标记
boolean mark Supported()	测试输入流是否支持标记(mark)用的所有资源
void close()	关闭输入流,并释放占用的所有资源

表 7－2   OutputStream 类成员方法

成员方法	说　明
void write(int b)	写一字节
void write(byte b[])	写一字节组
void write(byte b[], intoffset,int len)	将字节数组 b 中从 offset 位置开始的、长度为 len 字节的数据写到输出流中
void flush()	写缓冲区内的所有数据
void close()	关闭输出流,并释放占用的所有资源

145

7.2 基本数据流类

上一节提到的 InputStream 和 OutputStream 两个类都是抽象类。抽象类是不能进行实例化的,所以,在实际的使用当中经常用到的是基本数据流类,如文件数据流、缓冲区数据流、数据数据流、管道数据流、对象流。下面介绍这些常用的数据流。

7.2.1 文件数据流

FileInputStream 类和 FileOutputStream 类用来对文件进行输入输出处理。它们的数据源应该是文件。**注意**,这两个类是对本机上的文件进行操作的。在构造文件数据流时,可以直接给出文件名。

例如:

FileInputStream isf＝new FileInputStream("file1. java");
FileOuputStream isf＝new FileOuputStream("file1. java");

例 7.1:打开 File1. txt 文件,读取其内容(File1. txt 文件的内容为"这是一个 Java 文件的读取程序。")。

```
import java. io. * ;
public class OpenFile
{
    public static void main(String args[]) throws IOException
    {
        try
        {                                                  //创建文件输入流对象
            FileInputStream   rf = new FileInputStream("File1. txt");
            int n＝14;
            byte buffer[] = new byte[n];
            while ((rf. read(buffer,0,n)! ＝−1) && (n＞0))    //读取输入流
            {
                System. out. print(new String(buffer));
            }
            System. out. println();
            rf. close();                                   //关闭输入流
        }
        catch (IOException ioe)
        {
            System. out. println(ioe);
        }
        catch (Exception e)
        {
            System. out. println(e);
        }
    }
```

```
}
```

运行结果：是一个 Java 文件的读取程序。

例 7.2：写入文件。

```java
import java.io. * ;
public class Write1
{
    public static void main(String args[])
    {
        try
        {
            System.out.print("Input：");
            int count,n=512;
            byte buffer[] = new byte[n];
            count = System.in.read(buffer);              //读取标准输入流
            FileOutputStream  wf = new FileOutputStream("Write1.txt");
                                                          //创建文件输出流对象
            wf.write(buffer,0,count);                    //写入输出流
            wf.close();                                   //关闭输出流
            System.out.println("Save to Write1.txt!");
        }
        catch (IOException ioe)
        {
            System.out.println(ioe);
        }
        catch (Exception e)
        {
            System.out.println(e);
        }
    }
}
```

运行结果：

```
Input：dfdsfds
Save to Write1.txt!
```

值得注意的是，类 FileInputStream 的实例对象，如果所指定的文件不存在，则产生 FileNotFoundException 异常。由于它是非运行时的异常，因此必须加以捕获或声明。而类 FileOutStream 所产生的实例对象，如果所指定的文件不存在，则创建一个新文件。如果存在，那么新写入的内容将会覆盖原有数据。

147

7.2.2　缓冲区数据流

BufferedInputStream 与 BufferedOutputStream 类是在数据流上增加一个缓冲区。当读写数据时，数据以块为单位先送入缓冲区当中，接下来的读写操作则作用于缓冲区。这样就降

低了不同硬件设备之间速度的差异,提高了 I/O 操作的效率。

在创建该类的实例对象时,有两种方法:

方法一,设置缓冲区的大小。

```
FileInputStream fis＝new FileInputStream("file1");
InputStream is＝new BufferedInputStream(fis,1024);
FileOutputStream fis＝new FileOutputStream("file1");
OutputStream is＝new BufferedOutputStream(fis,1024);
```

分别分配了 1024 个单位的输入输出缓冲区。

方法二,使用默认缓冲区的大小。

```
FileInputStream fis＝new FileInputStream("file1");
InputStream is＝new BufferedInputStream(fis);
FileOutputStream fis＝new FileOutputStream("file1");
OutputStream is＝new BufferedOutputStream(fis);
```

注意,为了确保缓冲区内的所有数据全部写入输出流,一般在关闭一个缓冲区输出流之前,应该使用 flush()方法进行缓冲区的刷新。

7.2.3 数据数据流

数据传输时,系统默认的数据类型是字节或字节数组。但实际上有很多时候所处理的并非只是这两种类型。如遇到布尔型、浮点型等数据时,就需要用到数据流来读写。DataInput-Stream 和 DataOutputStream 类就是数据流。它们的创建方式如下:

```
DataInputStream dis＝new DataInputStream(is);
DataOutputStream dos＝new DataInputStream(os);
```

这两个类成员方法如表 7－3 和表 7－4 所列。

表 7－3　DataInputStream 类成员方法

成员方法	说　明
int read(byte b[])	从输入流中将数据读取到数组 b 中
int read(byte b[], int offset,int len)	从输入流中读取 len 字节的数据到数组 b 中,在数组中从 offset 位置开始存放
void readFully(byte b[])	读取输入流中的所有数据到数组 b 中
int skipBytes(int n)	读操作跳过 n 个字节,返回真正跳过的字节数
boolean readBoolean()	读 1 布尔值
byte readByte()throws	读 1 字节
int readUnsignedByte()	读取一个 8 位无符号数
short readShort()	读取 16 位短整型数
readUnsignedShort()	读取 16 位无符号短整型数
char readChar()	读 1 个 16 位字符
int readInt()	读 1 个 32 位整数数据
long readLong()	读 1 个 64 位长整数数据

成员方法	说　明
float readFloat()	读 1 个 32 位浮点数
double readDouble()	读 1 个 64 位双字长浮点数
readLine()	读 1 行字符
readUTF()	读 UTF(UnicodeTextFormat)文本格式的字符串,返回值即是读得的字符串内容
DataInputStream(InputStream. in)	在一个已经存在的输入流基础上构造一个 DataInputStream 过滤流

表 7 - 4　　DataOutputStream 类成员方法

成员方法	说　明
void write(int b)	向输出流写 1 字节
void write(byte b[],intoffset,int len)	将字节数组 b[]从 off 位置开始的 len 字节写到输出流
void writeBoolean(boolean v)	将指定的布尔数据写到输出流
void writeByte(int v)	将指定的 8 位字节写到输出流
void writeShort(int v)	将指定的 16 位短整数写到输出流
void writeChar(int v)	将指定的 16 位 Unicode 字符写到输出流
void writeInt(int v)	将指定的 32 位整数写到输出流
void writeLong(long v)	将指定的 64 位长整数写到输出流
void writeFloat(float v)	将指定的 32 位实数写到输出流
void writeDouble(double v)	将指定的 64 位双精度数写到输出流
void writeBytes(String s)	将指定的字符串按字节数组写到输出流
void writeChars(String s)	将指定的字符串作为字符数组写到输出流
void writeUTF(String str)	将指定的字符串按 UTF 格式的字符数组写到输出流
int size()	返回所写的字节数
void flush ( )	将缓冲区的所有字节写到输出流

例 7.3:利用数据流将学生信息存入文件,读取该文件,并显示。

```
import java. io. * ;
public class Datastream
{
    public static void main(String arg[])
    {
        String fname = "student1. dat";
        new Student1("Wang"). save(fname);
        new Student1("Li"). save(fname);
        Student1. display(fname);
    }
}
class Student1
```

```
{
    static int count=0;
    int number=1;
    String name;
    Student1(String n1)
    {
        this. count++;                          //编号自动加1
        this. number = this. count;
        this. name = n1;
    }
    Student1()
    {
        this("");
    }
    void save(String fname)
    {
        try
        {                                        //添加方式创建文件输出流
            FileOutputStream fout = new FileOutputStream(fname,true);
            DataOutputStream dout = new DataOutputStream(fout);
            dout. writeInt(this. number);
            dout. writeChars(this. name+"\n");
            dout. close();
        }
        catch (IOException ioe){}
    }
    static void display(String fname)
    {
        try
        {
            FileInputStream fin = new FileInputStream(fname);
            DataInputStream din = new DataInputStream(fin);
            int i = din. readInt();
            while (i! ==-1)                        //输入流未结束时
            {
                System. out. print(i+"   ");
                char ch ;
                while ((ch=din. readChar())! ='\n')   //字符串未结束时
                    System. out. print(ch);
                System. out. println();
                i = din. readInt();
            }
            din. close();
        }
        catch (IOException ioe){}
```

```
        }
}
```

运行结果：

1　Wang

2　Li

注意，DataInputStream 和 DataOutputStream 的方法都是成对出现的。

7.2.4　管道数据流

管道数据流主要用于线程间的通信，一个线程中的 PipedInputStream 对象从另一个线程中互补的 PipedOutputStream 对象中接收输入。所以，这两个类必须同时使用，来建立一个通信通道，即管道数据流必须同时具备可用的输入端和输出端。

可以通过以下两种方法创建一个通信通道：

方法一，用两个类中无参数的构造方法创建。

```
PipedInputStream pis＝new PipedInputStream();        //建立输入数据流
PipedOutputStream pos＝new PipedOutputStream();      //建立输出数据流
Pis. connect(pis);
```

或者

```
Pis. connect(pos);              //将输入数据流和输出数据流连接起来
```

方法二，直接将输入输出流连接起来。

```
PipedInputStream pis＝new PipedInputStream();
PipedOutputStream pos＝new PipedOutputStream(pis);
```

或者

```
PipedOutputStream pos＝new PipedOutputStream();
PipedInputStream pis＝new PipedInputStream(pos);
```

例 7.4：管道流。

```
import java. io. * ;
public class Pipedstream
{
    public static void main (String args[])
    {
        PipedInputStream in = new PipedInputStream();
        PipedOutputStream out = new PipedOutputStream();
        try
        {
            in. connect(out);
        }
        catch(IOException ioe)    {  }
        Send s1 = new Send(out,1);
```

151

```
            Send s2 = new Send(out,2);
            Receive r1 = new Receive(in);
            Receive r2 = new Receive(in);
            s1. start();
            s2. start();
            r1. start();
            r2. start();
        }
    }
    class Send extends Thread                    //发送线程
    {
        PipedOutputStream out;
        static int count=0;                      //记录线程个数
        int k=0;
        public Send(PipedOutputStream out,int k)
        {
            this. out= out;
            this. k= k;
            this. count++;                       //线程个数加 1
        }
        public void run( )
        {
        System. out. print("\r\nSend"+this. k+":    "+this. getName()+"   ");
        int i=k;
        try
        {
            while (i<10)
            {
                out. write(i);
                i+=2;
                sleep(1);
            }
            if (Send. count==1)                  //只剩一个线程时
            {
                out. close();                    //关闭输入管道流
                System. out. println("   out closed!");
            }
            else
                this. count--;                   //线程个数减 1
        }
        catch(InterruptedException e)    {   }
        catch(IOException e)     {  }
        }
    }
    class Receive extends Thread                 //接收线程
```

152

```
{
    PipedInputStream in;
    public Receive(PipedInputStream in)
    {
        this. in = in;
    }
    public void run( )
    {
        System. out. print("\r\nReceive: "+this. getName()+"    ");
        try
        {
            int i = in. read();
            while (i! =-1)                    //输入流未结束时
            {
                System. out. print(i+"   ");
                i = in. read();
                sleep(1);
            }
            in. close();                      //关闭输入管道流
        }
        catch(InterruptedException e)   { }
        catch(IOException e)
        {
            System. out. println(e);
        }
    }
}
```

运行结果:

```
Send1:    Thread-0
Send2:    Thread-1
Receive: Thread-3
Receive: Thread-2    1    2    3    4    5    6        out closed!
7    8    9    java. io. IOException: Pipe closed
```

7.2.5 对象流

Java 中不仅能对基本数据类型的数据进行操作,而且可以把对象写入文件输出流或从文件输入流中读出。这一功能是通过类 ObjectOutputStream 和 ObjectInputStream 类实现的;而要写入或读出对象则需要用到 writeObject() 和 readObject() 方法。

例 7.5:对象流。

```
import java. io. * ;
public class Student2 implements Serializable        //序列化
{
```

153

```
        int number=1;
        String name;
        Student2(int number,String n1)
        {
            this. number = number;
            this. name = n1;
        }
        Student2()
        {
            this(0,"");
        }
        void save(String fname)
        {
            try
            {
                FileOutputStream fout = new FileOutputStream(fname);
                ObjectOutputStream out = new ObjectOutputStream(fout);
                out. writeObject(this);                        //写入对象
                out. close();
            }
            catch (FileNotFoundException fe){}
            catch (IOException ioe){}
        }
        void display(String fname)
        {
            try
            {
                FileInputStream fin = new FileInputStream(fname);
                ObjectInputStream in = new ObjectInputStream(fin);
                Student2 u1 = (Student2)in. readObject();        //读取对象
                System. out. println(u1. getClass(). getName()+"  "+
                                u1. getClass(). getInterfaces()[0]);
                System. out. println("  "+u1. number+"  "+u1. name);
                in. close();
            }
            catch (FileNotFoundException fe){}
            catch (IOException ioe){}
            catch (ClassNotFoundException ioe) {}
        }
        public static void main(String arg[])
        {
            String fname = "student2. obj";
            Student2 s1 = new Student2(1,"Wang");
            s1. save(fname);
            s1. display(fname);
```

```
      }
}
```

运行结果：

Student2　interface java. io. Serializable

　1　Wang

7.3　文件管理

在计算机系统中,需要长期保留的数据是以文件的形式存放在磁盘、磁带等外存储设备中的。程序运行时常常要从文件中读取数据,同时也要把需要长期保留的数据写入文件中。所以文件操作是计算机程序中不可缺少的一部分。而目录是管理文件的特殊机制,同类文件保存在同一目录下可以简化文件的管理,提高工作效率。本节介绍 Java 的文件管理。

7.3.1　File 类

在对一个文件进行 I/O 操作之前,必须知道文件的基本信息,如文件能不能被读取、能不能被写入、文件或目录的名称、文件的长、目录中所含文件的个数等。类 java. io. File 提供了获得文件基本信息及操作文件的一些工具。

java. io. File 类的父类是 java. lang. Object。用于创建 File 类对象的构造方法有三种。它们分别是:

```
File myfile;
myfile＝new file("mymotd");
```

或

```
myfile＝new File("/","mymotd");
File myDir＝new File("/");
myfile＝new File(myDir,"mymotd");
```

使用何种构造方法经常要由其他被访问的文件对象来决定。

创建 File 类的对象后,可以使用文件的相关方法来获取文件的信息,如表 7-5 所列。

表 7-5　File 类成员方法

成员方法	说　明
public boolean canRead()	测试应用程序是否能从指定的文件读
public Boolean canWrite()	测试应用程序是否能写指定的文件
public Boolean delete()	删除些对象指定的文件
public Boolean existes()	测试文件是否存在
public String getAbsolutePath()	获取此文件对象路径名的标准格式
public String getName()	获取此对象代表的文件名
public String getParent()	获取此文件对象的路径的父类部分

155

成员方法	说　明
public String getPath()	获取此对象代表的文件的路径名
public native boolean isAbsolute()	测试此文件对象代表的文件是否是绝对路径
public boolean isDirectory()	测试此文件对象代表的文件是否是一个目录
public boolean isFile()	测试此文件对象代表的文件是否是一个"正常"文件
public long lastModified()	获取此文件对象代表的文件时间是否是最后的修改
public long length()	获取此文件对象代表的文件长度
public String[] list (FilenameFilterfilter)	获取在文件指定的目录中并满足指定过滤器的文件列表
public String[] list()	获取在此文件对象指定的目录中的文件列表
public boolean mkdir()	创建一个目录,其路径名由此文件对象指定
public boolean mkdirs()	创建一个目录,其路径名由此文件对象指定并包括必要的父目录
public boolean renameTo(File dest)	将此文件对象指定的文件更名为由文件参数给定的路径名
public String toStrins()	获取此对象的字符串表示

例 7.6：File 类成员方法举例。

```java
import java. io. * ;
class Filemethod
{
  public static void main(String args[])
  {
    File fdemo= new File("e:/java/demo/demo1. java");
    System. out. println("文件是否存在? -->"+fdemo. exists());
    System. out. println("文件是否可写? -->"+fdemo. canWrite());
    System. out. println("文件是否可读? -->"+fdemo. canRead());
    System. out. println("是否是文件对象? -->"+fdemo. isFile());
    System. out. println("文件是否是目录? -->"+fdemo. isDirectory());
    System. out. println("文件是否是绝对径? -->"+fdemo. isAbsolute());
    System. out. println("文件名? -->"+fdemo. getName());
    System. out. println("文件的路径? -->"+fdemo. getPath());
    System. out. println("文件的绝对路径? -->"+fdemo. getAbsolutePath());
    System. out. println("文件的父路径? -->"+fdemo. getParent());
    System. out. println("文件的最后修改时间? -->"+fdemo. lastModified());
    System. out. println("文件的长度? -->"+fdemo. length());
    File newdemo= new File("newdemo");
    fdemo. renameTo(newdemo);
    System. out. println("\t 重命名文件名为:"+newdemo. getName());
    System. out. println("原文件 fdemo 存在吗? -->"+fdemo. exists());
    newdemo. delete();
    System. out. println("删除"+newdemo+"......");
    System. out. println(newdemo+"是否存在? -->"+newdemo. exists());
  }
```

```
}
```

运行结果：

文件是否存在？--＞true

文件是否可写？--＞true

文件是否可读？--＞true

是否是文件对象？--＞true

文件是否是目录？--＞false

文件是否是绝对径？--＞true

文件名？--＞demo1.java

文件的路径？--＞e:\java\demo\demo1.java

文件的绝对路径？--＞e:\java\demo\demo1.java

文件的父路径？--＞e:\java\demo

文件的最后修改时间？--＞1178253717078

文件的长度？--＞24

　　　　重命名文件名为:newdemo

原文件 fdemo 存在吗？--＞false

删除 newdemo......

newdemo 是否存在？--＞false

该程序对 e:/java/demo/demo1.java 创建了 File 类的对象,运用各种方法得到文件的各种属性,接着将这个文件改名,最后删除。

7.3.2　随机文件的访问

InputStream 和 OutputStream 是顺序访问流,而在读文件时常常不是按照从头至尾顺序读的,有时需要在读完一个记录后,然后再跳到其他位置记取另一个记录,就像访问数据库那样。Java 提供了 RandomAccessFile 类来处理这种随机的数据输入输出。

RandomAccessFile 类的方法如表 7-6 所列。

表 7-6　RandomAccessFile 类的方法

成员方法	说　明
public final FileDescriptor getFD（）throws IOException	返回与文件流相关联的对象文件。发生 I/O 错时,抛出 IOException 异常
public int read() throws IOEception	从文件中读入 1 字节数据,当读到文件尾时,返回－1
public int read(char[] cbuf) throws IOEception	从输入流中读最多 cbuf.length 个字符,存入 cbuf 字符数组,返回读入的字符数,如果输入流结束,返回－1
public int read(char[] cbuf,int off,int len) throws IOEception	从输入流中读最多 len 个字符,存入数组 cbuf 中从 off 开始的位置,返回实际读入字符数;如果输入流结束,返回－1
public final void readFully(byet[] b) throws IOException	从文件当前指针位置读 b.length 字节,存入字节数组 b,当未读完指定长度字节,而读到结束标记时,抛出 EOFException 异常
public final void readFully(byet[] b,int off,int len) throws IOException	从文件当前指针位置读 len 字节,存入字节数组 b 中偏移 off 的位置,当未读完指定长度字节,而读到结束标记时,抛出 EOFException 异常

成员方法	说 明
Public int skipBytes(int n) throw IOException	从输入流中最多向后跳 n 字节,返回实际跳过的字节数;n 为负数时,表示没有跳动;该方法建立一个字节数组,并且重复读入直到读完 n 字节或流结束
public void write(int b) throws IOException	把指定的字节写入文件当前指针位置
public void write(byte[] b) throws IOException	把指定的数组 b 的 b.length 个字节写入文件当前指针位置
public void write(byte[] b,int off,int len) throws IOException	把字节数组 b 中从 off 位置开始的 len 个字节,写入文件当前指针位置
public long getFilePointer() throws IOException	返回当前文件指针位置(偏移量)
public void seek(long pos) throws IOException	把文件指针定位于偏移量为 pos 的位置。pos 小于 0 或发生 I/O 错误时,招至 IOException 异常
public long length() throws IOException	返回文件的长度(字节)
public void setLength(long newLength) throws IOException	设置文件长度。如果文件长度大于 newLength,文件将被进行截尾处理;如果文件长度小于 newLength,文件将被扩展(内容不确定)
public void close() throws IOException	关系随机访问文件,并释放与文件流相关联的资源
public final boolean readBoolean () throws IOException	从文件当前位置读入一个 boolean 值。若读到文件尾,则抛出 IOException 异常
public final byte readByte() throws IOException	从文件当前位置读入 1 字节数值。若读到文件尾,则抛出 IOException 异常
public final int readUnsignedByte () throws IOException	从文件当前位置读入一个无符号字节数。若读到文件尾,则抛出 IOException 异常
public final short readShort() throws IOException	从文件当前位置读入 16 位数值。若读到文件尾,则抛出 IOException 异常
public final int readUnsignedShort ( ) throws IOException	从文件当前位置读入 16 位无符号数。若读到文件尾,则抛出 IOException 异常
public final char readChar() throws IOException	从文件当前位置读入 2 字节合成 Unicode 字符。若读到文件尾,则抛出 IOException 异常
public final int readInt() throws IOException	从文件当前位置读入 4 字节合成整数。若读到文件尾,则抛出 IOException 异常
public final long readLong() throws IOException	从文件当前位置读入 8 字节合成整数。若读到文件尾,则抛出 IOException 异常
public final float readFloat() throws IOException	从文件当前位置读入 4 字节整数转换为 float 型。若读到文件尾,则抛出 IOException 异常
public final double readDouble() throws IOException	从文件当前位置读入 8 字节整数转换为 double 型。若读到文件尾,则抛出 IOException 异常

成员方法	说　明
public final String readLine() throws IOException	从文件当前位置读入一行正文(字节)。若读到文件尾,返回 null
public final void writeBoolean(Boolean v) throws IOException	在文件当前位置写入一 boolean
public final void writeByte(int v) throws IOException	在文件当前位置写入 1 字节的数值(低 8 位)
public final void writeShort(int v) throws IOException	在文件当前位置写入 2 字节的数值(低 16 位)
public final void writeChar(int v) throws IOException	在文件当前位置写入 2 字节的字符(高字节为第一字节)
public final void writeInt(int v) throws IOException	在文件当前位置写入 4 字节的数值
public final void writeLong(long v) throws IOException	在文件当前位置写入 8 字节的数值
public final void writeFloat(float v) throws IOException	先用类 Float 的 floatToIntBits 方法把 v 转换成 4 字节 int 值,再把它写入文件当前位置
public final void writeDouble(double v) throws IOException	先用类 Double 的 doubleToLongBits 方法把 v 转换成 long 值,再把它写入文件当前位置
public final void writeBytes(String s) throws IOException	把 16 位字符串中,截去高 8 位,保留低 8 位形成 8 位字符串,把它写入文件当前位置
public final void writeChars(String s) throws IOException	按字符先后顺序,把串 s 写入文件当前位置

创建随机访问文件的方法有两种:

myRAFile＝new RandomAccessFile(String name,String mode);　　　//用文件名

或

myRAFile＝new RandomAccessFile(File file,String mode);　　　//用文件对象

mode 参数表示访问文件的权限:"r"表示以只读方式访问文件,"rw"表示以可读可写方式访问文件。例如,可以用下面的方法更新数据库:

RandowAccessFile myRAFile;
myRAFile= new RandomAccessFile("/db/db1.dbf","rw");

RandomAccessFile 对象的读写操作和 DataInput/DataOutput 对象的读写操作方法相同。可以使用在 RandomAccessFile 里出现的所有方法。

还可以利用随机访问文件来为文件添加信息,例如

myRAFile= new RandomAccessFile("/java/file1.log","rw");

myRAFile. seek(myRAFile. length());//定位文件指针到末尾,追加新的数据

例 7.7:在一个已存在文件的后面追加字符串。

```
import java. io. IOException;
import java. io. RandomAccessFile;
class Filemethod2
{
    public static void main(String args[]) throws IOException
    {
        RandomAccessFile myRAFile;
        String s＝"Information to append!! \n";
        myRAFile＝new RandomAccessFile("appendfile. dat","rw");
                                                    //打开随机访问的文件
        myRAFile. seek(myRAFile. length());        //定位文件指针到文件尾
        myRAFile. writeBytes(s);                    //写入数据
        myRAFile. close();                          //关闭文件
    }
}
```

程序运行完成,字符串"Information to append!!"将被追加到文件"appendfile. dat"中。

习题七

一、选择题

1. 下面语句中没有编译错误的是(   )。

A. File f ＝new File("/", "run. bat");

B. DataInputStream f ＝new DataInputStream(System. in);

C. OutputStreamWriter f ＝new OutputStreamWriter(System. out);

D. RandomAccessFile f ＝new RandomAccessFile("data. txt");

2. 用 new FileOutputStream("data. txt",true);创建一个 FileOutputStream 实例对象,则下面说法中正确的是(   )。

A. 如果文件"data. txt"存在,则将抛出 IOException 异常

B. 如果文件"data. txt"不存在,则将抛出 IOException 异常

C. 如果文件"data. txt"存在,则将覆盖掉文件中已有的内容

D. 如果文件"data. txt"存在,则将在文件末尾添加新内容

3. 在下面选项中,其实例对象可以作为类 java. io. DataOutputStream 的构造方法参数的是(   )。

A. java. lang. String   B. java. io. File

C. java. io. FileOutputStream   D. java. io. RandomAccessFIle

4. 关于下面程序,后面的结论正确的是(   )。

```
import java. io. * ;
class demo7_1{
```

```
        public static void main(String[] args) throws IOException{
            RandomAccessFiel f=new RandomAccessFile("a.txt","rw");
            f.writeBytes("1234");
            f.close();
        }
    }
```

A．程序可以通过编译并正常运行,结果使得文件"a.txt"的最前面的 4 个字符内容变为"1234",而不管文件"a.txt"原来是否存在或原来的内容是什么

B．程序可以通过编译并正常运行,结果将在文件"a.txt"的末尾添加字符串"1234"

C．程序无法通过编译或无法正常运行,但将清空文件"a.txt"的内容(如果原来文件"a.txt"存在并且文件内容不为空)

D．程序无法通过编译或无法正常运行,所以文件"a.txt"的内容不变

5．当需要在文件中写入字符而不是字节时,在下面的类中最好选用(　　)。

　　A．java.io.RandomAccessFile　　　　B．java.io.PrintWriter

　　C．java.io.PrintStream　　　　　　　D．java.io.PrintOutputWriter

6．在下面的选项中,其实例对象可以作为类 java.io.InputStreamReader 的构造方法的第一个参数的有(　　)。

　　A．java.lang.String　　　　　　　　B．java.io.File

　　C．java.io.FileInputStream　　　　　D．java.io.BufferedReader

7．下面各类之中,适合处理大数据量文本文件的是(　　)。

　　A．java.io.FileInputStream　　　　　B．java.io.FileReader

　　C．java.io.BufferedReader　　　　　　D．java.io.RandomAccessFile

8．已知下面源程序的文件名是"demo7_2.java",其所在的路径是"E:\java\demo7_2",关于下面程序,结论正确的是(　　)。

```
        public class demo7_2{
        public static void main(String[] args){
            java.io.File f=new java.io.File("demo7_2.class");
            System.out.println(f.getAbsolutePath());
        }
    }
```

A．可以通过编译并正常运行,输出"J_Test21.class"

B．可以通过编译并运行,输出"E:\java\demo7_2"

C．可以通过编译并运行,输出"E:\java\demo7_2\demo7_2.class"

D．程序无法通过编译或无法正常运行

9．设已经定义了变量 File f=new File("com");,则下面语句中有可能会返回 true 的是(　　)。

　　A．f.mkdir();　　　B．f.chdir();　　　C．f.delete();　　　D．f.getPath();

二、填空题

1．要调用类 java.io.InputStream 的 read 或 close 方法,就必须处理异常。该异常具体的

类型是(　　)，它的直接父类是(　　)。

2. 设变量 f,u 和 d 的定义如下：

```
File f = new File("a. txt");
FileOutputStream u = new FileOutputStream(f);
DataOutputStream d = new DataOutputStream(u);
```

则语句"f. write(1)"将给"a. txt"添加(　　)个字节的数据(如果有误,则填写 0,下同(仅限本题))；语句"f. writeInt(2);"将给文件"a. txt"添加(　　)个字节的的数据；语句"u. write(3);"将给文件"a. txt"添加(　　)个字节的数据；语句"u. writeInt(4);"将给文件"a. txt"添加(　　)个字节的数据；语句"d. write(5);"将给文件"a. txt"添加(　　)个字节的数据；语句"d. writeInt(6);"将给文件"a. txt"添加(　　)个字节的数据。

3. 类 System 的三个成员域(　　)、(　　)、(　　)分别指向标准输入流、标准输出流和标准错误输出流。将它们重新定向并与指定的文件建立起对应关系的类 System 的方法分别是(　　)、(　　)、(　　)。

4. 在创建 java. io. RandomAccessFile 实例对象时所有可能的文件访问模式有：(　　)。

5. 假设文本文件"a. txt"存在,那么下面程序将输出文件"a. txt"的内容(　　)。

```java
public class demo7_3{
        public static void main(String[] args){
            java. io. InputStream f=new java. io. InputStream("a. txt");
            int i;
            for(i=f. read();i ! =-1;i=f. read())
            System. out. print((char)i);
        f. close();
        }
}
```

三、判断题

1. 因为标准输入流(System. in)并不是真正的文件,所以标准输入流不像文件那么有明显的输入流结束标志,即如果程序不做特殊的处理,则程序永远无法得到标准输入流的结束标志(　　)。

2. 假设"a. txt"的长度为 100 字节,那么当正常运行下面语句 OutputStream f = new FileOutputStream(new File("a. txt"));之后,文件"a. txt"的长度变为 0 字节(　　)。

3. 假设文本文件"test. txt"存在,那么下面的程序可以正常运行,并且运行的结果是将文件"test. txt"的内容显示在控制窗口中(　　)。

```java
import java. io. * ;
    public class demo7_4{
            public static void main(String[] args){
                int b;
                FileInputStream f=new FileInputStream("test. txt");
                for(;(b=f. read()) ! =-1;)
                    System. out. print((char)b);
            System. out. println();
```

```
                    f. close();
            }
        }
```

4. java. io. PrintStream 具有自动强制输出(flush)功能,即当输出回车换行时,在缓存中的数据就会全部自动写入指定的文件或输出在控制台窗口中(　　　)。

5. 假设文本文件"test. txt"存在,那么下面的程序可以正常运行,并且运行的结果是将文件"test. txt"的内容显示在控制台窗口中(　　　)。

```
import java. io. * ;
public class demo7_5{
        public static void main(String[] args){
            try{
                int ch;
                File f=new File("a. txt");
                while((ch=f. read()) ! =−1)
                    System. out. pirnt(((char)ch));
                f. close();
            }
            catch(IOException e){
                System. err. println(e);
            }
        }
}
```

6. 在 Java 中,类 java. io. File 虽然不直接处理文件内容,但可以通过类 java. io. File 达到改变当前路径的目的(　　　)。

四、程序设计题

1. 编写应用程序,使用 System. in. read()方法读取用户从键盘输入的字节数据,回车后,把从键盘输入的数据存放到数组 buffer 中,并将用户输入的数据通过 System. out. print()显示在屏幕上。

2. 编写应用程序,使用 System. in. read()方法读取用户从键盘输入的字节数据,回车后,把从键盘输入的数据存放到数组 buffer 中,并将用户输入的数据保存为指定路径下的文件。

3. 编写 Java 应用程序,使用 FileInputStream 类对象读取程序本身(或其他目录下的文件),并显示在屏幕上。

4. 编写 Java 应用程序,使用 FileInputStream 类对象读取程序本身(或其他目录下的文件)到字节数组中,并显示在屏幕上(或存储为其他文件)。

5. 编写应用程序,创建一个文件输入流对象 fis,读取当前目录下文本文件 test1. txt。该文件内容有如下两行文本:

Java program is easy.

I like it.

从文件输入流 fis 中读取 5 个字节数据存放到数组 b 中,字节数据存放的位置从数组下标 3 开始,将读取的数据在屏幕输出。

6. 编写应用程序,程序中创建一个文件输出流对象 out 向当前目录下已有的文件 abc. txt (内容为:"ABCDEFG")写入字符串"abcdefg"中的所有字符和大写字母'A'。

7. 编写应用程序,使用 RandomAccessFile 类及其方法,把程序本身分两次显示在屏幕上。第一次直接显示,第二次给每一行添加行号并显示。

8. 在程序所在的目录下有子目录 b。目录 b 下有文本文件 testb. txt。编写应用程序,创建文件对象:

    File file＝new File("b/testb. txt");

通过文件对象 file 得到它的文件名、相对路径、绝对路径、父目录名。

9. 请编写一个名为 Class1. java 的 Application,其功能为:测验文件 Class1. java 是否存在,并输出其长度。

10. 编写应用程序:创建目录 c:\temp,并创建一个文件 2. txt,向该文件中写入字符串" The first snow came. "共 5 次。

11. 编写应用程序,创建 BufferedReader 的对象,从某个文本文件中的字符输入数据流中读取一行字符(该文件与程序在同一目录下),跳过 10 个字节后将其显示出来。

第8章

图形用户界面

图形用户界面 GUI(Graphic User Interface),为程序与用户之间的交互提供了一个方便友好的图形化操作界面。Java 提供了丰富的图形界面开发包,分别是 AWT 包和 Swing 包。本章主要介绍如何利用这些图形界面开发包实现 Java 图形界面设计。

AWT 和 Swing 是 Java 设计 GUI 用户界面的基础。AWT 包是 Java 最早的 GUI 开发包,位于 java.awt 包中,而 Swing 开发包是在 AWT 之后轻量级开发包,位于 java.swing 包中。用 swing 包开发的图形界面更为美观易用,不受平台限制。程序员可以根据自己的习惯选择使用 AWT 或者是 Swing。但是最好不要混用,Swing 组件类名通常比 AWT 组件类名前多个字母"J"。由于 Swing 是架构在 AWT 之上的,没有 AWT 就没有 Swing,所以本章以 AWT 包的使用为主讲解。

java.awt 包中的主要类层次关系如图 8-1 所示。

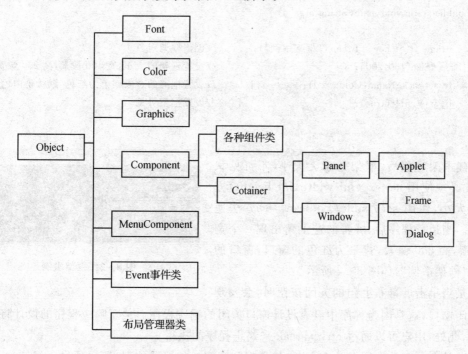

图 8-1 java.awt 包中的类结构

Java 的图形用户界面由基本图形操作类(Font,Color,Graphics)、容器类(Container,window,Frame,Dialog,Panel 和 Applet)和组件类组成。

Java 提供了按钮(Button)、标签(Label)等多种组件类,可将组件放置在容器上实现图形界面的设计。在屏幕上显示容器或是在容器中添加组件,都涉及一个放置位置问题。在 Java 中采用二维平面坐标系,坐标原点(0,0)位于左上角,点(x,y)表示该点距左边距离为 x 像素,距顶端距离为 y 像素。

8.1　容器组件

　　容器组件是可以容纳其他组件的组件,用户可以将各种 GUI 组件放置在容器组件中以实现图形界面程序的外观设计。常用的容器组件有 Frame,Panel,Applet 和 Dialog。它们在 awt 包中的继承关系如图 8-1 所示。下面主要介绍 Frame,Panel 两个容器,Dialog 类将在 8.8 中介绍,Applet 类将在第 10 章中介绍。

8.1.1　框架(frame)

　　框架(frame)对象在运行时显示的是一个带有标题栏的窗口。窗口的设计一般不使用 Window 类,因为 Window 类对象对应的是没有标题栏的窗口。

　　例 8.1:利用 frame 类设计窗口程序。

```
import   java. awt. * ;
public class MyFrame
{
    public static void main(String args[])
     {
      Frame fr = new   Frame("框架举例");        //创建框架对象
      fr. setSize(400,200);                      //设置框架的大小:宽 400 像素,高 200 像素
      fr. setBackground(Color. red);             //设置框架的背景颜色为红色,默认是白色
      fr. setVisible(true);                      //设置框架可见
     }
}
```

　　创建框架对象后,框架处于无大小,不可见状态,因此必须使用 setSize(int width,int height)方法设置大小,使用 setVisible(Boolean　b)方法使其可见。当运行程序后,屏幕的左上角出现一个宽 400 像素,高 200 像素,背景为红色的窗口,窗口的标题为"框架举例",如图 8-2 所示。

图 8-2　框架举例

　　但是当单击屏幕右上角的关闭按钮时,会发现不能关闭窗口,这是因为程序中没有设计窗口关闭的响应程序。关于响应程序的设计将在8.4中介绍,此处,用户可以通过 ctrl+break 来终止程序的执行。

　　窗口的显示默认在屏幕的左上角,如果想改变窗口的显示位置,可以通过 setLocation(int x,int y)方法设置,例如:

fr. setLocation(500,300)

　　表示窗口左上角的坐标为(300,500),即该窗口将显示在距屏幕顶端 300 像素,距左端 500 像素位置处。

　　另外,由于 awt 包不具有跨平台功能,它是通过调用所在平台的图形系统完成图形的显

示,因此该程序在不同的操作系统下运行时,窗口的外观会与操作系统中的窗口风格一致。

例 8.2:实现窗口程序的另一种方法。

```java
import   java. awt. * ;
public class MyFrame  extends Frame          //通过定义 Frame 类的子类实现框架窗口
{
    public static void main(String args[])
    {
        MyFrame fr = new   MyFrame("框架举例");   //创建框架对象
        fr. setSize(400,200);                    //设置框架的大小:宽 400 像素,高 200 像素
        fr. setBackground(Color. yellow);        //设置框架的背景颜色为黄色,默认是白色
        fr. setVisible(true);                    //设置框架可见
    }
}
```

读者可以分析例 8.1 与 8.2 的不同之处。

8.1.2 面板(Panel)

面板是个没有标题,没有边框的可容纳其他组件的容器。当窗口中的组件比较多,位置没有规律时,通常不是直接将各种组件直接放在窗口上,而是根据位置关系将组件分别放置在不同的面板上,然后把面板放置在窗口中,因此借助面板可以使图形界面更加丰富多样。

例 8.3:在框架窗口中放置面板。

```java
import java. awt. * ;
public class FrameWithPanel
{
    public static void main(String args[])
    {Frame fr = new Frame("带面板的框架");        //创建框架对象
    Panel pan = new Panel( );                    //创建面板对象
    fr. setSize(300,200);                        //设置框架的大小
    fr. setBackground(Color. yellow);            //设置框架的背景颜色
    fr. setLayout(null);                         //取消布局管理器
    pan. setSize(100,100);                       //设置面板的大小
    pan. setBackground(Color. red);              //设置面板的背景颜色为红色
    fr. add(pan);                                //将面板添加到框架上
    fr. setVisible(true);                        //使框架可见
    }
}
```

各种容器表面上的组件的排放位置和大小是由其布局管理器决定的。每种容器都有自己默认的布局管理器,而 setLayout(null)方法是将容器的布局管理器取消,则容器的摆放位置和大小由用户决定,因此这时可以使用组件的 setLocation()方法指定容器中组件的位置,用 setSize()方法指定组件的大小。add()方法用来向容器中添加组件,例 8.3 的运行结果如图8－3 所示。

读者可以试一下将 fr. setLayout(null);去掉后程序的运行效果如何,并分析原因。

图 8－3　带面板的框架举例

8.2　标签、按钮与文本框

　　Java 图形界面中必不可少的是各种组件,可通过将组件放置在容器上实现图形界面的设计。下面首先介绍一组简单的组件:标签、按钮和文本框。

8.2.1　标签(Label)

　　标签是用来显示单行文本信息的组件,一般用来显示固定的提示信息。

　　1. Label 的构造方法

public Label( )

　　创建一个空标签。

public Label(String text)

　　创建一个以左对齐方式显示指定文本的标签。

public Label(String text, int alignment)

　　创建一个显示指定文本的标签。

　　文本的对齐方式由 int 型参数 alignment 指定(其值可为 Label. LEFT,Label. RIGHT 和 Label. CENTER,分别表示左对齐、右对齐和居中对齐)。

　　2. Label 的常用方法

setText(String text)

　　设置显示在标签上的文本信息。

getText()

　　取得标签上显示的文本信息。

setAlignment(int alignment)

　　设置标签上文本的对齐方式。

getAlignment()

　　取得标签上文本的对齐方式。

例如:创建一个表面显示"这是一个标签",居中对齐的标签。

Label　lb＝new Label()；

lb. setAlignment(Label. CENTER)；

lb. setText("这是一个标签")；

也可以用一条语句实现:

Label lb＝new Label("这是一个标签",Label. CENTER)；

8.2.2　按钮(Button)

按钮是一种最常用的组件,通常用来接收用户的点击操作,通过编程完成点击后要作的操作。

1. Button 的构造方法

public Button( )

创建一个空白按钮。

public Button(String label)

创建一个表面显示指定文字的按钮。

2. Button 的常用方法

setLabel(String label)

设置按钮表面显示的文字。

getLabel()

取得按钮表面的文字。

例如:创建一个表面显示"确定"的按钮。

Button bt＝new Button("确定")；

8.2.3　文本框

Java 中有两种实现文本框的类:文本域(TextField)和文本区(TextArea)。

1. 文本域(TextField)

文本域一般适合接收键盘上输入的单行文本信息,也可以显示指定的单行信息。

(1) TextField 的构造方法

public TextField( )

创建一个空文本域。

public TextField(String text)

创建一个显示指定初始字符串的文本域。

public TextField(int columns)

创建一个具有指定列数的空文本域。

public TextField(String text, int columns)

创建一个具有指定列数、显示指定初始字符串的文本域。

（2）TextField 的常见方法

setEchoChar(char c)

设置文本域中的反显字符。

getEchoChar()

获得文本域中显示的字符。

setEditable(Boolean b)

设置文本域是否可编辑。

例如：创建一个文本域，初始文本为"请输入"，可容纳 10 个字符；当用户向其输入信息时，则显示"＊"。

TextField tf＝new TextField("请输入",10);
tf. setEchoChar((＊ ');

2. 文本区（TextArea）

文本区一般适合接收键盘上输入的多行文本信息，也可以显示指定的多行信息。

（1）TextArea 的构造方法

public TextArea( )

创建一个有水平和垂直滚动条的空文本区。

public TextArea(String text)

创建一个有水平和垂直滚动条，并显示初始文本内容的文本区。

public TextArea(int rows, int columns)

创建一个有水平和垂直滚动条，并指定行数和列数的文本区。

public TextArea(String text, int rows, int columns)

创建一个有水平和垂直滚动条、指定行数和列数并显示初始文本内容的文本区。

public TextArea(String text, int rows, int columns, int scrollbars)

创建一个指定行数、列数及滚动条，并显示初始文本内容的文本区。

其中，scrollbars 取值有四种：

SCROLLBARS_BOTH(同时显示水平和垂直滚动条)
SCROLLBARS_VERTICAL_ONLY(只显示垂直滚动条)
SCROLLBARS_HORIZONTAL_ONLY(只显示水平滚动条)
SCROLLBARS_NONE(两个滚动条都不显示)

（2）TextArea 的常用方法

append(String str)

将指定文本追加到文本区。

insert(String str, int pos)

将指定文本插入到文本区的第 pos 个字符位置。

replaceRange(String str, int start, int end)

用指定文本替换文本区中从 start 位置开始到 end 位置结束的部分内容。

setEditable(Boolean b)

设置文本区是否可编辑。

例如：创建一个文本区，初始文本为"这是一个文本区"，然后在第二行加入一句话"这是文本区的第二行"。

```
TextArea  ta＝new TextArea("这是一个文本区");
ta. append("\n 这是文本区的第二行");
```

8.3 布局管理器

布局管理器主要负责容器中组件的排列顺序、组件的大小以及窗口大小改变后组件的变化规律等。Java 提供的布局管理器类有 FlowLayout，BorderLayout，CardLayout，GridLayout 和 GridBagLayout 等。对容器设置布局管理器要使用 setLayout()方法。

8.3.1 流式布局管理器（FlowLayout）

FlowLayout 是 Panel 类和 Applet 类的默认布局管理器。它将组件按最佳大小逐个地从左到右放置在容器中的一行上，一行放满后，就另起一个新行继续放置。

FlowLayout 的构造方法有 3 个：

public FlowLayout( )

创建流式布局管理器，组件之间的横向、纵向间隔均为 5 个像素，居中对齐方式。

public FlowLayout(int align)

按指定的对齐方式创建流式布局管理器，组件之间的横向、纵向间隔均为 5 个像素。

public FlowLayout(int align, int hgap, int vgap)

按指定的对齐方式、横向间隔、纵向间隔创建流式布局管理器。

其中，align 的取值有：FlowLayout. CENTER（居中对齐）、FlowLayout. LEFT（左对齐）、FlowLayout. RIGHT（右对齐）、FlowLayout. LEADING（指示每一行组件都应该与所在容器方向的开始边对齐，比如所在容器为右对齐，则其上的组件的对齐方式为右对齐）、FlowLay-out. TRAILING（指示每一行组件都应该与所在容器方向的结尾边对齐，比如容器为右对齐，则其上的组件的对齐方式为左对齐)。

例 8.4:以 FlowLayout 布局在窗口上放置三个按钮:"确定"、"取消"、"退出"。

```java
import java.awt. * ;
import java.awt.event. * ;
public class MyLayout
{
    public static void main(String args[])
    {
        Frame f = new Frame("流式布局管理器");
        f.setLayout(new FlowLayout( ));      //将框架 f 的布局管理器设置为 FlowLayout
        Button button1 = new Button("确定");  //创建按钮
        Button button2 = new Button("取消");
        Button button3 = new Button("退出");
        f.add(button1);                       //将按钮添加到框架中
        f.add(button2);
        f.add(button3);
        f.setSize(100,100);
        f.setVisible(true);
    }
}
```

程序运行结果如图 8-4(a)所示;当改变窗口大小时,三个按钮的相对位置发生改变,如图 8-4(b)所示。

(a)

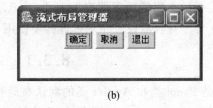
(b)

图 8-4 流式布局管理器举例

注意,当单击窗口关闭和三个按钮时,程序并无反应,因为程序中缺少事件响应代码。

8.3.2 边界布局管理器(BorderLayout)

BorderLayout 是 Window 类、Frame 类和 Dialog 类的默认布局管理器。它将容器分为东西南北中五个区域,如图 8-5 所示。每个区域上可以放置一个组件。

BorderLayout 的构造方法有两个:

BorderLayout( )

创建一个各部分间距为 0 的边界布局管理器。

BorderLayout(int hgap, int vgap)

创建一个各部分具有指定水平和垂直间距的边界布

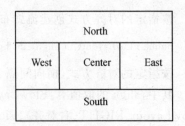

图 8-5 BorderLayout 布局管理器的区域分布

局管理器。

例 8.5: 在窗口上按边界布局管理放置五个按钮。

```java
import java.awt. * ;
public class MyBorder
{
    public static void main(String args[])
    {
        Frame f = new Frame("边界管理器");
        Button be = new Button("东");
        Button bs = new Button("南");
        Button bw = new Button("西");
        Button bn = new Button("北");
        Button bc = new Button("中");
        f.setLayout(new BorderLayout());
        f.add(be,"East");
        f.add(bs,"South");
        f.add(bw,"West");
        f.add(bn,"North");
        f.add(bc,"Center");
        f.setSize(250,200);
        f.setVisible(true);
    }
}
```

程序运行结果如图 8 - 6(a)所示;当去掉语句 f.add(bw,"West");时,程序运行结果如图 8 - 6(b)所示;若再去掉语句 f.add(bn,"North");时,程序运行结果如图 8 - 6(c)所示。因此当采用边界布局管理器的容器的五部分缺少某一部分时,其他部分组件会延伸填充空缺部分。

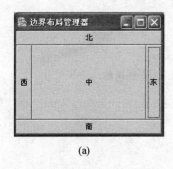
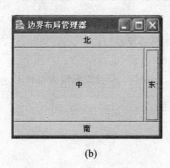
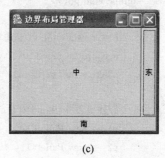

(a)   (b)   (c)

图 8 - 6　边界布局管理器举例

8.3.3　卡式布局管理器(CardLayout)

卡式布局管理器将容器中的组件处理为一系列卡片,每一时刻只显示出其中的一张。

1. CardLayout 的构造方法

CardLayout()

173

创建卡式布局管理器。

CardLayout(int hgap, int vgap)

创建卡式布局管理器,并设置卡片与容器边界水平与垂直间隔。

2. CardLayout 的常用方法

previous(Container parent)

显示前一个组件。

next(Container parent)

显示后一个组件。

first(Container parent)

显示第一个组件。

last(Container parent)

显示最后一个组件。

例 8.6:利用 CardLayout 在窗口上轮流显示 5 种不同的颜色。

```java
import java. awt. * ;
import java. awt. event. * ;
public class MyCardLayout extends MouseAdapter
{    //实现鼠标事件接口
    private Panel p1, p2, p3, p4, p5;
    private Label lb1, lb2, lb3, lb4, lb5;
    private CardLayout myCard;
    private Frame f;
    public void go()
      {
        f = new Frame ("卡式布局管理器");
        myCard = new CardLayout();
        f. setLayout(myCard);              //设置框架为 CardLayout 布局管理器

        //建立 5 个 Panel 对象
        p1 = new Panel();
        p2 = new Panel();
        p3 = new Panel();
        p4 = new Panel();
        p5 = new Panel();
        lb1 = new Label("第一页:黄色");
        p1. setBackground(Color. yellow);
        p1. add(lb1);
        lb2 = new Label("第二页:红色");
        p2. setBackground(Color. red);
        p2. add(lb2);
```

```
        lb3 = new Label("第三页:绿色");
        p3.setBackground(Color.green);
        p3.add(lb3);
        lb4 = new Label("第四页:粉红色");
        p4.setBackground(Color.pink);
        p4.add(lb4);
        lb5 = new Label("第五页:蓝色");
        p5.setBackground(Color.blue);

        p5.add(lb5);

        //设定每个 Panel 可以接收鼠标事件
        p1.addMouseListener(this);
        p2.addMouseListener(this);
        p3.addMouseListener(this);
        p4.addMouseListener(this);
        p5.addMouseListener(this);

        //将每个 Panel 作为一张卡片加入框架中,add 方法中的字符串为每个卡片的标识
        f.add(p1, "one");
        f.add(p2, "two");
        f.add(p3, "three");
        f.add(p4, "four");
        f.add(p5, "five");

        //通过标识显示第一张卡片
        myCard.show(f, "one");
        f.setSize(200,200);
        f.setVisible(true);
    }

//单击事件后产生执行的代码
public void mousePressed(MouseEvent e)
  {
        myCard.next(f);                //显示下一张卡片
    }

public static void main (String args[])
    {
        MyCardLayout mcl = new MyCardLayout();
        mcl.go();
    }
}
```

8.3.4 网格布局管理器(GridLayout)

网格布局管理器将容器空间划分成若干行乘若干列的网格,组件按从左到右的顺序放入其中,每个组件占据一格。

GridLayout 的构造方法有三个:

GridLayout( )

创建一个网格布局管理器,只有一行网格,该行网格的列数根据实际情况而定。

GridLayout(int rows, int cols)

创建一个具有指定行数和列数的网格布局管理器,行列数不能同时为 0。

GridLayout(int rows, int cols, int hgap, int vgap)

创建一个指定行数、列数以及各网格水平和垂直间距的网格布局管理器。

例 8.7: 在窗口中按 3 行 2 列摆放按钮。

```java
import java.awt. * ;
public class MyGridLayout
{
  public static void main(String args[])
  {
    Frame f = new Frame("网格布局管理器");
    f.setLayout(new GridLayout(3,2,20,30));
    Button bt1 = new Button("1");
    Button bt2 = new Button("2");
    Button bt3 = new Button("3");
    Button bt4 = new Button("4");
    Button bt5 = new Button("5");
    Button bt6 = new Button("6");
    f.add(bt1);
    f.add(bt2);
    f.add(bt3);
    f.add(bt4);
    f.add(bt5);
    f.add(bt6);
    f.pack( );
    f.setVisible(true);
  }
}
```

程序运行结果如图 8-7(a)所示。当去掉语句 f.add(bt6);时,程序的运行结果如图 8-7(b)所示。

（a）　　　　　　　　　　（b）

图 8-7　网格布局管理器举例

8.3.5　网格箱布局管理器（GridBagLayout）

网格箱布局管理器以网格为基础，允许组件使用最适当的大小，既可以占多个网格，也可以只占一个网格的一部分。

1. GridBagLayout 的构造方法

GridBagLayout()

创建网格箱布局管理器。

2. GridBagLayout 的常用方法

setConstraints(Component comp, GridBagConstraints constraints)

为组件设置网格箱。作为网格箱的设置要用到 GridBagConstraints 类，其构造方法为 GridBagConstraints()。常用属性包括以下 3 个：

int fill　确定当为组件的显示空间大于组件的实际尺寸时如何调整，取值有 NONE（不改变组件大小）、HORIZONTAL（调整组件水平方向大小）、VERTICAL（调整组件垂直方向大小）、BOTH（组件的垂直和水平方向同时调整）。

int gridheight　指定箱中的组件的列数。取值为 REMAINDER 表示组件在箱中列项的最后，取值为 RELATIVE 表示组件在箱中的最后列项之前。

int gridwidth　指定箱中的组件的行数。取值为 REMAINDER 表示组件在箱中行项的最后，取值为 RELATIVE 表示组件在箱中的最后行项之前。

例 8.8：在窗口中按如图 8-8 所示摆放 7 个按钮。

```
import java.awt. * ;
public class MyGridBagLayout
{
    public static void main(String args[])
    {
        Frame f = new Frame("网格箱布局管理器");
        GridBagLayout gridBag = new GridBagLayout();
        GridBagConstraints c = new GridBagConstraints();
        f.setLayout(gridBag);
        c.fill = GridBagConstraints.BOTH;
        //设置箱中的组件按水平和垂直方向自动调整大小
```

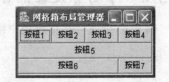

图 8-8　网格箱布局管理器举例

//创建网格箱布局管理器

//创建网格箱

//设置 f 的布局管理器为网格箱布局

177

```
Button bt1＝new Button("按钮 1");
gridBag. setConstraints(bt1,c);                  //将按钮 bt1 放入网格箱中
f. add(bt1);                                       //将按钮 bt1 放入窗口中
Button bt2＝new Button("按钮 2");
gridBag. setConstraints(bt2,c);
f. add(bt2);
Button bt3＝new Button("按钮 3");
gridBag. setConstraints(bt3,c);
f. add(bt3);
c. gridwidth = GridBagConstraints. REMAINDER;
//设置网格箱中列项的最后一个组件
Button bt4＝new Button("按钮 4");
gridBag. setConstraints(bt4,c);
f. add(bt4);
Button bt5＝new Button("按钮 5");
gridBag. setConstraints(bt5,c);
f. add(bt5);
c. gridwidth = GridBagConstraints. RELATIVE;
//设置网格箱中列项的最后一个组件的前一个组件
Button bt6＝new Button("按钮 6");
gridBag. setConstraints(bt6,c);
f. add(bt6);
c. gridwidth = GridBagConstraints. REMAINDER;
Button bt7＝new Button("按钮 7");
gridBag. setConstraints(bt7,c);
f. add(bt7);
f. pack();                                         //设置窗口中的组件为紧缩大小
f. setSize(f. getPreferredSize());                 //设置窗口为最适当的大小
f. setVisible(true);
        }
    }
```

8.3.6　布局管理器综合举例

例 8.9：设计一个接收用户输入账号和密码的窗口界面,如图 8-9 所示。

```
import java. awt. * ;
public class Login
{
    public static void main(String arg[])
    {
        Frame f = new Frame("用户登录界面");
        f. setLayout(new FlowLayout(FlowLayout. CENTER,10,15));
        //设置窗口为流式布局管理器
        Label lb1 = new Label("账号");
        TextField tf1 = new TextField("administrator",15);
```

图 8-9　账号密码输入界面

```
        Label lb2 = new Label("密码");
        TextField tf2 = new TextField(15);
        tf2. setEchoChar(" * ");                //设置文本域中的反显文字为" * "
        Button bt1 = new Button("确定");
        Button bt2 = new Button("取消");
        f. add(lb1);
        f. add(tf1);
        f. add(lb2);
        f. add(tf2);
        f. add(bt1);
        f. add(bt2);
        f. setSize(240,160);
        f. setBackground(Color. lightGray);
        f. setLocation(400,300);                //设置窗口的位置
        f. setResizable(false);                 //设置窗口的大小不可调整
        f. setVisible(true);
    }
}
```

例 8.10：设计一个简单计算器的界面，如图 8－10 所示。

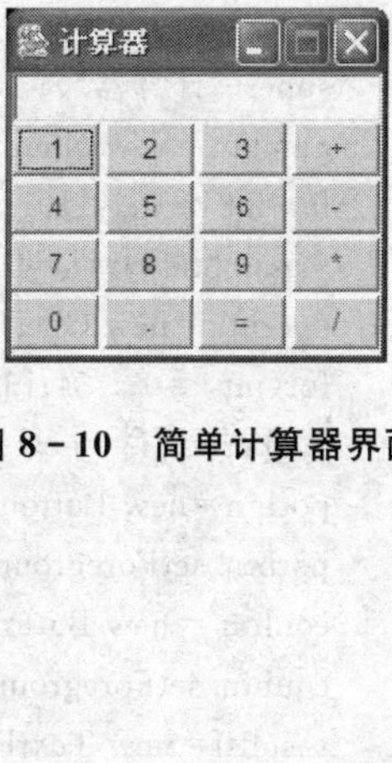

```
import java. awt. * ;
import java. awt. event. * ;

class NumBtn extends Button         //数字按钮类，按钮类的子类
{
    int number;                     //按钮对应的数字值
    public NumBtn(int num)          //数字按钮类的构造方法
    {
        super(""＋num);
        number＝num;
        setForeground(Color. blue);  //设置在按钮表面的数字为蓝色
    }
    public int getNum()             //获取按钮对应的数字值
    {
        return number;
    }
}

class OperBtn extends Button        //运算符按钮类，按钮类的子类
{
    String operator;                //按钮对应的运算符
    public OperBtn(String str)      //运算符按钮类的构造方法
    {
        super(str);
        operator＝str;
```

图 8－10　简单计算器界面

179

```
        setForeground(Color. red);      //设置在按钮表面的运算符为红色
    }
    public String getOper()              //获取按钮对应的运算符
    {
        return operator;
    }
}
public class Calculator extends Frame         //计算器 Calculator 类,为 Frame 类的子类
{
    NumBtn   numbtn[];                    //数字按钮数组
    OperBtn  operbtn[];                   //运算符按钮数组
    Button equbtn,potbtn;                 //等号按钮、小数点按钮
    Panel panel;                          //摆放所有按钮的面板
    TextField resulttf;                   //显示录入的数值或运算结果的文本框
    String oper[]={"+","-"," * ","/"};
    boolean  isNew=true;                  //标记当前是否为新输入数字状态
    String newResult=null;                //存放当前已输入的数字或运算结果
    String newOperator=null;              //存放当前输入的运算符
    Calculator()                          //Calculator 类的构造方法
    {
        super("计算器");
        numbtn=new NumBtn[10];            //创建"0"到"9"十个数字按钮,前景色为蓝色
        for(int i=0;i<10;i++)
            numbtn[i]=new NumBtn(i);
        operbtn=new OperBtn[4];           //创建"+""-"" * ""/"四个运算符按钮,前景色为红色
        for(int i=0;i<4;i++)
            operbtn[i]=new OperBtn(oper[i]);
        potbtn=new Button(".");           //创建小数点"."按钮,前景色为蓝色
        potbtn. setForeground(Color. blue);
        equbtn =new Button("=");          //创建等号"="按钮,前景色为红色
        equbtn. setForeground(Color. red);
        resulttf=new TextField();
        //创建文本框对象,用于显示运算数据及结果,前景色为蓝色,背景色为白色,不可编辑
        resulttf. setForeground(Color. blue);
        resulttf. setBackground(Color. white);
        resulttf. setEditable(false);

        panel=new Panel();                //创建面板对象 panel
        panel. setLayout(new GridLayout(4,4,3,2));
        //将 panel 的布局管理器设置为 4×4 的网格布局,水平间距为 3,垂直间距为 2
        //依次向 panel 添加各个按钮
        panel. add(numbtn[1]);
        panel. add(numbtn[2]);
        panel. add(numbtn[3]);
        panel. add(operbtn[0]);
```

```
panel. add(numbtn[4]);
panel. add(numbtn[5]);
panel. add(numbtn[6]);
panel. add(operbtn[1]);

panel. add(numbtn[7]);
panel. add(numbtn[8]);
panel. add(numbtn[9]);
panel. add(operbtn[2]);

panel. add(numbtn[0]);
panel. add(potbtn);
panel. add(equbtn);
panel. add(operbtn[3]);

add(panel,BorderLayout. CENTER);      //将 panel 以边界式布局管理置于计算器的中央
add(resulttf,BorderLayout. NORTH);    //将文本框以边界式布局管理置于计算器的上方

setVisible(true);
setBounds(300,300,180,160);
setResizable(false);
validate();
}

public   static void main(String args[])
{
    new Calculator();
}
}
```

8.4 事件处理机制

在前面几节的程序中,当单击关闭按钮或其他按钮时,程序并不响应,是因为程序中缺少事件响应的处理代码。下面介绍 Java 的事件处理机制。

8.4.1 Java 事件处理机制

Java 的事件处理机制由事件源、事件对象及监听器三部分组成。

事件源是指产生事件的对象,比如窗口或按钮等。

事件对象是指具体的事件,属于不同的事件类,类名一般以 Event 结尾,比如动作事件属于 ActionEvent 类。

监听器是事件的处理者。监听器等候事件的发生,并在事件发生时收到通知。只要在监听器程序中的某个方法中加入事件发生时的处理程序代码,当该事件源上发生该事件时就会自动执行相应的处理程序做出响应。监听器通常是一个类。该类要能够处理某种类型的事

181

件,就必须实现与该事件类型相匹配的接口。该接口名一般以 Listner 结尾,比如与动作事件类对应的是 ActionListener 接口。每个接口中含有若干个方法,可以通过重写某个方法的方法体,实现事件的响应编程。

例如若要响应某个按钮的单击事件,可以为该按钮添加动作监听器,并在程序中重写动作监听接口(ActionListener)的 actionPerformed 方法,即在 actionPerformed 方法中填写了单击按钮后的处理程序。这样当用户单击了该按钮(事件源)时,监听器监听到动作事件,则产生按钮的动作事件对象(ActionEvent 类的对象),随之执行对应的 actionPerformed 方法,从而完成响应过程。

事件类和监听器接口都在 java. awt. event 包中。

一个事件源上可能发生多个事件,不同的事件要由不同的监听器来区分。

8.4.2 事件响应程序设计的基本步骤

一个能够响应事件处理的程序设计应该包括以下四个基本步骤:

① 在程序开始处加入 import java. awt. event. * 。

② 在类首部添加" implements 监听接口名列表"。

③ 创建对象,为对象注册监听器 add+接口名( )。

④ 实现监听器接口的各个方法。

下面以实例说明事件响应程序的设计方法。

例 8.11:为例 8.1 加入关闭窗口的事件响应。

```
import  java. awt. * ;
import java. awt. event . * ;①
public class MyFrame implements  WindowListener ②  //WindowListener 为窗口监听接口
{
    public static void main(String args[])
    {
      Frame fr= new  Frame("框架举例");
      fr. setSize(400,200);
      fr. addWindowListener (new MyFrame()); ③ //为 MyFrame 类对象注册窗口监听器
      fr. setBackground(Color. red);
      fr. setVisible(true);
    }
//重写窗口监听接口的方法,注意必须要重写全部方法,当然方法体可以为空
    public void windowOpened(WindowEvent e)  {}④
    public void windowClosing(WindowEvent e)
      {System. exit(0);}                       //可以在要响应的方法中添加代码,实现响应
    public void windowClosed(WindowEvent e){}
    public void windowIconified(WindowEvent e){}
    public void windowDeiconified(WindowEvent e){}
    public void windowActivated(WindowEvent e){}
    public void windowDeactivated(WindowEvent e){}
}
```

8.4.3 Java 中常见的事件类、监听接口及其方法

1. 常用的事件类

ActionEvent：动作事件，例如单击按钮，在文本域中键入回车符等。

WindowEvent：窗口事件，例如关闭窗口、打开窗口、最小化窗口等。

MouseEvent：鼠标事件，例如鼠标的按下，抬起，单击，移动等。

KeyEvent：键盘事件，例如按下键、释放键、击打键等。

ItemEvent：项目事件，例如在复选框、列表框、组合框或菜单栏中选择了某项。

FocusEvent：焦点事件，例如当组件获得焦点或失去焦点。

TextEvent：文本事件，例如当文本域或文本区中的内容发生改变。

ComponentEvent：组件事件，例如组件的大小或位置发生改变。

ContainerEvent：容器事件，例如容器中的组件数量改变或位置移动。

2. 常用的监听器接口

（1）ActionListener 动作监听器接口

有 1 个方法：

public void actionPerformed(ActionEvent e)

当单击按钮或在文本域中键入回车符时调用该方法。

（2）WindowListener 窗口监听器接口

可以通过 addWindowListener 添加窗口事件监听器，有 7 个方法：

 public void windowOpened(WindowEvent e)

当窗口打开时调用该方法。

public void windowClosing(WindowEvent e)

当窗口正在关闭时调用该方法。

public void windowClosed(WindowEvent e)

当窗口关闭时调用该方法。

public void windowIconified(WindowEvent e)

当窗口被最小化时调用该方法。

public void windowDeiconified(WindowEvent e)

当窗口撤销最小化时调用该方法。

public void windowActivated(WindowEvent e)

当窗口变为活动窗口时调用该方法。

public void windowDeactivated(WindowEvent e)

当窗口变为非活动窗口时调用该方法。

当窗口最小化时，会先执行 windowIconified 方法，后执行 windowDeactivated 方法。

当窗口撤销最小化时，会先执行 windowDeiconified 方法，后执行 windowActivated 方法。

（3）MouseListener 鼠标监听器接口

有 5 个方法：

public void mouseClicked(MouseEvent e)

鼠标点击组件时调用该方法。

public void mouseEntered(MouseEvent e)

鼠标进入组件时调用该方法。

public void mouseExited(MouseEvent e)

鼠标离开组件时调用该方法。

public void mousePressed(MouseEvent e)

按下鼠标键时调用该方法。

public void mouseReleased(MouseEvent e)

释放鼠标键时调用该方法。

可以通过 MouseEvent 类的 getX()，getY()获得鼠标在事件源的横纵坐标；getSource()获得鼠标操作的事件源；getClickCount()获得鼠标点击的次数；getModifiers()确定鼠标的按键，取值为 InputEvent. BUTTON1_MASK(左键)和 InputEvent. BUTTON2_MASK(右键)。

（4）MouseMotionListener 鼠标动作监听器接口

有 2 个方法：

public void mouseDragged(MouseEvent e)

鼠标拖曳时调用该方法。

public void mouseMoved(MouseEvent e)

鼠标移动时调用该方法。

（5）ItemListener 项目监听器接口

有 1 个方法：

public void itemStateChanged(ItemEvent e)

当复选框、列表框、组合框或菜单栏中的选项被选中或是取消选中时调用该方法。

（6）KeyListener 键盘监听器接口

有 3 个方法：

public void keyPressed(KeyEvent e)

按下键时调用该方法。

public void keyReleased(KeyEvent e)

释放键时调用该方法。

public void keyTyped(KeyEvent e)

击打键时调用该方法。

可以通过 KeyEvent 类的如下两个方法检测按下哪个键:getKeyCode()返回按键的编码,getKeyChar()返回按键的字符值。关于键盘字符的编码如表 8-1 所示。

表 8-1　KeyEvent 类的常用静态属性与键码、键位对应表

静态属性名称	键码值	键　位
VK_BACK_SPACE	8	退格键
VK_TAB	9	Tab
VK_ENTER	10	Enter
VK_SHIFT	16	Shift
VK_CONTROL	17	Ctrl
VK_ALT	18	Alt
VK_PAUSE	19	Pause
VK_CAPS_LOCK	20	Caps Lock
VK_ESCAPE	27	Esc
VK_SPACE	32	空格
VK_PAGE_UP	33	Page up
VK_PAGE_DOWN	34	Page Down
VK_END	35	End
VK_HOME	36	Home
VK_LEFT	37	→
VK_UP	38	↑
VK_RIGHT	39	←
VK_DOWN	40	↓
VK_COMMA	44	,
VK_MINUS	45	—
VK_PERIOD	46	.
VK_SLASH	47	/
VK_0～ VK_9	48～57	0～9
VK_SEMICOLON	59	;
VK_EQUALS	61	=
VK_A～ VK_Z	65～90	a～z
VK_OPEN_BRACKET	91	〔
VK_BACK_SLASH	92	\
VK_CLOSE_BRACKET	93	〕
VK_NUMPAD0～VK_NUMPAD9	96～105	小键盘上的 0～9
VK_MULTIPLY	106	小键盘上的 *

静态属性名称	键码值	键　位
VK_ADD	107	小键盘上的 ＋
VK_SUBTRACT	109	小键盘上的 －
VK_DECIMAL	110	小键盘上的 .
VK_DIVIDE	111	小键盘上的 ／
VK_F1～VK_F12	112～123	F1～F12
VK_DELETE	127	Delete
VK_NUM_LOCK	144	Num Lock
VK_SCROLL_LOCK	145	Scroll Lock
VK_PRINTSCREEN	154	Print Screen
VK_INSERT	155	Insert
VK_QUOTE	222	单引号 '
VK_KP_UP	224	小键盘的向上箭头
VK_KP_DOWN	225	小键盘的向下箭头
VK_KP_LEFT	226	小键盘的向左箭头
VK_KP_RIGHT	227	小键盘的向右箭头

（7）ComponentListener 组件监听器接口

有 4 个方法：

public void componentHidden(ComponentEvent e)

当组件变为隐藏时调用该方法。

public void componentMoved(ComponentEvent e)

当组件移动时调用该方法。

public void componentResized(ComponentEvent e)

当组件大小改变时调用该方法。

public void componentShown(ComponentEvent e)

当组件变为可见时调用该方法。

（8）ContainerListener 容器监听器接口

有 2 个方法：

public void componentAdded(ContainerEvent e)

向容器中添加组件时调用该方法。

public void componentRemoved(ContainerEvent e)

从容器中删除组件时调用该方法。

（9）FocusListener 焦点监听器接口

有 2 个方法：

public void focusGained(FocusEvent e)

当组件获得焦点时调用该方法。

public void focusLost(FocusEvent e)

当组件失去焦点时调用该方法。

（10）TextListener 文本监听器接口

有 1 个方法：

public void textValueChanged(TextEvent e)

当文本组件中的文本值改变时调用该方法。

事件、事件源以及对应的监听器接口的对应关系如表 8-2 所列。

表 8-2　事件、事件源以及对应的监听器接口的对应关系

事　件	事件源	监听器接口
ActionEvent	Button,List,TextField,MenuItem	ActionListener
WindowEvent	Window,Frame,Dialog	WindowListener
MouseEvent	Component 类对象及其子类对象	MouseListener
		MouseMotionListener
KeyEvent	Component 类对象及其子类对象	KeyListener
ItemEvent	Checkbox,Choice,List	ItemListener
ComponentEvent	Component 类对象及其子类对象	ComponentListener
ContainerEvent	Container 类对象及其子类对象	ContainerListener
FocusEvent	Component 类对象及其子类对象	FocusListener
TextEvent	TextComponenet,TextField,TextArea	TextListener

例 8.12：修改例 8.9，使其中的"确定"、"取消"和关闭窗口的按钮有响应。

```java
import java. awt. *;
import java. awt. event. *;
import javax. swing. *;
public class Login implements ActionListener,WindowListener
{    Frame f;
     TextField tf1,tf2;
     Label lb1,lb2;
     Button bt1,bt2;
   public void go()
     {
         f = new Frame("用户登录界面");
         f. setLayout(new FlowLayout(FlowLayout. CENTER,10,15));
```

```
        f. addWindowListener(this);
        lb1 = new Label("账号");
        tf1 = new TextField("administrator",15);
        lb2 = new Label("密码");
        tf2 = new TextField(15);
        tf2. setEchoChar(' * ');
        bt1 = new Button("确定");
        bt2 = new Button("取消");
        bt1. addActionListener(this);
        bt2. addActionListener(this);
        f. add(lb1);
        f. add(tf1);
        f. add(lb2);
        f. add(tf2);
        f. add(bt1);
        f. add(bt2);
        f. setSize(240,160);
        f. setBackground(Color. lightGray);
        f. setLocation(400,300);
        f. setResizable(false);
        f. setVisible(true);
    }
    public static void main(String arg[])
    {Login l=new Login();
    l. go();
    }
//实现动作事件监听器接口的方法
public void actionPerformed(ActionEvent e)
{
    if (e. getSource()==bt1)
    { if(tf1. getText(). equals("administrator")&&tf2. getText(). equals("123456"))
        JOptionPane. showMessageDialog(null,"超级用户,欢迎进入该系统!");
        else if(tf1. getText(). equals("Java")&&tf2. getText(). equals("Java"))
        JOptionPane. showMessageDialog(null,tf1. getText()+",欢迎进入该系统!");
        else
        JOptionPane. showMessageDialog(null,tf1. getText()+"  您无权进入该系统!");
    }
    else if(e. getSource()==bt2)
    { tf1. setText("");
        tf1. requestFocus();
        tf2. setText("");
    }
}
//实现窗口事件监听器接口的方法
    public void windowOpened(WindowEvent e)    {}
```

```
public void windowClosing(WindowEvent e)
   {System. exit(0);}
public void windowClosed(WindowEvent e){}
public void windowIconified(WindowEvent e){}
public void windowDeiconified(WindowEvent e){}
public void windowActivated(WindowEvent e){}
public void windowDeactivated(WindowEvent e){}
}
```

8.4.4　Java 中 的 适 配 器 类

在编写带有事件响应的程序中,会出现监听器接口的方法有很多(例如 WindowListener 接口有 7 个),而实际编程过程中只用到少数几个方法,但是为了实现接口,不得不把所有方法都写上,为了避免这种烦琐的情况,Java 根据含有多个方法的接口定义了对应的适配器类,比如 WindowAdapter,用户要处理窗口事件时,只要使当前类继承 WindowAdapter 适配器类,程序中就可以省略书写用不到的窗口操作方法。

例 8.13:利用适配器类实现例 8.11 的功能。

```
import   java. awt. * ;
import java. awt. event. * ;①
public class MyFrame extends   WindowAdapter ② //当前类继承 WindowAdapter 适配器类
{
   public static void main(String args[])
    {
       Frame fr= new   Frame("框架举例");
       fr. setSize(400,200);
       fr. addWindowListener (new MyFrame());   ③
       fr. setBackground(Color. red);
       fr. setVisible(true);
     }
  public void windowClosing(WindowEvent e)④
  //在重写接口的方法时用到哪个写哪个,不必全部写出
     {System. exit(0);}
  }
```

从以上程序可以看出使用适配器可以简化程序的书写,常见的适配器类有:WindowAdapter,MouseAdapter,MouseMotionAdapter,KeyAdapter,ComponentAdapter,ContainerAdapter,FocusAdapter,TextAdapter,分别与对应的事件监听器接口,功能相同。

例 8.14:完善例 8.11 的计算器程序,能够实现简单的计算功能。(程序中加注释部分为新增内容)

```
import java. awt. * ;
import java. awt. event. * ;
import java. awt. Component. * ;
import java. awt. TextComponent. * ;
```

```java
class NumBtn extends Button
{
  int number;
  public NumBtn(int num)
  {
    super(""+num);
    number=num;
    setForeground(Color. blue);
  }
  public int getNum()
  {
      return number;
  }
}
class OperBtn extends Button
{
  String operator;
  public OperBtn(String str)
  {
    super(str);
    operator=str;
    setForeground(Color. red);
  }
  public String getOper()
  {
      return operator;
  }
}

public class Calculator extends Frame implements ActionListener
{

  NumBtn   numbtn[];
  OperBtn   operbtn[];
  Button equbtn,clrbtn,potbtn;
  Panel panel;
  TextField resulttf;
  String oper[]={"+","-"," * ","/"};
  boolean   isNew=true;
  String newResult=null;
  String newOperator=null;
  Calculator()
  {
    super("计算器");
    numbtn=new NumBtn[10];
```

```
for(int i=0;i<10;i++)
  {
    numbtn[i]=new NumBtn(i);
    numbtn[i].addActionListener(this);        //为数字按钮添加动作监听
  }
operbtn=new OperBtn[4];
for(int i=0;i<4;i++)
  {
    operbtn[i]=new OperBtn(oper[i]);
    operbtn[i].addActionListener(this);       //为运算符按钮添加动作监听
  }
potbtn=new Button(".");
potbtn.setForeground(Color.blue);
potbtn.addActionListener(this);               //为小数点"."按钮添加动作监听
equbtn =new Button("=");
equbtn.setForeground(Color.red);
equbtn.addActionListener(this);               //为等号"="按钮添加动作监听
resulttf=new TextField(30);
resulttf.setForeground(Color.blue);
resulttf.setBackground(Color.white);
resulttf.setEditable(false);

panel=new Panel();
panel.setLayout(new GridLayout(4,4,3,2));

panel.add(numbtn[1]);
panel.add(numbtn[2]);
panel.add(numbtn[3]);
panel.add(operbtn[0]);
panel.add(numbtn[4]);
panel.add(numbtn[5]);
panel.add(numbtn[6]);
panel.add(operbtn[1]);
panel.add(numbtn[7]);
panel.add(numbtn[8]);
panel.add(numbtn[9]);
panel.add(operbtn[2]);
panel.add(numbtn[0]);
panel.add(potbtn);
panel.add(equbtn);
panel.add(operbtn[3]);
add(panel,BorderLayout.CENTER);
add(resulttf,BorderLayout.NORTH);
//为当前计算器框架添加窗口监听,并响应窗口关闭事件
addWindowListener(new WindowAdapter()
```

```
                          { public void windowClosing(WindowEvent e)
                             {
                                System. exit(0);
                             }
                          });
        setVisible(true);
        setBounds(300,300,180,160);
        setResizable(false);
        validate();
  }


  public void actionPerformed(ActionEvent e)                //对各个按钮的动作事件加以响应
  {
     if(e. getSource() instanceof NumBtn)                   //如果是数字按钮产生的动作
     {
        NumBtn bt=(NumBtn)e. getSource();
        if (! isNew)                                        //若不是第一个输入的数字,则与文本框已
                                                            //显示的数值连接显示
           resulttf. setText(resulttf. getText()+bt. getNum());
        else                                               //若是第一个输入的数字直接显示在文本框中
           resulttf. setText(""+bt. getNum());
        isNew=false;
     }
     else if(e. getSource() instanceof OperBtn)             //如果是运算符按钮产生的动作
     {
        OperBtn bt=(OperBtn)e. getSource();
        if((resulttf. getText()). equals(""))               //如果文本框中数值为空,则不做运算
          return;
        if(newOperator! =null)                             //若在此之前输入过运算符
        {
        try
        {
        double num1=Double. parseDouble(newResult);        //获取已经输入的数值
        double num2=Double. parseDouble(resulttf. getText());
                                                            //获取文本框中的当前的数值
        double res=0;
         if(newOperator. equals("+"))                      //根据已经输入的运算符进行相应的运算
            res=num1+num2;
         else if(newOperator. equals("-"))
            res=num1-num2;
         else if(newOperator. equals(" * "))
            res=num1 * num2;
         else if(newOperator. equals("/"))
            res=num1/num2;
         resulttf. setText(""+res);
```

```
    }catch(NumberFormatException e1)
    {
    }catch(NullPointerException e2 )
    {
    }
    }
    newOperator=bt.getOper();              //将当前输入的运算符存入 newOperator
    newResult=resulttf.getText();          //将当前文本框中的数值存入 newResult
    isNew=true;                            //将输入状态置为 true
  }
else if(e.getSource()==equbtn)            //如果是等号"="按钮产生的动作
  {
    try
    {
    double num1=Double.parseDouble(newResult);      //获取已经输入的数值
    double num2=Double.parseDouble(resulttf.getText());
        //获取文本框中的当前的数值
    double res=0;
    if(newOperator.equals("+"))           //根据已经输入的运算符进行相应的运算
        res=num1+num2;
    else if(newOperator.equals("-"))
        res=num1-num2;
    else if(newOperator.equals(" * "))
        res=num1 * num2;
    else if(newOperator.equals("/"))
        res=num1/num2;
    resulttf.setText(""+res);
    }catch(NumberFormatException e1)
    {
    }catch(NullPointerException e2 )
    {
    }
    newOperator=null;
    newResult=null;
    isNew=true;
  }
else if(e.getSource()==potbtn)            //如果是小数点"."按钮产生的动作
  {
  if(resulttf.getText().indexOf(".")! =-1)
      //若文本框中已输入小数点,则新输入的小数点不作处理
      return;
  if(! isNew&&resulttf.getText()! ="")
      //若不是第一个输入的字符,则将小数点连在原字符的后面
      resulttf.setText(resulttf.getText()+".");
  else
```

193

```
        resulttf. setText("0. ");                    //若是第一个输入的字符则显示"0."
        isNew=false;
      }
    }
  public   static void main(String args[])
  {
      new Calculator();
  }
}
```

读者可以继续完善该程序,比如添加键盘响应、增加清除、记忆、其他运算功能等。

8.5 文本、图形的基本操作

Java 中文版图形的基本操作可以通过 Graphics,Font 和 Color 类完成。

8.5.1 绘制文本

Java 中的文本是以图形方式绘制的。若要在某个容器中绘制文本,可以在容器的 paint 方法中加入 Graphics 类的如下方法:

public abstract void drawString(String str,int x,int y)

在坐标(x,y)处绘制字符串 str。

public void drawChars(char[] data,int offset,int length,int x,int y)

在坐标(x,y)处绘制字符数组 data 中 offset 位置开始的 length 个字符。

public void drawBytes(byte[] data,int offset,int length,int x,int y)

在坐标(x,y)处绘制字节数组 data 中 offset 位置开始的 length 个字符。

例 8.15: 在框架窗口中显示文本实例,程序运行结果如图 8-11 所示。

```
import java. awt. * ;
import java. awt. event. * ;
public class DrawText extends Frame
{char cs[]={'非','常','欢','迎','使','用','J','a','v','a','。'};
 byte bs[]={'T','h','a','n','k',' ','y','o','u','.'};
 public DrawText(String str)
 {
 super(str);
 }
public static void main(String args[])
 {
     DrawText f=new DrawText("文本绘制举例");
     f. addWindowListener(new WindowAdapter()
     {
       public void windowClosing(WindowEvent e)
```

```
                {System. exit(0);}
            });
        f. setSize(300,200);
        f. setVisible(true);

    }
    public void paint(Graphics g)
        {
        g. drawString("我喜欢学习 Java!",90,70);          //直接绘制字符串
        g. drawChars(cs,2,9,90,100);                      //绘制字符数组中的字符串
        g. drawBytes(bs,0,10,90,130);                     //绘制字节数组中的字符串
        }
    }
```

在输出文本时,如果不加设置,则使用系统默认的颜色和字体输出,当然还可以借助 Font 类设置文本的字体,借助 Color 类设置文本的颜色。

8.5.2　字体(Font)

Font 类用来描述字体的名称(Name)、大小(Size)和样式(Style)。设置文本的字体,首先要创建 Font 类的对象,然后通过 Graphics 类的 setFont()方法使其生效。

Font 类的构造方法:

public Font(String name,int style,int size)

其中 name 为字体名称,取值可以是宋体、黑体、楷体、Arial、Courier、Helvetica、Times-Roman 等,注意字体名称在不同的平台上可能有所不同。

style 为字形,取值可以是 Font. PLAIN(常规)、Font. BOLD(加粗)、Font. IITALIC(倾斜)和 Font. BOLD+Font. ITALIC(加粗并倾斜),分别对应整型值 0~3。

size 为字号,用像素点来表示,1 点=1/72 英寸。

Graphics 类中关于字体操作的两个重要方法 setFont()和 getFont()。

public abstract void setFont(Font font)

用于设置当前字体,其参数为 Font 类对象。

public abstract Font getFont()

用于获取当前字体,返回值为 Font 类对象。

例 8.16:对例 8.15 中显示的文本设置字体。

只需要对 paint 方法进行如下修改:

```
public void paint(Graphics g)
    {
    Font ft=new Font("楷体_GB2312",Font. BOLD,15);
    g. setFont(ft);
    g. drawString("我喜欢学习 Java!",90,70);
    g. drawChars(cs,2,9,90,100);
```

195

```
        g. setFont(new Font("Times New Roman",Font. ITALIC,16));
        g. drawBytes(bs,0,10,90,130);
    }
```

程序的输出结果如图 8-12 所示。

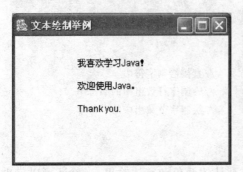

图 8-11　文本绘制举例　　　　　图 8-12　设置文本字体举例

创建一个 Font 类对象后,就可以使用 Font 类提供的成员方法来获取字体、字形等方面的信息。Font 类提供的常用成员方法如下所示。

public String getFontName():获取字体的全称。

public String getName():获取字体名称。

public String getFamily():获取字体族名,相关的字体具有相同的族名。

public int getStyle():获取字形信息,返回的是整型值。

public int getSize():获取字号大小。

public boolean isPlain():判断是否为正常字形,若为正常体返回 true,否则返回 false。

public boolean isBold():判断是否为加粗字形,若为加粗返回 true,否则返回 false。

public boolean isItalic():判断是否为倾斜字形,若为斜体返回 true,否则返回 false。

例 8.17:获取系统默认的字体信息。

可以将 paint 方法写成如下形式:

```
public void paint(Graphics g)
    {
        Font ft=g. getFont();
        g. drawString("字体族名:"+ft. getFamily(),90,70);
        g. drawString("字体名:"+ft. getName(),90,90);
        g. drawString("字体全称:"+ft. getFontName(),90,110);
        g. drawString("字形:"+ft. getStyle(),90,130);
        g. drawString("字号:"+ft. getSize(),90,150);
    }
```

图 8-13　获取系统默认字体举例

运行结果如图 8-13 所示。

8.5.3　颜色(Color)

图形化界面的设计离不开颜色的设置,缤纷的色彩使程序的可视性更强。Java 中的颜色是通过红(R)、绿(G)、蓝(B)三原色混合得到的,其中 R,G,B 的取值范围应在 0~255 之间,数值的大小表示颜色的亮度。比如 R 值为 255 表示红色是饱和的,若 R=255,G=0,B=0,则混合出的颜色为红色;若 R=255,G=255,B=255,则混合出的颜色为白色;若 R=0,G=0,B=0,则混合出的颜色为黑色。

使用颜色有两种方法:一种是直接使用 Color 类的颜色常量,Java 提供了 13 种颜色常量,如表 8-3 所示。比如 Color. red 或 Color. RED 表示红色,Color. blue 或 Color. BLUE 表示蓝色。另一种方法是使用 Color 类的构造方法创建颜色对象,Color 类的构造方法如下:

public Color(int r,int g,int b)

创建一个颜色对象,其中 R,G,B 取值为 0~255 之间的整数。

public Color(int rgb)

创建一个颜色对象,其中 rgb 为红绿蓝三种颜色的组合值(10 进制颜色的组合值的公式为:R * 256 * 256+G * 256+B,其中 R,G,B 的取值为 0~255,分别表示红绿蓝的数值)。

public Color(float r,float g,float b)

创建一个颜色对象,其中 R,G,B 取值为 0.0~1.0 之间的浮点数,表示红绿蓝三种颜色的比例。

表 8-3　Java 提供的颜色常量

颜色数据成员常量	颜　色	RGB 值
public final static Color red	红	255,0,0
public final static Color green	绿	0,255,0
public final static Color blue	蓝	0,0,255
public final static Color black	黑	0,0,0
public final static Color while	白	255,255,255
public final static Color yellow	黄	255,255,0
public final static Color orange	橙	255,200,0
public final static Color cyan	青蓝	0,255,255
public final static Color magenta	洋红	255,0,255
public final static Color pink	淡红色	255,175,175
public final static Color gray	灰	128,128,128
public final static Color lightGray	浅灰	192,192,192
public final static Color darkGray	深灰	64,64,64

Graphics 类中关于颜色的两个重要方法 setColor()和 GetColor()。

public abstract void setColor(Color c)

用于设置当前的颜色,其参数 Color 类的对象。

public abstract Color getColor()

用于获取当前的颜色,返回值为 Color 类的对象。

例 8.18：在例 8.15 的 paint 方法中加入颜色设置。

```
public void paint(Graphics g)
{
    g.setColor(Color.RED);                    //将当前颜色设为红色
    g.drawString("我喜欢学习 Java!",90,70);
    g.setColor(new Color(0,255,0));           //将当前颜色设为绿色
    g.drawChars(cs,2,9,90,100);
    g.setColor(new Color(0.0f,0.0f,1.0f));    //将当前颜色设为蓝色
    g.drawBytes(bs,0,10,90,130);
}
}
```

运行结果如图 8 - 14 所示。

读者可以将字体和颜色设置程序合在一起，看一下运行效果。

此外，Color 类还提供了一些获取颜色信息的成员方法，如下所示：

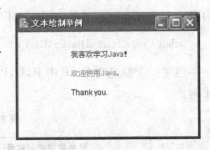

public int getRed()：获得对象的红色值

public int getGreen()：获得对象的绿色值

public int getBlue()：获得对象的蓝色值

public int getRGB()：获得对象的 RGB 值

public Color brighter()：获取此颜色的一种更亮版本

public Color darker()：获取此颜色的一种更暗版本

图 8 - 14 文本的颜色设置举例

8.5.4 绘制图形

Graphics 类，除了具有绘制文字的方法 drawString() 外，还提供了丰富的绘制图形的方法，比如画线、画矩形、画圆形、画多边形等等。

1. 画线

public abstract void drawLine(int x1,int y1,int x2,int y2)

从点 (x1,y1) 到点 (x2,y2) 绘制一条直线。

2. 绘制矩形

public void drawRect(int x, int y,int width,int height)

绘制一个宽为 width，高为 height 的矩形，其左上角位于 (x1,y1) 处。

public abstract void fillRect(int x, int y, int width, int height)

绘制一个宽为 width，高为 height 的填充矩形，其左上角位于 (x1,y1) 处。

public void draw3DRect(int x, int y, int width,int height,boolean raised)

绘制一个宽为 width，高为 height 的 3D 效果矩形，其左上角位于 (x1,y1) 处，其中 raised 为 true 时，表示图形呈凸起效果，为 false 表示图形呈凹下效果。

public void fill3DRect(int x, int y,int width, int height, boolean raised)

绘制一个宽为 width,高为 height 的 3D 效果的填充矩形,其左上角位于(x1,y1)处,其中 raised 为 true 时,表示图形呈凸起效果,为 false 表示图形呈凹下效果。

public abstract void drawRoundRect(int x,int y,int width,int height,int arcWidth,int arcHeight)

绘制一个宽为 width,高为 height 的圆角矩形,其左上角位于(x1,y1)处,圆角的宽为 arc-Width,高为 arcHeight。

public abstract void fillRoundRect(int x, int y, int width, int height,int arcWidth,int arcHeight)

绘制一个宽为 width,高为 height 的圆角填充矩形,其左上角位于(x1,y1)处,圆角的宽为 arcWidth,高为 arcHeight。

3. 绘制椭圆

public abstract void drawOval(int x, int y, int width, int height)

绘制一个宽为 width,高为 height 的椭圆,其外切矩形的左上角坐标为(x,y)。

public abstract void fillOval(int x, int y, int width, int height)

绘制一个宽为 width,高为 height 的填充椭圆,其外切矩形的左上角坐标为(x,y)。

public abstract void drawArc(int x, int y,int width,int height,int startAngle,int arcAngle)

绘制一段弧线,该弧位于宽为 width,高为 height 的椭圆上,椭圆的外切矩形的左上角坐标为(x,y),弧线开始弧度为 startAngle,结束弧度为 arcAngle。

public abstract void fillArc(int x, int y,int width,int height,int startAngle,int arcAngle)

绘制一个扇形区域。该区域位于宽为 width,高为 height 的椭圆上,椭圆的外切矩形的左上角坐标为(x,y),扇形开始弧度为 startAngle,结束弧度为 arcAngle。

4. 绘制多边形

Polygon 的构造方法为:

public Polygon(int[] xpoints, int[] ypoints, int npoints)

其中 npoints 为多边形顶点的个数,xpoints 存放各个顶点的 x 坐标,ypoints 存放各个顶点的 y 坐标。

public void drawPolygon(Polygon p)

利用指定的 Polygon 对象 p 绘制一个多边形。

public abstract void drawPolygon(int[] xPoints,int[] yPoints, int nPoints)

绘制具有 nPoints 个顶点的多边形,每个顶点的坐标由数组 xPoints,yPoints 的元素确定。

public abstract void drawPolyline(int[] xPoints, int[] yPoints,int nPoints)

绘制一条由 nPoints 个点依次连接的折线,每个点的坐标由数组 xPoints 和 yPoints 元素确定。如果数组的首尾元素值相同时,则为一个多边形,否则为不封闭图形。

public abstract void fillPolygon(int[]xPoints,int[]yPoints,intnPoints)

绘制具有 nPoints 个顶点的填充多边形,每个顶点的坐标由数组 xPoints,yPoints 的元素确定。

public void fillPolygon(Polygon p)

利用指定的 Polygon 对象 p 绘制一个填充多边形。

例 8.19:利用 Graphics 类的各种绘图方法绘制一个机器人图案。

```java
import java.awt.*;
import java.awt.event.*;
public class DrawGraph extends Frame
{
 public DrawGraph(String str)
 {
  super(str);
 }
 public static void main(String args[])
 {
    DrawGraph f＝new DrawGraph("图形绘制举例");
    f.addWindowListener(new WindowAdapter()
    {
      public void windowClosing(WindowEvent e)
        {System.exit(0);}
    });
    f.setSize(300,400);
    f.setVisible(true);

 }
 public void paint(Graphics g)
 {int x[]＝{150,100,135,175,200,150};
  int y[]＝{120,160,220,220,150,120};
  g.setColor(Color.BLUE);
  g.drawRect(110,50,80,70);            //用矩形绘制头部
  g.fillOval(120,65,25,20);            //用椭圆绘制眼睛
  g.fillOval(155,65,25,20);
  g.drawArc(135,85,25,20,-20,-140);    //用弧线绘制嘴巴
  g.drawPolygon(x,y,6);                //用多边形绘制身体
  g.drawLine(70,120,100,160);          //用直线绘制右胳膊
  g.drawOval(50,90,25,30);             //用椭圆绘制右手
  g.drawLine(200,150,250,110);         //用直线绘制左胳膊
  g.drawOval(240,80,25,30);            //用椭圆绘制左手
  g.drawLine(140,220,100,280);         //用直线绘制右腿
  g.drawOval(80,280,25,30);            //用椭圆绘制右脚
  g.drawLine(170,220,200,280);         //用直线绘制左腿
  g.drawOval(190,280,25,30);           //用椭圆绘制左脚
 }
}
```

程序运行结果如图 8-15 所示。

5. 复制图形

在制作动画时,常常需要将一个图形稍微移动位置后重新显示出来,即将图中的一块区域复制到另一块区域中。Graphics 类提供的 copyArea 方法就是实现这一操作的。其格式如下:

copyArea(int x,int y,int width,int height,int dx,int dy)

其中 x,y 为被复制区域矩形的左上角顶点坐标,width,height 分别为该矩形的宽度和高度,dx 和 dy 分别表示从(x,y)开始的偏移量,也即复制出的矩形区域的左上角坐标为(x+dx,y+dy)。

例如:在例 8.19 的 paint 方法最后加一句:

g.copyArea(0,0,300,400,300,0);

则会很容易通过复制方法绘制出两个一模一样的机器人,如图 8-16 所示。

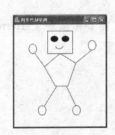

图 8-15　利用图形绘制方法绘制机器人效果

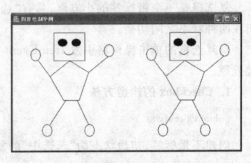

图 8-16　利用复制图形方法绘制机器人

6. 绘图模式

AWT 提供了覆盖模式和异或模式两种绘图模式,系统默认为覆盖模式。

(1) 覆盖模式:在一个图形上绘制另一个图形时,直接将后一图形覆盖在前一个图形的上面,使前一图形中与后一图形的重叠部分不可见。

(2) 异或模式:在绘制单层图形时,将背景色、当前绘图颜色以及设定的异或颜色进行异或运算,根据异或结果显示颜色;在一个图形上绘制另一个图形时,将两个图形的重叠区域的颜色以及设定的异或颜色进行像素异或运算,根据异或结果显示颜色。异或模式由 Graphics 类的成员方法 setXOR-Mode()来设置,格式如下:

setXORMode(Color c)

例如:若在例中 paint 方法最后加上:

g.setXORMode(Color.red);
g.fillOval(120,65,30,20);
g.fillOval(155,65,30,20);

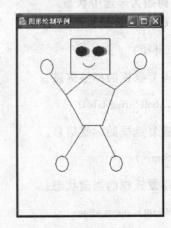

图 8-17　异或绘图模式下机器人绘制效果

则将输出如图 8-17 所示。

从结果可以看出,机器人的原来眼睛为蓝色,在设置为异或绘图模式后,再次绘制两只比原来稍大的眼睛后,两次重叠部分,呈现红色,未重叠部分为绿色。

其中,重叠部分:背景色为蓝色(0,0,255)、当前绘制颜色为蓝色(0,0,255)、异或颜色为红色(255,0,0),三者相异或为(255,0,0)红色;未重叠部分:背景色为白色(255,255,255),当前绘制颜色为蓝色(0,0,255),异或颜色为红色(255,0,0),三者相异或为(0,255,0)绿色。

若想从异或模式恢复为覆盖模式,可以使用 Graphics 类的 setPaintMode()方法。

8.6 复选框、单选按钮、组合框和列表框

8.6.1 复选框(Checkbox)

复选框是一个带标签的小方框,具有"选中"与"未选中"两种状态,用户可以通过鼠标的单击在两种状态之间切换。

对复选框的单击操作将引发 ItemEvent 事件。该事件需要由实现了 ItemListener 接口的类处理。

1. Checkbox 的构造方法

public Checkbox( )

创建不带标签、初始状态为"未选中"的复选框。

public Checkbox(String label)

创建一个带标签、初始状态为"未选中"的复选框。

public Checkbox(String label, boolean state)

创建一个带标签,并设定初始状态的复选框,其中 state 为 true 则初始为选中状态,为 false 则初始为未选中状态。

2. Checkbox 的常用方法

getLabel()

获得复选框的标签信息。

setLabel(String label)

设置复选框的标签信息。

getState()

获得复选框的当前状态。

setState(boolean state)

设置复选框的选中状态。

例 8.20:根据复选框的选项设置文本域中文字的字体。

```
import java.awt. * ;
import java.awt.event. * ;
```

```
class MyCheckbox extends WindowAdapter implements ItemListener
{
    Frame f;
    Panel p1;
    Checkbox bold,italic;
    TextField tf;
    public void go( )
    {
        f = new Frame("复选框举例");
        p1 = new Panel(new FlowLayout(FlowLayout.CENTER,30,30));
        //创建两个复选框,放在面板 p1 中,再将 p1 放入窗口的上方
        bold = new Checkbox("粗体");
        italic = new Checkbox("斜体");
        p1.add(bold);
        p1.add(italic);
        f.add(p1,"North");
        //添加复选框的项目事件监听器
        bold.addItemListener(this);
        italic.addItemListener(this);
        //创建文本框,放在窗口的下方
        tf = new TextField("这是一个例子。");
        f.add(tf,"South");

        //添加窗口事件监听器
        f.addWindowListener(this);
        f.setSize(300,150);
        f.setVisible(true);
    }

    //实现 ItemListener 接口中的 itemStateChanged( )方法
    public void itemStateChanged(ItemEvent e)
    { boolean a,b;
        a= bold.getState();
        b= italic.getState();
        if  ( ( ! a  ) &&  b )
            tf.setFont(new Font("宋体",Font.ITALIC,12));
        else if  ( a && ( ! b ) )
            tf.setFont(new Font("宋体",Font.BOLD,12));
        else if  ( a  &&  b )
            tf.setFont(new Font("宋体",Font.BOLD+Font.ITALIC,12));
        else
            tf.setFont(new Font("宋体",Font.PLAIN,12));
    }

    //覆盖 WindowAdapter 类中的 windowClosing( )方法
```

```
        public void windowClosing(WindowEvent e)
        {
            System. exit(0);
        }
        public static void main(String args[])
        {
            MyCheckbox mc  = new MyCheckbox( );
            mc. go( );
        }
    }
```

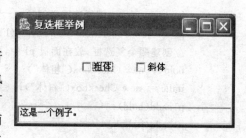

图 8 - 18　复选框举例

　　程序的运行结果如图 8－18 所示。当项目监听器检测到两个复选框中任何一个被单击时,都会执行 itemStateChanged(ItemEvent e)方法。在该方法中采用获取复选框状态的方法 getState()检测两个复选框被选的状态,根据不同的状态设置文本区中的字体。

8.6.2　单选按钮

　　单选按钮是一个小圆圈,具有"选中"和"未选中"两种状态,可以通过鼠标的单击在两种状态之间切换,通常将多个单选按钮放在一个单选按钮组中,其中只能有一个单选按钮处于"选中"状态,其他单选按钮为"未选中"状态。Java 没有为单选按钮设计专门的类,而是通过将复选框(Checkbox)放入复选框组(CheckboxGroup)中来实现。

1. 复选框组 CheckboxGroup 的构造方法

CheckboxGroup()

2. 复选框组 CheckboxGroup 的常用方法

getSelectedCheckbox()

获得选中的单选按钮。

setSelectedCheckbox(Checkbox box)

将某个单选按钮设为选中状态。

3. Checkbox 中与单选按钮有关的构造方法

public Checkbox(String label, boolean state, CheckboxGroup group)

创建一个单选按钮放入复选框组,表面文字为 Label,状态为 state。

public Checkbox(String label, CheckboxGroup group, boolean state)

创建一个单选按钮放入复选框组,表面文字为 Label,状态为 state。

例 8.21:创建一个选择性别的窗口,并在窗口下方显示当前选择的男女生的人数。

import java. awt. * ;
import java. awt. event. * ;

```
class MyCheckboxGroup    extends WindowAdapter implements ItemListener
 {
    Frame f;
    Panel p1;
    Checkbox boy,girl;
    CheckboxGroup cbg;
    Label    lb;
    static int boys,girls;              //静态变量用来统计男女生的人数
    public void go( )
     {
        f = new Frame("单选按钮举例");
        p1＝new Panel(new FlowLayout(FlowLayout. CENTER,30,30));
        //创建复选框组,并在其上创建两个复选框,即构成单选按钮
        cbg＝new CheckboxGroup();
        boy = new Checkbox("男",cbg,false);
        girl = new Checkbox("女",cbg,false);
        //将单选按钮放在面板 p1 上
        p1. add(boy);
        p1. add(girl);
        //将面板放在窗口上方
        f. add(p1,"North");
        //为单选按钮添加项目事件监听器
        boy. addItemListener(this);
        girl. addItemListener(this);
        //创建标签,放在窗口下方
        lb = new Label("",Label. CENTER);
        f. add(lb,"South");
        //为窗口添加窗口事件监听器
        f. addWindowListener(this);
        f. setSize(300,150);
        f. setVisible(true);
     }


    //实现 ItemListener 接口中的 itemStateChanged( )方法
    public void itemStateChanged(ItemEvent e)
     {
        if (e. getSource()＝＝boy)
               boys＋＋;
        else
               girls＋＋;
        lb. setText("当前男生为:"＋boys＋"人,女生为:"＋girls＋"人。");
     }
    //覆盖 WindowAdapter 适配器类中的 windowClosing()方法
    public void windowClosing(WindowEvent e)
     {
```

```
            System. exit(0);
    }
    public static void main(String args[])
    {
        MyCheckboxGroup mcg = new MyCheckboxGroup( );
        mcg. go( );
    }
}
```

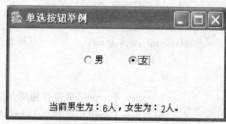

程序运行结果如图 8-19 所示。**注意**,要实现单选按钮,首先创建复选框组,然后借助复选框组创建单选按钮,最后要将各个单选按钮依次放置在容器中。本例是将单选按钮放置在面板 p1 上,然后将面板放在窗口上,这是为了窗口组件的布局需要。

图 8-19　单选按钮举例

8.6.3　组合框(Choice)

组合框又称为下拉列表框,是一个带有三角箭头的文本框。当用鼠标点击箭头时,会出现一个列表。当列表中项目过多时会自动出现滚动条,可以在列表中选择一项内容作为组合框的取值。组合框中各个项目是有顺序的,编号从 0 开始,依次排列。

1. Choice 的构造方法

Choice()

创建一个组合框。

2. Choice 的常用方法

public void add(String item)

将 item 添加到组合框中。

public void insert(String item,int index)

将 item 插入组合框的第 index 位置上。

public void remove(String item)

删除组合框中的值为 item 的项。

public void remove(int position)

删除组合框中第 position 项。

public void removeAll()

删除组合框中的所有项。

public String getSelectedItem()

返回组合框被选中的项值。

public int getSelectedIndex()

返回组合框被选中项的编号。

public int getItemCount()

返回组合框中的选项总数。

public void select(int pos)

选中组合框第 pos 位置的项。

public void select(String str)

选中组合框中值为 str 的项。

public void addItemListener(ItemListener l)

为组合框添加项目事件监听器。

例如：

```
Choice   c＝new Choice();        //创建一个空的组合框
c.add("二年级");                 //在组合框第一行添加项目"二年级"
c.add("三年级");                 //在组合框第二行添加项目"三年级"
c.insert("一年级",0);            //将项目"一年级"插入组合框的第一行,其他行依次向下串
```

8.6.4　列表框(List)

列表框是一个显示多项列表的矩形区域。当列表项过多时,会自动出现滚动条,可以在列表中选择一项或多项内容。列表框的各项也是从 0 开始编号的。

1. List 的构造方法

public List()

创建一个列表框,可容纳 4 行选项,不允许多选。

public List(int rows)

创建一个指定行数的列表框,不允许多选。

public List(int rows,boolean multipleMode)

创建一个指定行数的列表框,可以设定是否多选。

2. List 的常用方法

public void add(String item)

将 item 添加到列表框当前位置上。

public void add(String item,int index)

将 item 添加到列表框的第 index 位置上。

public void addActionListener(ActionListener l)

为列表框添加动作事件监听器。

public void addItemListener(ItemListener l)

为列表框添加项目事件监听器。

public void setMultipleMode(boolean b)

将列表框设置为多选。

public void select(int index)

选中列表框的 index 项。

public void replaceItem(String newValue, int index)

用 newValue 替换列表框第 index 位置的项。

public void removeAll()

删除列表框的所有项。

public void remove(String item)

删除列表框中第一次出现的 item 项。

public void remove(int position)

删除列表框的第 position 位置的项。

public int getRows()

返回列表框中可见的行数。

public int getSelectedIndex()

返回列表框中所选项(单项)的编号。

public int[] getSelectedIndexes()

返回列表框中所选项(多项)的编号。

public String getSelectedItem()

返回列表框中所选项(单项)的值。

public String[] getSelectedItems()

返回列表框中所选项(单项)的值。

public int getItemCount()

返回列表框的项数。

public String[] getItems()

返回列表框所有项的值。

public String getItem(int index)

返回列表框中的第 index 项的值。

例 8.22：将在组合框中所选择的歌曲名称依次添加到列表框中。当单击列表框中的某一项时,将从列表框中删除。

```
import java. awt. * ;
import java. awt. event. * ;
public class MyChoiceList extends WindowAdapter implements ItemListener
{
  Frame f;
  Choice ch;
  List ls;
  public void go()
  {
    Frame f＝new Frame("组合框与列表框举例");
    f. setLayout(new FlowLayout());
    //创建组合框,并添加歌曲的名称
ch＝new Choice();
    ch. add("平安夜");
    ch. add("雪绒花");
    ch. add("毕业生");
    ch. add("我的太阳");
    f. add(ch);
    ch. addItemListener(this);              //为组合框添加项目事件监听器
    ls＝new List(10);                       //创建列表框
    f. add(ls);
   ls. addItemListener(this);               //为列表框添加项目事件监听器
    f. addWindowListener(this);             //为窗口添加窗口事件监听器
    f. setSize(280,200);
    f. setVisible(true);
  }
public void windowClosing(WindowEvent e)
  {
    System. exit(0);
  }
public void itemStateChanged(ItemEvent e)
{
    if (e. getSource()＝＝ch)
      ls. add(ch. getSelectedItem());        //将组合框中所选的项目添加到列表框中
    else if (e. getSource()＝＝ls)
      ls. remove(ls. getSelectedIndex());     //从列表框中删除当前所选的项目
}
public static void main(String args[])
{
  MyChoiceList mcl＝new MyChoiceList();
  mcl. go();
}
}
```

程序的运行结果如图 8-20 所示,程序中 ch. getSelectedItem() 是获得组合框 ch 当前所选的项目,ls. add(ch. getSelectedItem()) 则是将组合框中所选的项目加入列表框 ls,ls. getSelectedIndex() 是获得列表框当前所选的项目,ls. remove(ls. getSelectedIndex()) 是将列表框当前所选的项目从列表框中删除。

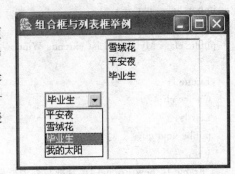

图 8-20　组合框与列表框举例

8.7　菜单组件

Java 中菜单的设计要用到 MenuBar(菜单条)、Menu(菜单)、MenuItem(菜单项)三个类。菜单的设计通常是将若干个菜单项添加在菜单上,然后将若干个菜单添加到菜单条,最后将菜单条添加到容器上。

8.7.1　菜单项(MenuItem)

1. MenuItem 的构造方法

public MenuItem()

创建一个空白的菜单项。

public MenuItem(String label)

创建一个标识为 label 的菜单项。

public MenuItem(String label,MenuShortcut s)

创建一个标识为 label,快捷键为 s 的菜单项。

2. MenuItem 的常用方法

public void addActionListener(ActionListener l)

添加动作事件监听器。

public String getActionCommand()

获得引起动作事件的菜单项。

public String getLabel()

获得菜单项的标识。

void setLabel(String label)

设置菜单项的标识。

public void setEnabled(boolean b)

设置菜单项是否可用(b 为 true 可用,false 为不可用)。

public void setShortcut(MenuShortcut s)

设置菜单项对应快捷键。s 为 MenuShortcut 类对象,表示快捷键。

MenuShortcut 的构造方法有两个:

MenuShortcut(int key)

MenuShortcut(int key,boolean useShiftModifier)

其中,key 表示快捷键的虚拟键码,可以通过调用 KeyEvent 类(在 java.awt.Event 包中)的静态属性获得,具体参见表 8-1。

useShiftModifier 表示是否按下 shift 键(为 true 表示同时按下 shift 键,为 false 表示不用按下 shift 键)。

例如:

MenuItem mi1=new MenuItem("新建");

MenuItem mil2=new MenuItem();

mil2.setLabel("打开");

mil1.setShortcut(new MenuShortcut(KeyEvent.VK_A,false));

//为"新建"菜单添加快捷键"ctrl+a"

8.7.2 菜 单(Menu)

1. Menu 的构造方法

public Menu()

创建一个空白菜单。

public Menu(String label)

创建一个标识为 label 的菜单。

public Menu(String label,boolean tearOff)

创建一个标识为 label 的菜单,并通过 tearoff 指定该菜单是否可以去掉,tearoff 为 true 表示可以去掉该菜单,为 false 则不能去掉。

2. Menu 的构常用方法

public MenuItemadd(MenuItem mi)

为菜单添加菜单项 mi。

public void addSeparator()

为菜单添加分割条。

public void insert(MenuItem menuitem,int index)

将菜单项 menuitem 添加到菜单的 index 位置上。

public MenuItem getItem(int index)

取得菜单第 index 位置上的菜单项。

8.7.3 菜单条（MenuBar）

1. MenuBar 的构造方法

public MenuBar()

创建一个菜单条。

2. MenuBar 的常用方法

public Menu add(Menu m)

添加一个菜单 m。

public void setHelpMenu(Mcnu m)

添加帮助菜单。

public int getMenuCount()

获得菜单条上的菜单总数。

public Menu getMenu(int i)

获得第 i 个菜单。

public void remove(int index)

删除第 index 位置的菜单。

若将菜单条放置在窗口容器中，可以使用窗口容器的 setMenuBar(MenuBar mb)方法。

例 8.23：创建一个带有菜单的记事本界面，如图 8-21 所示。其中文件菜单包括新建、打开、保存和退出菜单项，编辑菜单包括剪切、复制、粘贴菜单项，格式菜单包括自动换行、字体菜单项。

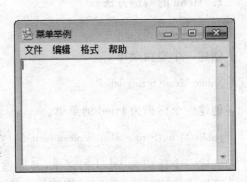

图 8-21　带菜单的记事本界面

```
import java.awt. * ;
import java.awt.event. * ;
public class MyMenu extends WindowAdapter implements ActionListener
{
  Frame f;
  MenuBar mb;
  Menu fm,em,om,hm;
  MenuItem   newMI,openMI,saveMI,exitMI,cutMI,copyMI,pasteMI,lineMI,fontMI;
  TextArea   ta;
  public void go()
  {
    f＝new Frame("菜单举例");

    //创建文本区并添加到窗口中
    ta＝new TextArea(20,20);
```

```
        f.add(ta,"Center");

        //创建菜单条并添加到窗口上
        mb=new MenuBar();
        f.setMenuBar(mb);

        //创建各个菜单并添加到菜单条中
        fm=new Menu("文件");
        em=new Menu("编辑");
        om=new Menu("格式");
        hm=new Menu("帮助");
        mb.add(fm);
        mb.add(em);
        mb.add(om);
        mb.setHelpMenu(hm);

        //创建文件菜单中的各个菜单项
        newMI=new MenuItem("新建");
        openMI=new MenuItem("打开");
        saveMI=new MenuItem("保存");
        exitMI=new MenuItem("退出");
        fm.add(newMI);
        fm.add(openMI);
        fm.add(saveMI);
        fm.addSeparator();
        fm.add(exitMI);

        //创建编辑菜单的各个菜单项
        cutMI=new MenuItem("剪切");
        copyMI=new MenuItem("复制");
        pasteMI=new MenuItem("粘贴");
        em.add(cutMI);
        em.add(copyMI);
        em.add(pasteMI);

        //创建格式菜单的各个菜单项
        lineMI=new MenuItem("自动换行");
        fontMI=new MenuItem("字体");
        om.add(lineMI);
        om.add(fontMI);

    //为文件菜单中的各个菜单项添加监听器
        newMI.addActionListener(this);
        openMI.addActionListener(this);
        saveMI.addActionListener(this);
```

213

```
    exitMI. addActionListener(this);

    //为窗口添加监听器
    f. addWindowListener(this);
    f. setSize(300,200);
    f. setVisible(true);
    }
public void actionPerformed(ActionEvent e)
  {
   if(e. getSource()==exitMI)
     System. exit(0);
  }
public void windowClosing(WindowEvent e)
{
   System. exit(0);
  }
public static void main(String args[])
{
  MyMenu mm= new MyMenu();
  mm. go();
  }
}
```

以上程序中,除了退出菜单项,其他菜单项并没有具体的事件处理程序,这些将在 8.8.2 中说明。另外,如果要为各个菜单项添加快捷键,比如为"新建"添加快捷键"Ctrl+N"可以使用如下语句创建"新建"菜单项:

```
newMI= new MenuItem("新建",new MenuShortcut(KeyEvent. VK_N));
```

8.8 对话框组件

8.8.1 对话框(Dialog)

对话框 Dialog 类是 Window 类的子类。它依赖于某个窗口(Frame)或对话框(Dialog)。当窗口或对话框消失时,该对话框也将消失。Dialog 默认的布局管理器是 BorderLayout。

1. Dialog 的构造方法

public Dialog(Frame owner)
public Dialog(Frame owner, String title)
public Dialog(Frame owner, boolean modal)
public Dialog(Frame owner, String title,boolean modal)
public Dialog(Dialog owner)
public Dialog(Dialog owner, String title)
public Dialog(Dialog owner, boolean modal)
public Dialog(Dialog owner, String title)

public Dialog(Dialog owner, String title, boolean modal)

其中,参数 owner 指定该对话框所依赖的对象,可以是 Frame 对象,也可以是 Dialog 对象;参数 title 用于设定对话框的标题;参数 modal 用于设定对话框的模式,其值为 true 时,表示对话框为独占模式。当该对话框被激活时,用户不能进行对话框外的操作,其值为 false 时,则无此限制。

2. Dialog 的常用方法

public String getTitle()

获得对话框的标题。

public void setTitle(String title)

设置对话框的标题。

public void show()

使对话框可见。

public void hide()

隐藏对话框。

注意,用构造方法创建的对话框是没有大小而且不可见的,必须利用 setSize() 方法设置大小,利用 setVisible() 方法或 show() 方法使其可见。对话框是容器组件,但在创建时其表面没有任何组件,用户需要自行添加其他组件。

例 8.24:编程实现如图 8-22 所示功能。当单击窗口中的"启动对话框"按钮时,屏幕上弹出对话框,对话框上显示"您已进入对话框"。如果单击对话框中的"确定"按钮或对话框的关闭按钮时,对话框消失。

图 8-22 对话框举例

```
import java. awt. event. * ;
import java. awt. * ;
class MyDialog extends Dialog implements ActionListener
{
 Label lb;
 Button bt;

 MyDialog(Frame f,String title,boolean modal)
  {
  super(f,title,modal);              //创建对话框
  setLayout(new FlowLayout(FlowLayout. CENTER,60,15));     //设置流式布局管理器
  lb=new Label("您已进入对话框");      //创建标签"您已进入对话框"并将其放入对话框
  add(lb);
  bt=new Button("确定");              //创建"确定"按钮,添加动作监听,并将其放入对话框
```

215

```
        bt. addActionListener(this);
        add(bt);
        addWindowListener(new WindowAdapter()
                        {                           //当单击对话框的关闭按钮时,隐藏对话框
                          public void windowClosing(WindowEvent e)
                          { hide();
                          }
                        }
                  );
        setLocation(300,300);              //设置对话框的位置
        setSize(200,120);                  //设置对话框的大小
        setResizable(false);               //设置对话框为固定大小
    }
    public void actionPerformed(ActionEvent e)
    {
        if(e. getSource()==bt)             //当单击"确定"按钮时,隐藏对话框
          hide();
    }
}
public class DialogExample extends WindowAdapter implements ActionListener
{ Frame f;
  MyDialog   md;
  Button   b;
  public void go()
  {
    Frame f=new Frame("对话框举例");
    md=new MyDialog(f,"欢迎访问对话框",true);
    //创建独占模式的对话框,其依附对象为框架 f
    b=new Button("启动对话框");
    b. addActionListener(this);
    f. setLayout(new FlowLayout(FlowLayout. CENTER,10,60));
    f. add(b);
    f. addWindowListener(this);
    f. setLocation(200,160);
    f. setSize(300,200);
    f. setVisible(true);
  }
  public void actionPerformed(ActionEvent e)
  {
    if(e. getSource()==b)
      md. show();                         //显示对话框
  }
  public void windowClosing(WindowEvent  e)
  {
    System. exit(0);
```

```
    }

    public static void main(String args[])
    {   DialogExample   de＝new DialogExample();
        de.go();
    }
}
```

8.8.2　文件对话框(FileDialog)

FileDialog 类是 Dialog 的子类,文件对话框主要完成文件的打开和保存等操作。

文件对话框的构造方法:

public FileDialog(Frame parent,String title)

public FileDialog(Frame parent,String title,int mode)

其中参数 parent 指定文件对话框所依赖的窗口,title 指定文件对话框的标题,mode 指定文件对话框的类别:取值有 FileDialog.LOAD(打开对话框)和 FileDialog.SAVE(保存对话框)。

public String getDirectory()

获得对话框中显示文件所在的目录。

public void setDirectory(String dir)

设置对话框的当前目录。

public String getFile()

获得对话框中所选择的文件名。

public void setFile(String file)

设置对话框中所选定的文件名。

public int getMode()

获得文件对话框的类别。

public void setMode(int mode)

设置文件对话框的类别。

例 8.25:完成例 8.23 中的文件菜单中的"新建"、"打开"和"保存"功能(程序中加注释部分为新增内容)。

```
import java.awt.＊;
import java.awt.event.＊;
import java.io.＊;                    //引用 io 包中的类完成文件操作
public class MyFileDialog extends WindowAdapter implements ActionListener
{
  Frame f;
```

217

```
MenuBar mb;
Menu fm,em,om,hm;
MenuItem   newMI,openMI,saveMI,exitMI,cutMI,copyMI,pasteMI,lineMI,fontMI;
TextArea   ta;
FileDialog fileSave,fileLoad;          // 声明保存文件对话框和打开文件对话框
File fl;                               //声明文件对象
public void go()
{
f=new Frame("文件对话框举例");
ta=new TextArea(20,20);
f.add(ta,"Center");
mb=new MenuBar();
f.setMenuBar(mb);
fm=new Menu("文件");
em=new Menu("编辑");
om=new Menu("格式");
hm=new Menu("帮助");
mb.add(fm);
mb.add(em);
mb.add(om);
mb.setHelpMenu(hm);
newMI=new MenuItem("新建",new MenuShortcut(KeyEvent.VK_N));
openMI=new MenuItem("打开",new MenuShortcut(KeyEvent.VK_O));
saveMI=new MenuItem("保存",new MenuShortcut(KeyEvent.VK_S));
exitMI=new MenuItem("退出",new MenuShortcut(KeyEvent.VK_X));
fm.add(newMI);
fm.add(openMI);
fm.add(saveMI);
fm.addSeparator();
fm.add(exitMI);
cutMI=new MenuItem("剪切");
copyMI=new MenuItem("复制");
pasteMI=new MenuItem("粘贴");
em.add(cutMI);
em.add(copyMI);
em.add(pasteMI);

lineMI=new MenuItem("自动换行");
fontMI=new MenuItem("字体");
om.add(lineMI);
om.add(fontMI);
newMI.addActionListener(this);
openMI.addActionListener(this);
saveMI.addActionListener(this);
exitMI.addActionListener(this);
```

```
fileSave=new FileDialog(f,"保存文件话框",FileDialog. SAVE);　//创建保存文件对话框
fileLoad=new FileDialog(f,"打开文件话框",FileDialog. LOAD);　//创建打开文件对话框
fileSave. addWindowListener(this);                                  //为保存文件对话框添加动作监听器
fileLoad. addWindowListener(this);                                  //为打开文件对话框添加动作监听器

f. addWindowListener(this);
f. setSize(300,200);
f. setVisible(true);
}
public void actionPerformed(ActionEvent e)
{
  if(e. getSource()==exitMI)
    System. exit(0);
  else if(e. getSource()==newMI)                  //当单击新建菜单时,清空文本区
    ta. setText("");
  else if(e. getSource()==saveMI)                 //当单击保存菜单时,完成文件的存盘
    {
        fileSave. setVisible(true);                  //使保存文件对话框可见
        if(fileSave. getFile()! =null)              //当保存文件对话框中文件名框中不为空
        {
            try
            {
              fl = new File(fileSave. getDirectory(),fileSave. getFile());
                                               //按当前所选的目录和文件名创建 File 文件对象
            FileWriter fw = new FileWriter(fl); //创建 FileWriter 文件输出流对象
            fw. write(ta. getText());            //将文本区中的内容写入输出流所对应的文件
            fw. close();                         //关闭文件输出流
            }
        catch (IOException ee)
          {
            System. out. println(ee);
          }
        }
    }
  else if(e. getSource()==openMI)                 //当单击打开菜单时,将文件内容显示在文本区中
    {  fileLoad. setVisible(true);               //使打开文件对话框可见
       ta. setText("");                          //清空文本区
       if (fileLoad. getFile()! =null)           //当打开文件对话框中文件名框中不为空
        { try
            {
                fl = new File(fileLoad. getDirectory(),fileLoad. getFile());
                     //按当前所选的目录和文件名创建 File 文件对象
                BufferedReader br = new BufferedReader(new FileReader(fl));
                     //根据所选文件创建输入缓冲流对象
                String str;
```

```
                //将从文件中读取的内容以行为单位显示在文本区中
            while ((str＝br. readLine()) !＝ null)
                ta. append(str＋"\r\n");
            br. close();              //关闭输入缓冲流
        }
        catch (IOException ee)
            {
                System. out. println(ee);
            }
        }
    }
public void windowClosing(WindowEvent e)
{
    if (e. getSource()＝＝fileSave)      //当单击保存文件对话框的关闭按钮时关闭该对话框
        fileSave. setVisible(false);
    else if(e. getSource()＝＝fileLoad)
            //当单击打开文件对话框的关闭按钮时关闭该对话框
        fileLoad. setVisible(false);
    else
        System. exit(0);

}
public static void main(String args[])
{
    MyFileDialog mm＝new MyFileDialog();
    mm. go();
}
}
```

8.8.3 JOptionPane 类实现的对话框

JOptionPane 类位于 javax. swing 包中,利用该类的不同方法可以实现信息对话框、输入对话框、选择对话框、确认对话框等。

1. 显示消息对话框

信息对话框用于显示一些提示性的信息,其表面有一个确定按钮,当单击该按钮可以退出对话框。

信息对话框可以使用 JOptionPane 的下面 3 个方法之一实现:

showMessageDialog(Component parentComponent, Object message)
showMessageDialog(Component parentComponent, Object message,
                String title, int messageType)
showMessageDialog(Component parentComponent, Object message, String title,
                int messageType, Icon icon)

其中参数 parentComponent 指定该对话框所依赖的 Frame,如果值为 null 或不是 Frame 对象,则使用默认的 Frame;

message 指定在对话框中显示的信息;

title 指定该对话框的标题;

messageType 指定消息对话框的类别,取值有:ERROR _ MESSAGE(错误),INFOR-MATION_ MESSAGE(信息),WARNING_ MESSAGE(警告),QUESTION_ MESSAGE (提问),PLAIN_MESSAGE(通常)。

icon 指定在信息对话框中显示的图标。

例 8.26:当单击窗口中的"危险"按钮时,显示警告对话框,如图 8 - 23 所示。

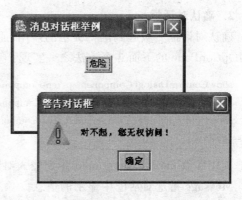

图 8 - 23 利用 JOptionPane 类实现信息对话框

```java
import java. awt. * ;
import java. awt. event. * ;
import javax. swing. * ;
public class MessageDialog extends WindowAdapter implements ActionListener
{    Frame f;
     Button bt;
     public void go()
     {
         f = new Frame("消息对话框举例");
         f. setLayout(new FlowLayout(FlowLayout. CENTER,10,25));
         bt = new Button("危险");
         f. add(bt);
         bt. addActionListener(this);
         f. addWindowListener(this);
         f. setSize(240,160);
         f. setLocation(400,300);
         f. setVisible(true);
     }
     public void windowClosing(WindowEvent e)
     {
         System. exit(0);
     }
     public void actionPerformed(ActionEvent e)
     {
     JOptionPane. showMessageDialog(f,"对不起,你无权访问!","警告对话框",JOptionPane. WARN-
ING_MESSAGE);
     }
     public static void main(String args[])
     {
     MessageDialog md=new MessageDialog();
     md. go();
```

```
        }
    }
```

2. 确认对话框

确认对话框一般起到确认提示的作用,通常含有是、否、取消等按钮。确认对话框可以使用 JOptionPane 的下面 3 个方法之一实现:

showConfirmDialog(Component parentComponent, Object message)

showConfirmDialog(Component parentComponent, Object message, String title, int optionType)

showConfirmDialog(Component parentComponent, Object message, String title, int optionType, int messageType)

其中参数 parentComponent 指定输入对话框所在的窗口;

Message 指定对话框中显示的信息;

title 用于指定对话框的标题;

optionType 指定该对话框的类别,取值有 YES_NO_OPTION(含有 Yes 和 No 两个按钮),YES_NO_CANCEL_OPTION(含有 Yes、No 和 Cancel 三个按钮);

messageType 设定该信息框中显示的性质,取值有:ERROR_MESSAGE(错误),INFOR-MATION_MESSAGE(信息),WARNING_MESSAGE(警告),QUESTION_MESSAGE(提问),PLAIN_MESSAGE(通常)。

3. 输入对话框

输入对话框可以接收键盘上输入的字符串,因此常用于输入数据。输入对话框可以使用 JoptionPane 的如下几种方法实现:

showInputDialog(Object message)

showInputDialog(Component parentComponent, Object message)

showInputDialog(Component parentComponent, Object message, Object initialSelectionValue)

showInputDialog(Component parentComponent, Object message, String title, int messageType)

showInputDialog(Component parentComponent, Object message, String title, int messageType, Icon icon, Object[] selectionValues, Object initialSelectionValue)

其中,参数 parentComponent 指定输入对话框所在的窗口;

message 存放对话框中输入的信息;

title 用于指定对话框的标题;

messageType 用于设定对话框的类别,取值有:ERROR_MESSAGE(错误),INFORMA-TION_MESSAGE(信息),WARNING_MESSAGE(警告),QUESTION_MESSAGE(提问),PLAIN_MESSAGE(通常);

icon 指定对话框中显示的图标;

selectionValues 给出可能的选项数组;

initialSelectionValue 指定输入框中的初始值。

例 8.27:利用 JoptionPane 的输入对话框,求给定半径的圆的面积。

```java
import javax. swing. JOptionPane;
public class yy
{
```

```
public static void main(String args[])
    {double s,r;
    String radius = JOptionPane. showInputDialog(null,"输入半径:","输入框",JOptionPane. QUES-
TION_MESSAGE);
    if(radius== null||radius. equals(""))
            //如果按下 Cancel 或按下 OK;但是输入为空,则退出程序
            System. exit(0);
    r=Double. parseDouble(radius);
    JOptionPane. showMessageDialog(null,"面积为:"+ Double. toString(3. 14 * r * r),"运行结果",
JOptionPane. INFORMATION_MESSAGE);
    System. exit(0);
    }
}
```

程序运行结果如图 8-24 所示。

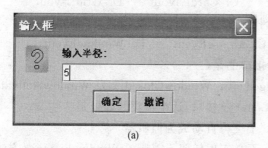
(a)

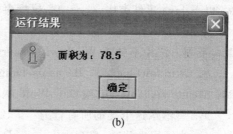
(b)

图 8-24　利用 JOptionPane 类实现输入对话框

习题八

一、选择题

1. 容器类 java. awt. container 的父类是(　　)。

 A. java. awt. Frame　　　　　　　　B. java. awt. Panel

 C. java. awt. Component　　　　　　D. java. awt. Window

2. 关于 Frame 类的说法不正确的是(　　)。

 A. Frame 是 Window 类的直接子类　　B. Frame 对象显示的效果是一个窗口

 C. Frame 默认初始化为可见　　　　　D. Frame 默认布局管理器为 BorderLayout

3. 下列关于容器和组件说法不正确的是(　　)。

 A. 所有的组件都可以通过 add()方法添加到容器中

 B. Java 的图形界面的最基本组成部分是容器

 C. 一个容器可以容纳多个组件,并使它们成为一个整体

 D. Panel 不能作为最外层的容器单独存在,它必须先作为一个组件放置在其他容器中,然后把它作为容器。

4. 关于 Swing 说法不正确的是(　　)。

 A. 每个 Swing 组件的程序必须有一个容器　　B. Swing 是 AWT 的扩展

223

C. Swing 属于轻量级开发包   D. Swing 组件以"J"开头

5. 框架(Frame)的方法 setSize()的作用是(　　　)。

    A. 设置框架的大小   B. 设置框架是否可见

    C. 设置框架的位置   D. 设置框架的宽度

6. Panel 和 Applet 默认的布局管理器是(　　　)。

    A. FlowLayout   B. BorderLayout   C. CardLayout   D. GridLayout

7. 下列有关布局管理器的叙述中正确的是(　　　)。

    A. 布局管理器本身是一个接口,编程时使用的是实现了该接口的类

    B. 布局管理器用于管理组件放置在容器的位置和大小

    C. 布局管理器实现用户界面的平台无关性

    D. 以上说法都正确

8. (　　　)可以使容器中的各个组件呈网格布局,并且平均占据容器的空间。

    A. FlowLayout   B. BorderLayout   C. CardLayout   D. GridLayout

9. 以下 Java 事件类中,(　　　)是鼠标事件类。

    A. InputEvent   B. KeyEvent   C. MouseEvent   D. WindowEvent

10. 下列方法中不属于 WindowListener 接口的是(　　　)。

    A. WindowOpened   B. mouseDragged   C. WindowClosed   D. WindowActivated

11. WindowAdapter(它继承了 WindowListener 接口)适配器类的好处是(　　　)。

    A. 将继承这个类的所有行为   B. 子类将自动成为监听器

    C. 为了层次清楚,美观大方   D. 不必实现任何不需要的 WindowListener 方法

12. java.awt.Font 类方法中,(　　　)是获得字体的样式。

    A. getName()   B. getStyle()   C. getSize()   D. isBold()

13. setColor(Color. red)的含义是(　　　)。

    A. 设置背景颜色为红色   B. 设置前景颜色为红色

    C. 设置字体颜色为红色   D. 获取当前红颜色

14. Graphics 类中,(　　　)方法是绘制平面矩形的成员方法。

    A. drawLine   B. drawRect   C. draw3Drect   D. drawOval

15. 创建一个标识有"确定"按钮的语句是(　　　)。

    A. JTextField　b = new　JTextField("确定");

    B. JButton　　b = new　JButton("确定");

    C. JCheckbox　b = new　JCheckbox("确定");

    D. JLabel　　b = new　JLabel("确定");

16. 在 Java 中用于文本处理的类中,方法 getText()的作用是(　　　)。

    A. 文本区设置内容   B. 编辑文本区的内容

    C. 创建一个新的文本   D. 取得文本中的内容

17. 在 Java 图形用户界面编程中,若显示一些不需要修改的文本信息,一般是使用(　　　)类的对象来实现。

    A. Button   B. Label   C. TextArea   D. TextField

18. Checkbox 可以使用(　　)接口来监听 ItemEvent 事件。

    A. ItemListener　　　　　　　　　　B. ActionListener

    C. ContainerListener　　　　　　　　D. WindowsListener

19. 下列选项可能包含菜单条的是(　　)。

    A. Panel　　　　　　B. Frame　　　　　　C. Dialog　　　　D. Applet

二、填空题

1. Graphics 类中绘制椭圆的成员方法是(　　)。

2. 在 AWT 包中,创建一个具有 10 行,20 列的多行文本区域对象 tt 的语句是(　　)。

3. 对话框(Dialog)是(　　)类的子类。

4. 为了实现单选按钮,除了用到 Checkbox 组件以外,还需要用到(　　)组件。

三、程序填空题

1. 在窗口中有一个按钮和一个文本框,当单击按钮时,文本框显示按钮的名字。

```
import java. awt. * ;
import java. awt. event. * ;
public class Test  extends  【1】 implements ActionListener
{
    Frame f;
    TextField text;
    Button button;
    public void  go()
    {
      f = new Frame("按钮与文本框 ");
      f. setLayout(new FlowLayout(FlowLayout. CENTER,10,15));
      text= new TextField(10);
      f. add(text);
      button= new Button("确定");
      f. add(button);
      button. 【2】;
      f. 【3】;
      f. setVisible(true);
      f. setSize(150,150);
    }
    public static void main(String args[])
    { Test t= new Test();
       t. go();
    }
    public void actionPerformed(ActionEvent e)
    {
       【4】 (button. getLabel());
    }
```

```
    public void windowClosing(WindowEvent e)
     {
        System. exit(0);
     }
  }
```

2. 将键盘输入的文本内容显示在窗口中。

```
import java. awt. * ;
import java. awt. event. * ;
public class Test extends Frame implements 【1】
{
  private String s="";
  private TextArea ta;
  public Test()
   {
     super("键盘录入");
     ta=new TextArea(10,15);
     【2】(this);
     add(ta);
     setSize(300,100);
     show();
   }

   public void keyPressed(KeyEvent e)
    {      }
  public void keyReleased(KeyEvent e)
    {      }
  public void keyTyped(KeyEvent e)
    {
    s=s+e. 【3】;
    ta. setText(s);
    }
  public static void main(String args[])
   {
    Test t=new Test();
     t. addWindowListener(new 【4】()
    {
      public void windowClosing(WindowEvent e)
       {System. exit(0);}
    });
  }
```

3. 在窗口顶部放置一个文本框,下部放置一个列表框。当用户在文本框中录入一行文字并按回车键后,出现一个确认对话框,若选择"是",则将录入的文字添加到列表框中;若选择"否",则不加入列表框,然后清空文本框等待下一次输入。

```
import javax. swing. * ;
public class Test extends Frame implements【1】
{    TextField tf;
     List ls;;
     Test(String s)
      {
          super(s);
          tf=new TextField( );
          tf. addActionListener(this);
          ls=new List(20);
          add(tf,BorderLayout.【2】);
          add(ls,BorderLayout. CENTER);
          setBounds(100,100,300,300);
          setVisible(true);
          addWindowListener(new WindowAdapter()
           {public void windowClosing(WindowEvent e)
              {System. exit(0);}});
      }

    public void actionPerformed(ActionEvent e)
    {
      String s=tf. getText();
      int n=JOptionPane.【3】(this,"录入正确吗","确认",JOptionPane. YES_NO_OPTION);
      if (n==JOptionPane.【4】)
          ls. add("\n"+s);
      tf. setText("");
    }
    public static void main(String args[])
     {
      new Test("录入数据");
     }
}
```

五、程序设计题

1. 在窗体上放置两个按钮"添加标签"和"移除标签"。单击"添加标签"按钮时,向窗体中添加一个标签;单击"移除标签"按钮时,从窗体中移除标签。

2. 使用 BorderLayout 布局策略在五个位置分别加入了四个按钮和一个标签。当单击按钮时,标签的文本就是按钮的标签的文本。

3. 编程实现在窗口中绘制五角星图案。

4. 编写程序,使之具有如图 8-25 所示的界面,按 Clear 按钮时清空两个文本框;按 Copy按钮时将 Source 文本框的内容复制到 Target 文本框;按 Close 按钮则结束程序的运行。

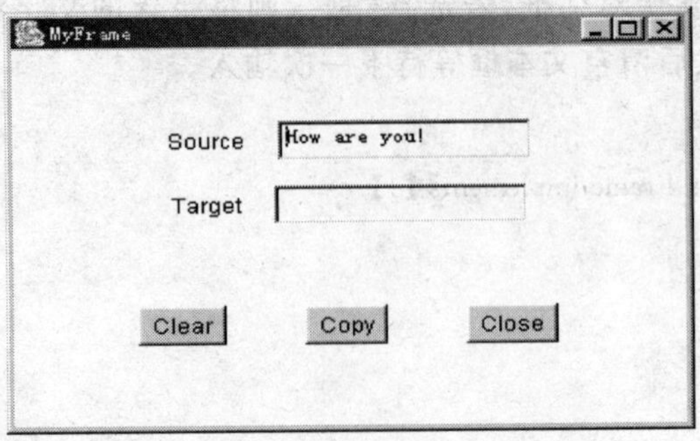

图 8-25　图例界面

5. 编程实现当选择"文件"菜单中的"显示"菜单项时,在窗口中显示"我喜欢 Java"。当选择"退出"菜单项时,结束程序。

第9章

多线程

在诸如 Windows，Unix 和 Linux 等多任务操作系统中，可以一边使用 Word 录入文字的同时，一边使用媒体播放器听着美妙的音乐，感觉好像几个应用程序在同时进行。实际上，除非计算机具有多个处理器，否则是不可能同时进行多个应用程序的，而是采用的一种并发执行的机制。并发执行机制的原理，简单地说就是把处理器划分为若干个短的时间片，每个时间片轮流依次地处理各个应用程序。由于时间片很短，对每个应用程序的使用者来说，好像处理器为自己单独服务，从而达到多个应用程序在同时进行的效果。

多线程就是把操作系统中这种多个应用程序并发执行的原理应用到一个程序中，把一个程序的任务分为若干个子任务，多个子任务并发执行。每个子任务就是一个线程。线程是线程控制流的简称。

多线程机制是 Java 语言重要特色之一，体现了 Java 的强大功能。本章介绍线程的概念、多线程的实现、控制与同步。

9.1 线程的概念

9.1.1 程序、线程和进程

为了更好地理解线程，先介绍一下程序和进程。程序是完成特定功能的一段代码，它是静态的，是应用软件执行的蓝本。进程是一个执行中的应用程序，包括从代码加载、执行到执行完毕的整个动态的过程。对应一个应用程序它可以多次被加载到系统的不同内存区域去执行，从而会形成不同的进程。每个进程都有产生、发展到消亡的过程。

线程是比进程更小一级的执行单元，一个进程在其执行过程中可以产生多个线程，形成多条执行线索。线程也有自身产生、发展和消亡的过程，也是一个动态的概念。每一个进程都有自己独立的内存空间和系统资源，因此进程之间的切换开销是很大的。而正在执行任务的多个线程共享一块内存和资源，因此线程的切换开销要小得多。另外，线程不能独立存在，必须存在于进程中。当一个线程改变了所属进程的变量时，则其他线程下次访问该变量时将看到这种改变。

多线程编程具有编程简单、能直接共享数据和资源、执行效率高等优势，适合于开发服务程序，特别是在网络编程中，很多功能可以并发执行。如 Web 服务、聊天服务等；适合于开发有多种交互接口的程序，如聊天程序的客户端、网络下载工具；程序的吞吐量会得到改善，同时监听多种设备，如网络端口、串口、并口以及其他外设等。

9.1.2 线程的概念模型

线程是程序内部的一个执行流。线程要正常工作应该有自己的 CPU、代码和数据。在

Java 中的线程模型就是一个虚拟的 CPU、CPU 所执行的代码及代码所需要的数据的封装体，如图 9-1 所示。

线程概念模型包含三个部分：

1. 虚拟 CPU

线程工作时好像自己在独立使用 CPU，所以说是虚拟的 CPU。

2. CPU 所执行的代码

一个线程的代码可以与其他线程共享，也可以不共享。当两个线程执行同一个类的实例代码时，共享相同的代码。

图 9-1　线程概念模型

3. CPU 所需要的数据

一个线程的数据可以与其他线程共享，也可以不共享。当两个线程对同一个对象访问时，共享相同的数据。

在 Java 编程中，虚拟处理机封装在 java. lang. Thread 类中，控制着整个线程的运行。构造线程时，定义其上下文的代码和数据都是由传递给 Thread 类的构造方法的对象指定的。

9.2　多线程的实现

Java 的线程是通过 java. lang. Thread 类来实现的。Thread 类构造方法有多个，如表 9-1 所列。下面介绍其中一个具有代表性的构造方法：

public Thread (ThreadGroup group，Runnable target，String name)

其中参数的含义：

group 指明该线程所属的线程组。

target 是实际执行线程体的目标对象，必须实现 Runnable 接口。

name 为线程名称。Java 中的每个线程都有自己的名称，Java 提供了不同 Thread 类构造器，允许给线程指定名称。如果 name 为 null 时，则 Java 自动提供唯一的名称。

当上述构造方法的某个参数为 null 时，可得到表 9-1 所列的其他几个构造方法。

表 9-1　Java. lang. Thread 构造方法

构造方法	说　明
public Thread()	构造一个新线程，用此方式创建的线程必须覆盖 run()方法
public Thread(Runnable target)	构造一个新线程，使用指定对象 target 的 run()方法
public Thread(ThreadGroup group，Runnable target)	在指定的线程组 group 中构造一个新的线程，使用指定对象 target 的 run()方法
public Thread(String name)	用指定字符串 name 构造一个新线程
public Thread(ThreadGroup group，String name)	在指定的线程组 group 中用指定字符串 name 构造一个新线程
public Thread(Runnable target，String name)	用指定字符串 name 构造一个新线程，使用指定对象 target 的 run()方法
public Thread(ThreadGroup group，Runnable target，String name)	在指定的线程组 group 中使用指定字符串 name 构造一个新线程，并使用指定对象 target 的 run()方法

当生成一个 Thread 类的对象之后,一个新的线程就产生了。线程的创建包括定义线程体和创建线程两个步骤。线程的行为由线程体决定。线程体是由线程类的 run()方法定义的,运行系统通过调用 run()方法实现线程的具体行为。线程创建后,它不会自动运行,可以通过该对象实例启动线程、终止线程等。Thread 类的其他一些方法见表 9-2 所列。

表 9-2　Thread 类的常用方法

常用方法	说　明
public void run()	线程所执行的代码
void start()	启动一个线程
void sleep(long milis)	让线程睡眠一段时间,此期间线程不消耗 CPU 资源
void interrupt()	中断线程
static boolean interrupted()	判断当前线程是否被中断(会清除中断状态标记)
boolean isInterrupted()	判断指定线程是否被中断
boolean isAlive()	判断线程是否处于活动状态(即已调用 start,但 run 还未返回)
static Thread currentThread()	返回当前线程对象的引用
void setName(String threadName)	设置线程的名字
String getName()	获得线程的名字
void join([long millis[, int nanos]])	等待线程结束
void destroy()	销毁线程
static void yield()	暂停当前线程,让其他线程执行
void setPriority(int p)	设置线程的优先级
notify() / notifyAll() / wait()	从 Object 继承而来,实现线程的通信

一个类声明实现 Runnable 接口就可以充当线程体,在接口 Runnable 中只定义了一个方法:

public void run();

实现 run()方法有两种途径:继承 Thread 类及实现 Runnable 接口。

9.2.1　通过实现 Runnable 接口创建线程

Runnable 接口在 java. lang 包中,其定义如下:

```
public interface Runnable
{
    public void run()
}
```

使用时应该定义一个实现接口的类作为一个线程的目标对象。在初始化一个 Thread 类或者 Thread 子类的线程对象时,把目标对象传递给这个线程实例,由该目标对象提供线程体 run()方法。

例 9.1:用 Runnble 接口创建线程。

```
public class c9_1
{
    public static void main(String[] args)
    {
        Thread t1＝new Thread(new example());
        Thread t2＝new Thread(new example());
        t1. setName("Thread A");
        t2. setName("Thread B");
        t1. start();
        t2. start();
    }
}
class example implements Runnable
{
    int i;
    public void run()
    {
        for(i＝1;i＜10;i＋＋)
        {
            String s＝Thread. currentThread().
getName();
            System. out. println(s＋":"＋i);
        }
    }
}
```

图 9-2   例 9.1 程序运行结果

程序的运行结果如图 9-2。

分析：此例中由 example 类实现了 Runnable 接口，在 c9_1 类的 main() 方法中创建 t1 和 t2 两个线程。创建线程时使用的都是 example 类的实例，也就是 example 类的 run() 方法做线程体，但它不会直接运行，需要用 start() 方法启动。

9.2.2　继承 Thread 类实现多线程

通过定义一个子类继承 Thread 类，并重写 Thread 类的 run() 方法，在 run() 方法里实现线程的具体行为。然后创建该子类的对象以创建线程，通过 start() 方法启动该对象。由于 Java 只支持单继承，用这种方法定义的线程类不能再继承其他类。

例 9.2：用继承 Thread 类创建线程实现例 9.1。

```
public class c9_2
{
    public static void main(String[] args)
    {
        MyThread t1＝new MyThread();
```

```
        MyThread t2＝new MyThread();
        t1. setName("Thread A");
        t2. setName("Thread B");
        t1. start();
        t2. start();
    }
}
class MyThread extends Thread
{
    int i;
    public void run()
    {
        while（true）
        {
            String s＝this. getName();
            System. out. println(s＋":"＋i＋＋);
            if (i＝＝10)
            {
                break;
            }
        }
    }
}
```

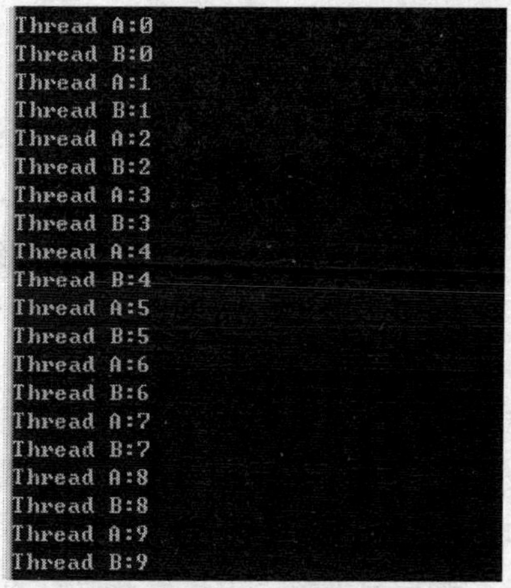

```
Thread A:0
Thread B:0
Thread A:1
Thread B:1
Thread A:2
Thread B:2
Thread A:3
Thread B:3
Thread A:4
Thread B:4
Thread A:5
Thread B:5
Thread A:6
Thread B:6
Thread A:7
Thread B:7
Thread A:8
Thread B:8
Thread A:9
Thread B:9
```

程序的运行结果如图 9-3 所示。

图 9-3　例 9.2 程序运行结果

分析：此例中定义了一个 MyThread 类继承了 Thread,在 c9_1 类的 main()方法中创建 t1 和 t2 两个线程。创建线程时使用的都是 MyThread 类的实例,也就是 Mythread 类的 run() 方法做线程体,但它不会直接运行,需要用 start()方法启动。

9.2.3　创建线程的两种方法比较

创建线程的两种方法各有自己的特点:直接继承 Thread 类构造线程体编写代码简单,可以直接操纵线程,即用 this 可以指向实际控制运行的 Thread 类的实例,无须使用 Thread. currentThread()。但由于 Java 技术只支持单继承,所以不能再从其他类继承;使用 Runnable 接口可以将 CPU,代码和数据分开,形成清晰的模型,有时必须实现 Runnable,为了保持程序风格的一致性采用这种方法。更重要的是在某些情况下,如 Applet 程序中,由于已经继承了 Applet,只能采用 Runnable 的方法。

编程时具体采用哪种方法来构造线程体要根据具体情况而定。通常,当一个线程体所在的类已经继承了另一个类时,就应该用实现 Runnable 接口的方法来实现多线程。

9.3　多线程的基本控制

9.3.1　线程优先级和调度

Java 中的线程是有优先级的。线程的优先级用数字表示,其范围是 1 到 10,数越大代表优先级越高。高优先级的线程比低优先级的线程优先调度执行。

线程类有三个和优先级有关的静态常量:MIN_PRIORITY,MAX_PRIORITY 和 NORM_PRIORITY。MIN_PRIORITY 代表最低优先级,通常为 1;MAX_PRIORITY 代表最高优先级,通常为 10;NORM_PRIORITY 代表普通优先级,通常为 5。

实际上,每个 Java 程序都有一个默认的主线程。对于 Application 程序,主线程是 main() 方法执行的线索。对于 Applet 程序,主线程指挥浏览器加载并执行 Java 小程序。主线程默认优先级为 5。

新创建的线程继承创建它的父线程的优先级,可以用方法 int getPriority()获得线程的优先级。改变线程的优先级可以在线程被创建后用方法 void setPriority(int p)实现。

当线程的数目多于 CPU 数目时,如何将 CPU 分配给各线程,即决定线程的执行顺序,又称为线程调度。在 Java 中,线程调度是基于优先级的抢先式调度,但 Java 中的线程优先级不是完全可靠的,还依赖于它所运行的操作系统。所以在编程时最好不要用优先级去干预程序的执行顺序。

例 9.3: 创建三个线程并设置为不同的优先级,观察它们的执行顺序。

```java
public class c9_3
{
    public static void main(String[] args)
    {
        System. out. println("线程名\t 优先级");
        Thread t=Thread. currentThread();              //用当前线程创建线程对象
        System. out. print(t. getName()+"\t");         //打印当前线程的名字
        System. out. println(t. getPriority());        //打印当前线程的优先级
        MyThread t1=new MyThread();                     //创建三个线程
        MyThread t2=new MyThread();
        MyThread t3=new MyThread();
        t1. setName("Thread A");                        //设置三个线程的名字
        t2. setName("Thread B");
        t3. setName("Thread C");
        t1. setPriority(1);                             //设置三个线程的优先级
        t3. setPriority(Thread. MAX_PRIORITY);
        t1. start();                                    //启动三个线程
        t2. start();
        t3. start();
    }
}
class MyThread extends Thread
```

```
{
    public void run()
    {
        for(int i=1;i<5;i++)
        {
            String s=this. getName();                    //获取线程的名字
            //输出线程的名字和优先级
            System. out. println(s+"\t"+getPriority());
        }
    }
}
```

下面是某次程序的运行结果如图 9-4。

分析:程序中共有四个线程,主线程的优先级默认是 5;Thread A 线程的优先级是 1;Thread C 线程的优先级是 10;Thread B 线程的优先级继承父线程也是 5。这次运行中 Thread C 优先运行,但也有可能运行顺序不是完全按优先级。

图 9-4　例 9.3 程序运行结果

9.3.2　线程的生命周期

线程从创建、启动、运行到最后运行完毕这一过程就是线程的生命周期。新建的线程在它的一个完整的生命周期中通常要经历新生、就绪、运行、阻塞和死亡等五种状态。一个线程创建后,总是处于其生命周期的五个状态之一中,线程的状态表明此线程当前正在进行的活动,而线程的状态可以通过对线程操作来来改变。这些操作包括启动(start)、终止(stop)、睡眠(sleep)、挂起(suspend)、恢复(resume)、等待(wait)和通知(notify)等。每一个操作都对应了一个线程的方法,这些方法是由 Java. lang 包提供的。线程的状态转换如图 9-5 所示。

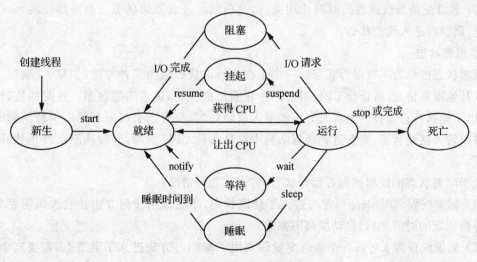

图 9-5　线程的状态转换图

1. 新生状态

当用 new 关键字和某线程类的构造方法创建一个线程对象后,这个线程对象处于新生状态,此时它已经有了相应的内存空间,并已被初始化。处于该状态的线程可通过调用 start() 方法进入就绪状态,也可以通过调用是 stop() 方法使其进入消亡状态。如果进入到消亡状态,此后这个线程就不能进入其他状态了,也就是说,它已经不复存在了。

2. 就绪状态

就绪状态也称为可运行状态,也就是说处于该状态的线程已经具备了运行的条件,但尚未分配到 CPU 资源,因而它将进入线程队列排队,等待系统为它分配 CPU。一旦获得 CPU 资源,则该线程就进入运行状态,并自动地调用自己的 run() 方法。此时,它脱离创建它的主线程,独立开始了自己的生命周期。

3. 运行状态

进入运行状态的线程正在执行自己的 run 方法中的代码。若遇到下列情况之一,则将终止 run 方法的执行。

(1) 终止操作。调用当前线程的 stop() 方法或 destroy() 方法进入死亡状态。

(2) 等待操作。调用当前线程的 join(millis) 方法或 wait(millis) 方法进入阻塞状态。当线程进入阻塞状态时,在 millis 毫秒内可由其他线程调用 notify 或 notifyAll 方法将其唤醒,进入就绪状态。在 millis 毫秒内若不唤醒则须等待到当前线程结束。

(3) 睡眠操作。调用 sleep(millis) 方法来实现。当前线程停止执行时,则处于阻塞状态,睡眠 millis 毫秒之后重新进入就绪状态。

(4) 挂起操作。通过调用 suspend() 方法来实现。将当前线程挂起,进入阻塞状态,之后当其他线程调用当前线程的 resume() 方法后,才能使其进入就绪状态。

(5) 退让操作。通过调用 yield() 方法来实现。当前线程放弃执行,进入就绪状态。

(6) 当前线程要求 I/O 时,则进入阻塞状态。

(7) 若分配给当前线程的时间片用完时,当前线程进入就绪状态。当前线程的 run 方法执行完,则线程进入死亡状态。

4. 阻塞状态

阻塞状态也称为不可运行状态。一个正在执行的线程因为某种原因,如输入/输出、等待信息或其他阻塞情况,将让出 CPU 并暂时中止自己的执行,进入阻塞状态。这时即使处理器空闲,也不能执行该线程。阻塞时它不能进入就绪队列,只有当引起阻塞的原因被消除时,线程才可以转入就绪状态,重新进到线程队列中排队等待 CPU 资源,以便从原来终止处开始继续运行。

处于阻塞状态的线程回到可运行状态,有以下几种情况:

(1) 如果线程调用 sleep() 方法进入了休眠状态,不能调用任何方法让它脱离阻塞状态,只能等待指定的时间之后,自动脱离阻塞态。

(2) 如果线程为了等待一个条件变量而调用了 wait() 方法进入了阻塞态,需要这个条件变量所在的那个对象调用 notify() 或 notifyAll() 方法。

(3) 如果一个线程调用 suspend() 方法被挂起而进入了阻塞状态,必须在其他线程中调用 resume() 方法。

5. 死亡状态

当一个线程完成了它的全部工作或者线程被提前强制性地终止,例如,通过执行 stop()或 destroy()方法来终止线程,线程就处于死亡状态,死亡状态的线程将永远不再执行。

9.3.3　线程的控制

1. 线程的休眠

Thread 类的 sleep()方法可以使一个线程暂停运行一段时间。线程在它的 run()方法中调用 sleep()方法退出使用 CPU,休眠一定时间,转入到就绪状态,当休眠时间到,线程在这段时间只要没有遇到中断就会恢复执行。

例 9.4:利用线程的 sleep()方法实现屏幕上动态显示字符串。

```
import java. applet. * ;
import java. awt. * ;
public class c9_4 extends Applet implements Runnable
{
  int x=100,y=100;
  Thread th1=null;
   Font f=new Font("宋体",Font. BOLD,24);
  String str="Java 编程 无限精彩";
  Graphics offg;
  Image offimg;
  public void init()
    {
    offimg=createImage(800,600);
    offg=offimg. getGraphics();
    }
  public void start()
  {
    if(th1==null)
    {
    th1=new Thread(this);
    th1. start();
    }
  }
  public void run()
  {
    while(true)
      {
      x++;
      y++;
      if(x==400)
      {
          x=100;
          y=100;
```

```
        }
        repaint();
        try{th1. sleep(100);}
        catch(Exception e) {}
    }
    }
    public void update(Graphics g)
    {
        offg. setColor(Color. blue);
        offg. fillRect(0,0,800,600);
        offg. setColor(Color. magenta);
        offg. setFont(f);
        offg. drawString(str,x,y);
        g. drawImage(offimg,0,0,this);
    }
}
```

图 9-6　例 9.4 运行过程中的一个瞬间

运行结果如图 9-6 所示。

2. 线程的串联

如果某个线程只有在另一个线程终止时才能继续执行,则这个线程可以调用另一个线程的 join()方法,将两个线程"联结"在一起。如果另一个线程执行完成,则这个线程结束等待,回到可运行状态。方法 join(int time)最多等待 time 所指定的时间。当不指定时间时,要等运行完毕。

例 9.5:主线程等待子线程结束再执行。

```
public class c9_5
{
    public static void main(String args[])
    {
        Thread t = new Thread(new MyThread());
        t. start();
        try
        {
            t.join();   //等待线程 t 运行结束
        }
        catch(InterruptedException e)
        {
            e. printStackTrace();
        }
        for(int i=0;i<10;i++)
        {
            System. out. println("主线程:" + i);
        }
```

```
    }
}
class MyThread implements Runnable
{
    public void run()
    {
        for(int i=0;i<10;i++)
            System. out. println(" 子线程：" + i);
    }
}
```

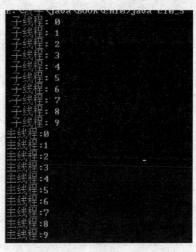

图 9 - 7　例 9.5 程序运行结果

运行结果如图 9 - 7 所示。

3. 线程让步

线程让步是让运行中的线程主动放弃当前获得的 CPU 处理机会，转入到就绪状态。下面通过例子演示线程让步运行。

例 9.6：建立三个线程 t1,t2 和 t3,其中 t3 以让步方式运行，三个线程各运行 200 次，计算运行完毕后每个线程的执行时间。

```
import java. util. Date;
public class c9_6
{
    public static void main(String[] args)
    {
        Thread th1 = new MyThread(false);
        Thread th2 = new MyThread(false);
        Thread th3 = new MyThread(true);
        th1. start();
        th2. start();
        th3. start();
    }
}
class MyThread extends Thread
{
    private boolean flag;
    public MyThread(boolean flag)
    {
        this. flag = flag;
    }
    public void setFlag(boolean flag)
    {
        this. flag = flag;
    }
    public void run()
```

239

```
{
    long start = new Date().getTime();
    for(int i=0;i<200;i++)
    {
        if(flag) Thread.yield();
        System.out.print(this.getName()+": "+i+"\t");
    }
    long end = new Date().getTime();
    System.out.println("\n"+this.getName()+"执行时间："+(end-start)+"毫秒");
}
}
```

程序的运行结果如图 9-8 所示。

4. 线程的挂起和恢复

suspend()方法可以挂起当前线程,进入到阻塞状态,之后当其他线程调用当前线程的 resume()方法后,才能使其进入就绪状态。

例 9.7:利用线程的挂起和恢复实现倒计时 10 ms。

```
import java.awt.*;
import java.awt.event.*;
import java.util.Date;
import javax.swing.*;
public class c9_7
{
    public static void main(String[] args)
    {
        JFrame jf = new JFrame("倒计时");
        JButton pause = new JButton("暂停");
        JLabel clock = new JLabel("Timer");
        clock.setBackground(Color.GREEN);
        clock.setOpaque(true);
        clock.setHorizontalAlignment(JLabel.CENTER);
        jf.add(clock,"Center");
        jf.add(pause,"North");
        jf.setSize(200,100);
        jf.setLocation(500,300);
        jf.setDefaultCloseOperation(JFrame.EXIT_ON_CLOSE);
        jf.setVisible(true);
        MyThread mt = new MyThread(clock,10000);
        mt.start();
        MyListener ml = new MyListener(clock,mt);
        pause.addActionListener(ml);
    }
}
class MyThread extends Thread
```

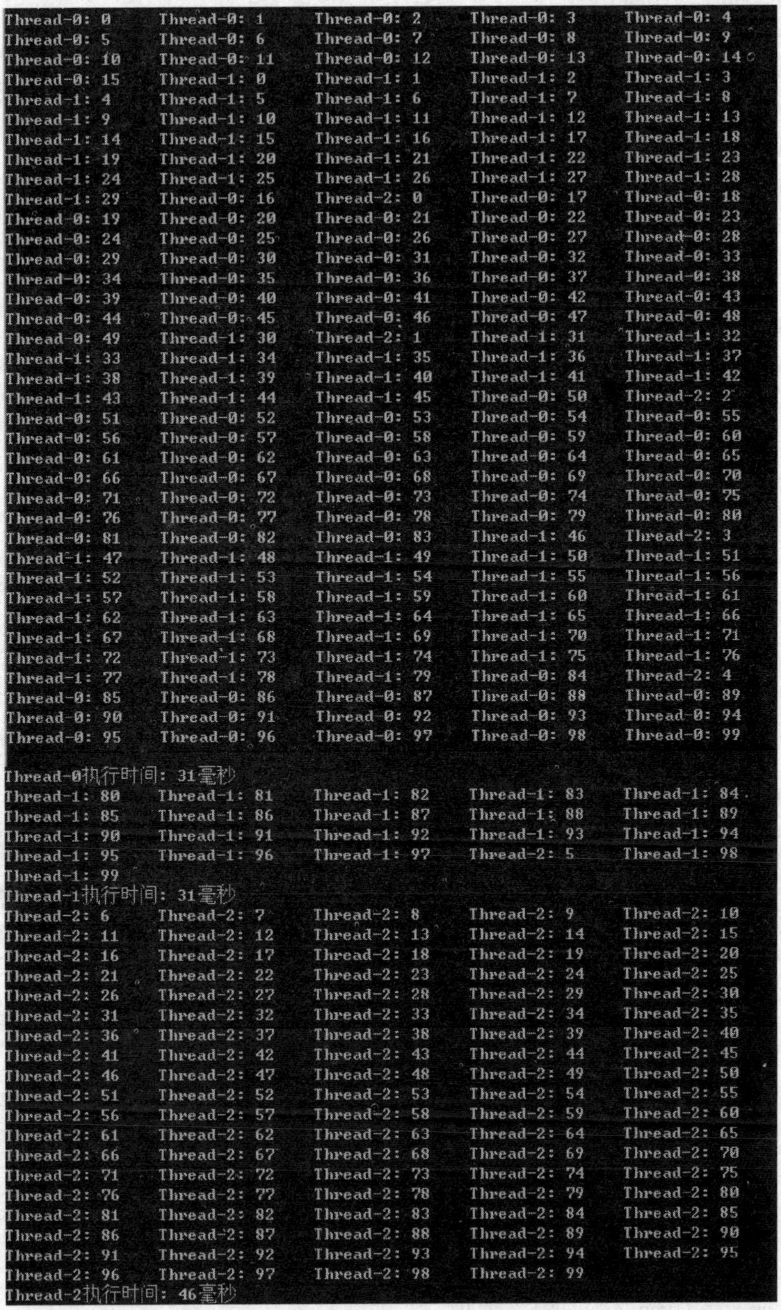

```
Thread-0: 0      Thread-0: 1      Thread-0: 2      Thread-0: 3      Thread-0: 4
Thread-0: 5      Thread-0: 6      Thread-0: 7      Thread-0: 8      Thread-0: 9
Thread-0: 10     Thread-0: 11     Thread-0: 12     Thread-0: 13     Thread-0: 14
Thread-0: 15     Thread-1: 0      Thread-1: 1      Thread-1: 2      Thread-1: 3
Thread-1: 4      Thread-1: 5      Thread-1: 6      Thread-1: 7      Thread-1: 8
Thread-1: 9      Thread-1: 10     Thread-1: 11     Thread-1: 12     Thread-1: 13
Thread-1: 14     Thread-1: 15     Thread-1: 16     Thread-1: 17     Thread-1: 18
Thread-1: 19     Thread-1: 20     Thread-1: 21     Thread-1: 22     Thread-1: 23
Thread-1: 24     Thread-1: 25     Thread-1: 26     Thread-1: 27     Thread-1: 28
Thread-1: 29     Thread-0: 16     Thread-2: 1      Thread-0: 17     Thread-0: 18
Thread-0: 19     Thread-0: 20     Thread-0: 21     Thread-0: 22     Thread-0: 23
Thread-0: 24     Thread-0: 25     Thread-0: 26     Thread-0: 27     Thread-0: 28
Thread-0: 29     Thread-0: 30     Thread-0: 31     Thread-0: 32     Thread-0: 33
Thread-0: 34     Thread-0: 35     Thread-0: 36     Thread-0: 37     Thread-0: 38
Thread-0: 39     Thread-0: 40     Thread-0: 41     Thread-0: 42     Thread-0: 43
Thread-0: 44     Thread-0: 45     Thread-0: 46     Thread-0: 47     Thread-0: 48
Thread-0: 49     Thread-1: 30     Thread-2: 1      Thread-1: 31     Thread-1: 32
Thread-1: 33     Thread-1: 34     Thread-1: 35     Thread-1: 36     Thread-1: 37
Thread-1: 38     Thread-1: 39     Thread-1: 40     Thread-1: 41     Thread-1: 42
Thread-1: 43     Thread-1: 44     Thread-1: 45     Thread-0: 50     Thread-2: 2
Thread-0: 51     Thread-0: 52     Thread-0: 53     Thread-0: 54     Thread-0: 55
Thread-0: 56     Thread-0: 57     Thread-0: 58     Thread-0: 59     Thread-0: 60
Thread-0: 61     Thread-0: 62     Thread-0: 63     Thread-0: 64     Thread-0: 65
Thread-0: 66     Thread-0: 67     Thread-0: 68     Thread-0: 69     Thread-0: 70
Thread-0: 71     Thread-0: 72     Thread-0: 73     Thread-0: 74     Thread-0: 75
Thread-0: 76     Thread-0: 77     Thread-0: 78     Thread-0: 79     Thread-0: 80
Thread-0: 81     Thread-0: 82     Thread-0: 83     Thread-1: 46     Thread-2: 3
Thread-1: 47     Thread-1: 48     Thread-1: 49     Thread-1: 50     Thread-1: 51
Thread-1: 52     Thread-1: 53     Thread-1: 54     Thread-1: 55     Thread-1: 56
Thread-1: 57     Thread-1: 58     Thread-1: 59     Thread-1: 60     Thread-1: 61
Thread-1: 62     Thread-1: 63     Thread-1: 64     Thread-1: 65     Thread-1: 66
Thread-1: 67     Thread-1: 68     Thread-1: 69     Thread-1: 70     Thread-1: 71
Thread-1: 72     Thread-1: 73     Thread-1: 74     Thread-1: 75     Thread-1: 76
Thread-1: 77     Thread-1: 78     Thread-1: 79     Thread-2: 4
Thread-0: 85     Thread-0: 86     Thread-0: 87     Thread-0: 88     Thread-0: 89
Thread-0: 90     Thread-0: 91     Thread-0: 92     Thread-0: 93     Thread-0: 94
Thread-0: 95     Thread-0: 96     Thread-0: 97     Thread-0: 98     Thread-0: 99

Thread-0执行时间: 31毫秒
Thread-1: 80     Thread-1: 81     Thread-1: 82     Thread-1: 83     Thread-1: 84
Thread-1: 85     Thread-1: 86     Thread-1: 87     Thread-1: 88     Thread-1: 89
Thread-1: 90     Thread-1: 91     Thread-1: 92     Thread-1: 93     Thread-1: 94
Thread-1: 95     Thread-1: 96     Thread-1: 97     Thread-2: 5      Thread-1: 98
Thread-1: 99
Thread-1执行时间: 31毫秒
Thread-2: 6      Thread-2: 7      Thread-2: 8      Thread-2: 9      Thread-2: 10
Thread-2: 11     Thread-2: 12     Thread-2: 13     Thread-2: 14     Thread-2: 15
Thread-2: 16     Thread-2: 17     Thread-2: 18     Thread-2: 19     Thread-2: 20
Thread-2: 21     Thread-2: 22     Thread-2: 23     Thread-2: 24     Thread-2: 25
Thread-2: 26     Thread-2: 27     Thread-2: 28     Thread-2: 29     Thread-2: 30
Thread-2: 31     Thread-2: 32     Thread-2: 33     Thread-2: 34     Thread-2: 35
Thread-2: 36     Thread-2: 37     Thread-2: 38     Thread-2: 39     Thread-2: 40
Thread-2: 41     Thread-2: 42     Thread-2: 43     Thread-2: 44     Thread-2: 45
Thread-2: 46     Thread-2: 47     Thread-2: 48     Thread-2: 49     Thread-2: 50
Thread-2: 51     Thread-2: 52     Thread-2: 53     Thread-2: 54     Thread-2: 55
Thread-2: 56     Thread-2: 57     Thread-2: 58     Thread-2: 59     Thread-2: 60
Thread-2: 61     Thread-2: 62     Thread-2: 63     Thread-2: 64     Thread-2: 65
Thread-2: 66     Thread-2: 67     Thread-2: 68     Thread-2: 69     Thread-2: 70
Thread-2: 71     Thread-2: 72     Thread-2: 73     Thread-2: 74     Thread-2: 75
Thread-2: 76     Thread-2: 77     Thread-2: 78     Thread-2: 79     Thread-2: 80
Thread-2: 81     Thread-2: 82     Thread-2: 83     Thread-2: 84     Thread-2: 85
Thread-2: 86     Thread-2: 87     Thread-2: 88     Thread-2: 89     Thread-2: 90
Thread-2: 91     Thread-2: 92     Thread-2: 93     Thread-2: 94     Thread-2: 95
Thread-2: 96     Thread-2: 97     Thread-2: 98     Thread-2: 99
Thread-2执行时间: 46毫秒
```

图 9-8　例 9.6 程序运行结果

241

```
{
    private JLabel clock;
    private long time;
    private long end;
    public MyThread(JLabel clock,long time)
    {
        this. clock = clock;
```

```java
            this. time = time;
        }
        public void init()
        {
            long start = new Date(). getTime();
            end = start + time;
        }
        public void run()
        {
            this. init();
            while(true)
            {
                long now = new Date(). getTime();
                time = end - now;
                if(time > 0)
                {
                    String s = this. convert(time);
                    clock. setText(s);
                }
                else        break;
                try
                {
                    Thread. sleep(10);
                }
                catch(InterruptedException e)
                {
                    e. printStackTrace();
                }
            }
            clock. setText("时间到!");
            clock. setBackground(Color. RED);
        }
        public String convert(long time)
        {
            long h = time / 3600000;
            long m = (time % 3600000) / 60000;
            long s = (time % 60000) / 1000;
            long ms = (time % 1000) / 10;
            String ph = h<10 ? "0":"";
            String pm = m<10 ? "0":"";
            String ps = s<10 ? "0":"";
            String pms = ms<10 ? "0":"";
            String txt = ph + h + ":" + pm + m + ":" + ps + s + "." + pms + ms;
            return txt;
        }
```

```
}
class MyListener implements ActionListener
{
    private JLabel clock;
    private MyThread mt;
    private boolean running= true;

    public MyListener(JLabel clock,MyThread mt)
    {
        this.clock = clock;
        this.mt = mt;
    }
    public void actionPerformed(ActionEvent e)
    {
        if(! mt.isAlive())
            return;
        JButton jb = (JButton)(e.getSource());
        if(running)
        {
            jb.setText("继续");
            clock.setBackground(Color.YELLOW);
            mt.suspend();        //线程挂起
        }
        else
        {
            jb.setText("暂停");
            clock.setBackground(Color.green);
            mt.init();
            mt.resume();         //线程恢复
        }
        running = ! running;
    }
}
```

　　程序运行结果如图 9-9 所示,运行不到 10 s,单击"暂停"可停止,单击"继续"可继续倒计时,10 s后停止计时。

5. 线程的终止

　　stop()方法可以强行终止一个线程的执行,释放占有的资源。由于这种方法可能会造成数据的不一致性,所以不提倡使用。那么要终止一个线程的执行可以采取更温和的方式,一般通过使用一个标志变量,通过标志的变化来通知线程的结束。

　　例 9.8:主线程中通过改变标志变量终止另一个线程的执行。

图 9-9　例 9.7 程序运行的三个截图

243

```
class Mythread implements Runnable
{
    static boolean flag=false;
    public void run()
    {
        int i=0;
        while(! flag)
        {
            System. out. println("Sub Thread" +i++);
            if (i % 4==0)
            {
                try{Thread. sleep(10);}
                catch(Exception e){}
            }
        }
    }
    public void shutDown()
    {
        flag=true;            //改变标志变量
    }
}
public class c9_8
{
    public static void main(String args[]) throws Exception
    {
        Mythread r=new Mythread();
        Thread t=new Thread(r);
        t. setPriority(10);
        t. start();
        for(int i=1;i<=5;i++)
        {
            System. out. println("Main Thread");
            if (i==3)  r. shutDown();
        }
                System. out. println("Main is over. ");

    }
}
```

程序的运行结果如图 9-10 所示。

```
Sub Thread0
Sub Thread1
Sub Thread2
Sub Thread3
Main Thread
Main Thread
Main Thread
Main Thread
Main Thread
Main is over.
```

图 9-10   例 9.8 程序运行结果

9.3.4　线程组

线程组(Thread Group)允许把一组线程统一管理。Java 中每个线程都属于某个线程组，在创建线程时指明属于哪个线程组，指定后就不能修改所属的线程组了。如果在创建线程没有显示指明所属的线程组，默认属于创建它的父进程所在的线程组。

ThreadGroup 类对线程组进行管理,创建线程组的构造方法为:

ThreadGroup(String groupName)

例如,创建一个名字为"myThreadGroup"的线程组:

ThreadGroup groupThread＝new ThreadGroup("myThreadGroup");

线程组构造方法的字符串参数用来标识该线程组,并且它必须是独一无二。线程组对象创建后,可以将各个线程添加到该线程组,在线程构造方法中指定所加入的线程组。

例如,创建一个属于线程组"myThreadGroup"的线程"myThread":

Thread myThread ＝ new Thread(myThreadGroup,"my Thread");

若要中断某个线程组中的所有线程,可以对线程组调用 interrupt()方法:

groupThread. interrupt();

若要确定某个线程组的线程是否仍处于可运行状态,可以使用 activeCount()方法判断:

groupThread. activeCount()＝＝0;

若要获得或设置线程组中线程的最大优先级,可以使用 getMaxProirity()方法或 setMax-Proirity(int pri)方法。

一个线程组不仅可以包含任意数目的进程,还可以包含子线程组,默认创建线程组将成为与当前线程同组的子线程组。在 Java 应用程序启动时,Java 运行系统为该应用程序创建一个 main 线程组,以后创建的线程如果没有指定线程组,则都属于 main 线程组。

当线程组中的某个线程由于一个异常而中止运行时,ThreadGroup 类的 uncaughtException(Thread temp,Throwable e)方法将会打印这个异常的堆栈跟踪记录。

9.4 多线程的同步与通信

9.4.1 线程同步

在多线程的程序中,由于多个线程并发执行,一方面大大提高了计算机的处理能力;另一方面,造成线程的相对执行顺序是不确定的。当各线程之间没有共享资源的情况下,随机执行顺序对程序是没有影响的。但当多个线程共享一个对象时,如果当多个线程同时访问同一个对象,将会造成共享数据的访问冲突。

例 9.9:设计一个简单的堆栈,用整数类型数组存放 10 个数据,index 为栈顶指针,push 方法为存数据,数据存到 index 位置,index 加 1;pop 方法为取数据,index 先减去 1,再取出 index 位置的数据。

245

```
class Stack
{    private int index＝0;
     private int data[]＝new int[10];
     public    void push(int p)
     {
```

```
                data[index]=p;
                index++;
            }

        public int pop()
            {
                index--;
                System. out. println(data[index]+"出栈");
                return   data[index];
            }
        public int getIndex()
            {   return index;
            }
    }
class A extends Thread
    {
        Stack s;
        A(Stack s)
        {     this. s=s;      }
        public void run()
        {     for(int i=1;i<=100;i++)
                if(s. getIndex()<10)
                {
                    s. push(i);
                    System. out. println(i+"入栈");
                }
        }
    }
class B extends Thread
    {
        Stack s;
        B(Stack s)
        {
            this. s=s;
        }
        public void run()
        {
            for(int i=1;i<=100;i++)
                    if(s. getIndex()>0)
                    {
                        int c=s. pop();
                    }
        }
    }
public class c9_9
```

```
{
    public static void main(String[] args)
    {
        Stack s=new Stack();
        A  a=new A(s);
        B b=new B(s);
        a. start();
        b. start();
    }
}
```

在上例中,当有多个线程共享 Stack 类对象并发执行时,有一种情况是在一个线程 A 正在执行 push 方法,将数据存入,指针没加 1 时,另一个线程 B 就执行了 pop 方法,将指针减 1,再取出数据。这样就造成了数据的不一致。我们把多个线程共享的程序段称为临界区。

为避免多个线程同时访问临界区,Java 语言引入了同步的概念。在某个时刻只允许一个线程独占性访问临界区,而其他线程只能处于阻塞状态。只有当该线程访问临界区的操作结束后,才允许其他线程访问。这种机制在操作系统中称为线程同步。Java 使用 synchronized 关键字对临界区进行控制,实现线程同步。

下面列出 synchronized 使用方法:

synchronized（类名）statement

其中,statement 可以是一个语句、语句块或方法。

我们可以把例 9.9 的 push 和 pop 方法加以控制,如

public synchronized void push(int p)

或

public synchronized int pop()

9.4.2　线程通信

有时,当某个线程进入了 synchronized 块后,共享数据的状态不一定满足该线程的需要,需要其他线程改变共享数据的状态后才能继续运行,而由于时线程对共享资源是独占的,它必须解除对共享资源的锁定的状态,通知其他线程可以使用该共享资源。

Java 中的 wait()、notify() 和 notifyALL() 可以实现线程间的通信。

生产者-消费者问题是典型的线程同步和通信问题。

例 9.10:生产者-消费者问题,生产者生产出产品,消费者去购买产品。在这里创建三个线程,一个主控线程 main,用于创建各辅助线程;一个生产者线程,用于生产产品;一个消费者线程,用于购买产品。另外,创建一个堆栈类 Stack,生产线程生产的产品将放置到该堆栈中,然后消费者线程在该堆栈中取走产品。必须让生产者线程与消费者线程达到同步,也就是说,当生产者线程生产出产品后,消费者才能去取,依此轮回。当生产者线程放置产品到堆栈中时,要检查堆栈是否已满,如已满,则等待消费者线程将产品取走,否则放置产品到堆栈中。当消费者线程在堆栈中取产品时,堆栈也要检查堆栈是否为空,如果为空,则等待生产者线程放

置产品到堆栈,否则在堆栈中取走产品。

```java
public class c9_10
{
    public static void main(String[] args)
    {
        ProductStack ps=new ProductStack();
        Producer producer=new Producer(ps);
        Consumer consumer=new Consumer(ps);
        producer. start();
        consumer. start();
    }
}
class ProductStack
{       private int index=0;
        private int data[]=new int[5];
        public   synchronized void setProduct(int product)
        {    while(index= =data. length)
                //如果堆栈已满,则调用 wait 等待消费者取走产品
              {     try{this. wait();}
                    catch(InterruptedException e){}
              }
            /*生产者被唤醒后,开始放置产品到堆栈中*/
            this. notify();//生产产品后通知消费者取走产品
            data[index]=product;
            System. out. println("生产者产生产品:"+product);
            index++;
        }
        public synchronized   void getProduct()
        {    while(index==0)
                //如果堆栈是空的,则调用 wait 等待生产者生产产品
              {    try{ this. wait(); }
                   catch(InterruptedException e) {}
              }
            /*消费者被唤醒后,开始从堆栈取走产品*/
            this. notify();      //取走产品后通知生产者继续生产产品
            index--;
            System. out. println("消费者取走产品:"+ data[index]);
        }
}
class Producer extends Thread
{ProductStack ps;
    Producer(ProductStack ps)
        {           this. ps=ps;      }
```

```
    public void run()      //生产线程
    {    for(int i=1;i<=10;i++)
             ps.setProduct(i);
        }
}
class Consumer extends Thread
{ProductStack ps;
    Consumer(ProductStack ps)
    {    this.ps=ps;}
    public void run()      //消费线程
    {    for(int i=1;i<=10;i++)
             ps.getProduct();
        }
}
```

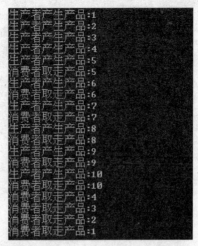

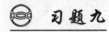

图 9-11　例 9.10 程序运行结果

程序运行结果如图 9-11 所示。

习题九

一、选择题

1. 创建线程的方法有（　　）种。

　　A. 1　　　　　　　　B. 2　　　　　　　　C. 3　　　　　　　　D. 4

2. Java 中线程通信不提倡使用（　　）方法。

　　A. wait()　　　　　B. notify()　　　　C. notifyAll()　　　D. stop()

3. Java 中多个线程为了互斥使用共享资源，可以使用（　　）关键字。

　　A. synchronized　B. locked　　　　　C. waited　　　　　D. exclusived

4. Java 中多个线程方法（　　）可以用来使具有相同优先级的线程获得执行的机会。

　　A. resume()　　　B. sleep()　　　　C. suspend()　　　D. yield()

二、填空题

1. Java 语言采用（　　）线程机制。

2. 线程的优先级可以通过（　　）方法进行修改。

3. Java 中的线程由（　　）、（　　）和（　　）三部分组成。

4. Java 的线程体是由线程类的（　　）方法定义。

5. Java 线程创建后由线程（　　）方法启动。

6. 如果某个线程只有在另一个线程终止时才能继续执行，则这个线程可以调用另一个线程的（　　）方法，将两个线程"联结"在一起。

7. 在 Java 中，线程调度是基于优先级的（　　）调度。

8. 调用当前线程的（　　）或（　　）方法可以使线程进入死亡状态。

三、简答题

1. 简述线程的生命周期和生命周期内各状态的转换。

2. 如何启动、终止一个 Java 线程？

四、程序设计题

请用多线程编写一个简单的龟兔赛跑的程序。

第 10 章

Applet 小程序

在本书第 1 章中,曾简要地介绍了 Applet 小程序编译、运行的基本步骤。Applet 小程序是使用 Java 语言编写的一段代码。它可以通过浏览器调用一个嵌入该 Applet 小程序的 HTML 文件运行。正因为 Applet 小程序可以嵌入 HTML 页面中,所以可以通过在 Web 页面中嵌入 Applet 小程序使其在网络上传播。当本地浏览器打开该网页时,即将网页中附带的小程序下载到本机上通过 Java 虚拟机(JVM)执行而显示了结果。由于通过 Java 小程序可以很容易实现各种文字、图形、图像、声音以及动画的设置功能,因此,可以使网页更加丰富。另外,由于 Java 虚拟机的安全机制,用户大可不必为 Applet 小程序的代码安全性担忧。

由于 Applet 也属于容器组件,因此第 8 章中关于布局管理器、事件响应以及各种组件均可使用。本章主要介绍 Applet 小程序的工作原理、生命周期,以及如何利用 Java 小程序实现文字、图形、图像、声音以及动画设计。

10.1 Applet 小程序的基本原理

Applet 小程序是一种储存于 WWW 服务器的用 Java 编写的程序,通常较小,而且嵌入到超文本标识语言(HTML)编写的 Web 页中,它由浏览器下载到客户系统中,并通过浏览器运行,如图 10-1 所示。

由于 Applet 小程序通过网络传输,在传输过程中有可能被加入了恶意代码,因此,在本机上必须有安全保障机制。大多数浏览器禁止 Applet 小程序的如下操作:

(1)在运行时执行其它本地程序;

(2)文件的输入输出操作;

(3)调用任何本地方法;

(4)试图与 Applet 小程序所在的主机进行通信。

可以看出,以上机制保证了 Applet 小程序在本机

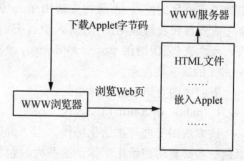

图 10-1 Applet 的基本工作原理

运行期间,既不能访问本地程序,又不能访问远程系统,这样确实保证了本机以及远程系统的安全。

251

10.2 Applet 的生命周期

所有的 Applet 小程序都是从 Applet 类继承而来。Applet 类的继承关系如图 10-2 所示。

当浏览器在下载 Applet 小程序字节代码的同时，会创建一个该 Applet 小程序类的对象。Applet 的生命周期是指从 Applet 小程序下载到浏览器开始到用户退出浏览器终止该程序运行的过程，即指 Applet 小程序类的对象的创建到消亡的过程。Applet 小程序的生命周期包含四个状态：初始态（瞬态）、运行态、停止态和消亡态。Applet 类中定义了 init()，start()，stop()，destroy()等主要方法。各种状态之间通过各种方法可以相互转换。Applet 生命周期的状态与方法的关系如图 10-3 所示。

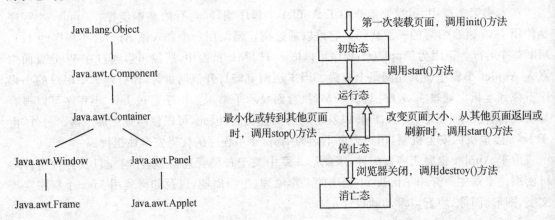

图 10-2　Applet 类的继承关系　　　图 10-3　Applet 生命周期的状态与方法的关系

当 Applet 小程序所在的页面被浏览器装入后，创建一个该 Applet 小程序类的对象，系统首先自动调用 init()方法，进行一些必要的初始化工作进入初始态。接着，系统将调用 start()方法启动 Applet 的执行，进入运行态。当浏览器切换到别的页面时，调用 stop()方法，以终止 Applet 的执行，进入停止态。假如浏览器又切换回 Applet 所在页面，那么运行时系统将从调用 start()方法开始 Applet 的又一次运行，即由停止态转入运行态。当浏览器关掉时，Applet 走到了它一生的终点，系统将先调用 stop()停止它的执行，进入停止态，然后用 destroy()方法来完成资源回收等收尾工作，进入消亡态。如果在运行态浏览器重载页面，就会先令 Applet 进入死亡态（依次调用 stop()和 destroy()），再然后装入页面（调用 init()），进入初始态，开始 Applet 的又一次生命。

下面详细介绍各方法的功能：

1. public void init ()

该方法用于进行初始化操作。当 Applet 程序启动时自动调用该方法。在这个方法中，可以做一些必要的初始化工作。这些内容包括创建和初始化程序运行所需要的对象实例，把图形或字体载入内存、处理 PARAM 参数等，以及初始化图像文件、声音文件、字体等对象。

2. public void start ()

该方法用来实现 Applet 小程序的主要功能。Applet 运行 init()方法之后将自动调用该方法，用户可以通过重载父类的 start()方法，实现 Applet 小程序的主要功能。当用户刷新包含 Applet 的页面或者从其他页面返回包含 Applet 的页面时，start 方法也会被自动调用。也就是说，start 方法可以被多次调用，这与 init 方法是有区别的。基于这样的原因，可以把只调用一次的代码放在 init 方法中，而不能放在 start 方法中。

3. public void stop ()

该方法的作用是停止一些占用的系统资源。当用户将浏览 Applet 程序所在的 Web 页面切换到其他页面或最小化时,浏览器会自动调用 stop()方法,让 Applet 程序终止运行。如果用户又回到 Applet 程序所在的 Web 页面时,则浏览器将重新启动 Applet 程序的 start()方法。如果在 Applet 中没有动画、音乐文件播放,那么通常可以不使用这个方法。

4. public void destroy ( )

该方法的作用是结束程序,释放全部所占资源。当用户正常关闭 Applet 程序窗口时,会自动执行此方法;如果小应用程序仍然处于活动状态,则会在调用 destroy()之前,先调用 stop()方法,再调用 destroy()。该方法用于回收系统资源,如回收图形用户界面的系统资源、关闭连接等。至于 Applet 实例本身,会由浏览器来负责从内存中清除,不需要在 destroy 方法中清除。

5. public void paint( )

它的主要作用是在 Applet 的界面中显示文字、图形和其他界面元素。浏览器调用 paint()方法的事件主要有如下三种:

① 当浏览器首次显示 Applet 时,会自动调用 paint()方法;

② 当用户调整窗口大小或移动窗口时,浏览器会调用 paint()方法;

③ 当 repaint()方法被调用时,系统将首先调用 update()方法将 Applet 对象所占用的屏幕空间清空,然后调用 paint()方法重画。

例 10.1:通过以下程序观察 Applet 小程序的生命周期中各个方法的执行过程。

```java
import java. awt. * ;
import java. applet. * ;
public class AppletLife extends Applet
{
  String str="";
  public void init( )
  {
    System. out. println("init()方法");
  }
  public void start( )
  {
    System. out. println("start()方法");
  }
  public void paint(Graphics g)
  {
    System. out. println("paint()方法");
  }
  public void stop( )
  {
    System. out. println("stop()方法");
  }
  public void destroy( )
  {
    System. out. println("destroy()方法");
  }
```

```
}
```
HTML 文件：
    ＜APPLET CODE ＝AppletLife. class   WIDTH＝200   HEIGHT＝100＞
    ＜／APPLET＞

　　运行该程序，则屏幕上的显示内容与其调用的方法名称相对应，可以跟踪 Applet 小程序在生命周期内的各个方法的调用情况。

　　根据运行结果可以看出：首次执行 Applet 小程序时会依次调用 init()，start() 和 paint() 方法；当使 Applet 小程序窗口最小化为图标时，会调用 stop() 方法；当使 Applet 小程序窗口的图标还原时，会调用 start() 和 paint() 方法；当 Applet 小程序窗口大小改变时，会调用 paint() 方法；当关闭 Applet 小程序窗口时会调用 stop() 和 destroy() 方法。

10.3　利用 Applet 接收 HTML 传递的参数

　　在前面介绍过 Applet 小程序都是嵌在 HTML 文件中运行的，也即是必须使用 HTML 的 Applet 标记实现 Applet 小程序的嵌入。Applet 标记是成对出现的，以＜APPLET＞开始，＜／APPLET＞结束。

　　例如：在例 10.1 的 HTML 文件中包含如下 Applet 标记：
＜APPLET CODE ＝AppletLife. class   WIDTH＝200   HEIGHT＝100＞
＜／APPLET＞
则表示要在该 HTML 文件所在的位置寻找并加载保存在 AppletLife. class 中的类，Applet 窗口的显示区域为宽 200 像素，高 100 像素。

　　下面进一步介绍 HTML 的＜APPLET＞标记。

10.3.1　控制窗口特征的 Applet 标记属性

　　Applet 标记中用于控制 Applet 窗口特征的属性如下：

＜APPLET
    [CODEBASE＝代码所在的 URL 地址]
    CODE＝小程序字节码文件名
    [NAME＝当前 Applet 对象的名称]
    WIDTH＝Applet 窗口的宽度
    HEIGHT＝Applet 窗口的高度
    [ALT＝不能运行 Applet 小程序时显示的文字]
    [ALIGN＝对齐方式]
    [VSPACE＝垂直方向两边空出的距离（像素）]
    [HSPACE＝水平方向两边空出的距离（像素）]
＞
＜／APPLET＞

其中带[ ]的属性是可以默认的，各个属性的作用如下：

　　(1) CODEBASE 用于指定 Applet 小程序所在的路径，又称统一资源定位（URL）地址，可以使用绝对地址，也可以使用相对于当前 HTML 所在目录的相对地址。如果默认 CODE-

BASE 属性,则使用和 HTML 文件相同的 URL。

（2）CODE 用于设定 Applet 的字节码(.class)文件。

（3）NAME 用于指定当前 Applet 对象的名称。当浏览器同时运行多个 Applet 时,各 Applet 可通过名字相互引用或交换信息。如果默认 NAME 属性,则 Applet 对象的名字为其对应的类名。

（4）WIDTH 和 HEIGHT 用于设置 Applet 窗口的宽度和高度,以像素为单位。

（5）ALT 用于指定在浏览器可以识别<APPLET>标记但不能运行 Applet 小程序时,浏览器将显示的字符串。

（6）ALIGN 用于设定 Applet 窗口在 HTML 文档窗口中的对齐方式。可以的取值为 TOP(顶端对齐)、MIDDLE(居中对齐)、ABSMIDDLE(绝对居中对齐)、BOTTOM(低端对齐)、ABSBOTTOM(绝对底端对齐)、LEFT(左对齐)、RIGHT(右对齐)、TEXTTOP(文字顶端对齐)、BASELINE(基线对齐)等。

（7）VSPACE 和 HSPACE 属性用于指定浏览器显示在 Applet 窗口周围的水平和竖直空白条的尺寸,单位为像素。

注意:

（1）在 HTML 文件中,各种标记及属性名称并不区分大小写,例如 APPLET,CODE 等,但是使它们全部为大写或小写是一种良好的风格。

（2）AppletViewer 仅支持<APPLET></APPLET>标记,其他标记不会被显示出来。

（3）不支持Java 的浏览器会把<APPLET></APPLET>之间的普通 HTML 文档显示出来;支持Java 的浏览器,则把其中的普通 HTML 文档忽略。

10.3.2　向 Applet 传递参数的<PARAM>参数标记

Applet 常常被应用在 web 开发中。HTML 本身是不具有交互能力的静态网页,可以通过 HTML 向 Applet 传递一些参数,会使网页具有更强的交互能力。

1. 在 HTML 文件中设置参数

使用 HTML 中的<PARAM>标记可以将参数传递给 Applet。其中参数的名称由 NAME 属性指定,参数值由 VALUE 属性指定。其格式如下:

<PARAM NAME=参数名称　 VALUE=参数取值>

</PARAM>

在 HTML 文件中,应将<PARAM>标记放在<APPLET>标记之中。如果需要传递多个参数,可以使用<PARAM NAME=参数名称　 VALUE=参数取值>多次进行设定。

2. 在 Applet 中获取信息

Applet 可以使用 getParameter(参数名)来获得 HTML 传入的参数值。getParameter() 方法将搜索匹配的参数名,并将与之对应的值以字符串的形式返回。

如果在位于<APPLET></APPLET>标记对中的任何<PARAM>标记中都未找到,则 getParameter()返回 null。

getParameter()方法返回的参数值为字符串类型。如果需要其他类型的参数值,则必须做一些转换处理。例如,若要获取 int 类型的参数,则必须做转换:Integer. parseInt (getParameter (参数名称))。

例 10.2：由 HTML 向 Applet 传递参数。

```
<html>
<applet code=PassParam. class width=400 height=150>
  <param name=text   value="Pass parameters from HTML!">
  <param name=size   value=20>
  <param name=color value=255>
</applet>
</html>

import java. applet. * ;
import java. awt. * ;
public class PassParam extends Applet
{
    private String text;
    private int size,color;
    public void init()
    {
        text = getParameter("text");    //获得 text 参数值,为字符串类型
        size = Integer. parseInt(getParameter("size"));
        //获得 size 参数值,必须转换为整数类型
        color= Integer. parseInt(getParameter("color"));
        //获得 color 参数值,必须转换为整数类型
    }
    public void paint(Graphics g)
    {
        Color c = new Color(color);
        g. setColor(c);
        Font f=new Font("",Font. BOLD,size);
        g. setFont(f);
        g. drawString(text, 30, 60);
    }
}
```

🌐 10.4 绘制文字与图形

在 Applet 中,文字与图形的绘制和 Application 中相同,需要使用 Graphics 类提供的绘制文字或图形方法,也可以使用 Font 类的成员方法设置字型、字体、大小等,使用 Color 类的成员方法设置字体的颜色。只是应将绘制文字与图形的代码写在 paint()方法中,这在例 10.2中已经有体现,因此不过多赘述,读者可以试着练习一下各种图形的绘制。

🌐 10.5 播放声音

Java 语言提供了播放声音的方法,但目前 Java 只支持" * . au"格式的声音,而且只有在

Applet 中才能播放声音，Application 中是不行的。有两种方法可以在 Applet 中实现播放声音。

第一种方法是利用 Applet 类提供的方法直接播放声音：

```
public void play(URL url)
public void play(URL url, String name)
```

例如：

```
play( getCodeBase(),"boing. au");
```

但这种方法是一次性播放的，不能反复播放。要想反复播放，就必须使用第二种方法。

第二种方法是利用接口 java. applet. AudioClip 和 Applet 类一起实现声音播放。Audio-Clip 接口中有三个方法：

```
public void play() //播放一遍
public void loop() //循环播放
public void stop() //停止播放
```

由于 AudioClip 是一个接口，因此不能直接创建出一个声音对象实例，它必须和 Applet 类一起使用，利用 Applet 类提供的声音装载方法 getAudioClip()载入一个声音文件，形成一个声音对象实例：

```
public AudioClip getAudioClip(URL url)
public AudioClip getAudioClip(URL url, String name)
```

装载了声音文件后，就可以利用 AudioClip 的方法来进行声音操作了。

例 10.3：利用 Applet 播放声音。

```
import java. applet. * ;
import java. awt. * ;
public class SoundPlay extends Applet
{
    AudioClip sound;
    public void init()
    {
        try
        {
            sound = getAudioClip(getDocumentBase(),"spacemusic. au");
        }catch(Exception e){}
    }
    public void start()
    {
        sound. loop();
    }
    public void paint(Graphics g)
    {
        g. drawString("正在播放音乐..." + "spacemusic. au", 5, 10);
    }
```

```
    public void stop()
    {
        sound. stop();
    }
}
```

10.6   图像绘制

在 Java 中,其类包 java. awt,java. awt. image 和 java. applet 中都提供了支持图像操作的类和方法。目前 Java 支持 gif 和 jpeg 两种格式的图像处理。图像的绘制包括加载和显示两个步骤。

10.6.1   图像的加载

在 Java 中,图像信息是封装在抽象类 Image 中的,因此不能直接用 new 创建一个图像对象,需要采用 getImage 方法载入或生成图像对象。

```
public Image getImage(URL url)
public Image getImage(URL url, String name)
```

其中 URL 是网络上图像文件的位置(由于 Applet 主要在网络上运行,因此网络上图像文件需要用 URL 形式描述)。

例如:

URL picurl= new URL ("http://www. abc. edu/image/img1. gif");

注意斜线的方向:实际上对应的网络地址应为"http:\\www. abc. edu\image\img1. gif",斜线方向刚好相反。

```
Image img1 = getImage(picurl);
Image img2 = getImage(getCodeBase(),"img2. gif");
```

getCodeBase()返回 Java 小程序所在的 URL。

在 Applet 中,图像的加载一般放在 init 方法中。

10.6.2   图像的显示

在图像加载后,可以在 paint 方法中通过类 Graphics 的 drawImage 方法来显示图像。drawImage 方法有如下四种形式:

(1)public abstract boolean drawImage(Image img, int x, int y, ImageObserver obs)以(x,y)为左上角坐标,显示 img 图像,obs 为图像加载时的图像观察器,由于 ImageObserver 为接口,obs 应该是实现 ImageObserver 接口类的对象,因为 Java 的所有组件都实现了 ImageObserver 接口,所以任何一个组件对象均可以作为图像观察器。该参数取值通常为 this。

使用该方法绘制图像,当容器的尺寸小于图像的尺寸时,图像显示会不完整。

(2) public abstract boolean drawImage(Image img, int x, int y, int width, int height, ImageObserver obs)

在宽度为 width,高度为 height 的矩形内显示图像 img,矩形的左上角坐标为(x,y),obs 为图像加载时的图像观察器。

使用该方法绘制图像,能够保证图像自动按比例调整自身大小,使其在宽度为 width,高度为 height 的矩形内显示。

如果不希望在绘制图像时宽高比例失衡,可以获取图像的原始尺寸,再按比例设置 width 和 height 参数。

Java 的 Image 类提供的获取图像宽和高的方法如下:

```
public abstract int getWidth(ImageObserverobserver)
public abstract int getHeight(ImageObserver observer)
```

(3) public abstract boolean drawImage(Image img, int x, int y, Color bgcolor, ImageObserver obs)

以(x,y)为左上角坐标,显示 img 图像,图像的背景色为 bgcolor,obs 为图像加载时的图像观察器。图像的背景色是指图像底层的颜色。如果图像包含透明像素时,图像将在指定颜色背景下显示。

(4) public abstract boolean drawImage(Image img, int x, int y, int width, int height, Color bgcolor, ImageObserver obs)

在宽度为 width,高度为 height 的矩形内显示图像 img,矩形的左上角坐标为(x,y),图像的背景色为 bgcolor,obs 为图像加载时的图像观察器。

例 10.4:利用 Applet 实现一幅图像的显示。

```
import java.applet. * ;
import java.awt. * ;
public class DrawImage extends Applet
{
    Image image;
    public void init()
    {
        try
        {
            image = getImage(getDocumentBase(),"1.jpg");
        }catch(Exception e){}
    }

    public void paint(Graphics g)
    {
        g.drawImage(image,0,0,this);
    }
}
```

如果图像不能完全显示,可以设定图像的显示矩形区间为 Applet 窗口的大小(宽度为 getSize().width,高度为 getSize().height)。

也就是将

g. drawImage(image,0,0,this);

改为

g. drawImage(image,0,0, getSize(). width,getSize(). height,this);

如果图像的显示比例失真可以再修改为：

g. drawImage(image,0,0,getSize(). width,getSize(). width * image. getHeight(this)/image. getWidth (this),this);

10.6.3 在 Application 中绘制图像

图像绘制在 Applet 和 Application 中都可以进行。对于 Application 应用程序,图像的加载方法与 Applet 不同。图像的显示同样采用 Graphics 的 drawImage 方法实现。

在 Application 中,要获取图像对象必须通过 java. awt 包中的抽象类 Toolkit 类提供的 getImage()方法来实现。

public abstract Image getImage(String filename)

Toolkit 是一个抽象类,不能直接生成对象,而每个组件从 Component 类继承了得到 Toolkit 对象的方法 getToolkit()。该方法返回调用者一个 Toolkit 对象,因此使用某一个组件对象的 getToolkit()方法获取 Toolkit 对象。

例如：

Image img1= com1. getToolkit(). getImage("1. gif ");   //com1 为组件对象名

还可以通过 Toolkit 类的静态方法 getDefaultToolkit(),返回一个 Tookit 对象。

例如：

Image img2 = Toolkit. gettDefaultToolkit(). getImage("2. gif");

例 10.5：利用 Application 应用程序实现一幅图像的显示。

```
import java. awt. * ;
import java. awt. event. * ;
public class DrawImage extends Frame
{Toolkit tool;
 Image image;
 public DrawImage(String str)
 {
   super(str);
   tool=getToolkit();            //获得 Toolkit 对象
   image=tool. getImage("1. jpg");  //由 tool 获取图像
 }
 public static void main(String args[])
 {
     DrawImage f=new DrawImage("图形绘制举例");
     f. addWindowListener(new WindowAdapter()
     {
```

```
        public void windowClosing(WindowEvent e)
          {System. exit(0);}
      });
      f. setSize(300,200);
      f. setVisible(true);
  }
  public void paint(Graphics g)
    {
      g. drawImage(image,0,0,300,300 * image. getHeight(this)/image. getWidth(this),this);
    }
}
```

10.6.4 图像和声音的结合

如果将图像的显示与声音结合在一起,则可以使得程序更加有吸引力。基本步骤依次为:
在 init()中分别加载图像和声音文件;在 start()中播放声音;在 paint()中绘制图像;在 stop()
中停止声音播放。

例 10.6:利用 Applet 程序实现配乐的图像显示。

```
import java. applet. * ;
import java. awt. * ;
public class ImageWithSound extends Applet
{
    Image image;
    AudioClip sound;
    public void init()
    {
        try
        {
            image = getImage(getDocumentBase(),"1. jpg");
            sound = getAudioClip(getDocumentBase(),"spacemusic. au");
        }catch(Exception e){}
    }
    public void start()
    {
        sound. loop();
    }
    public void paint(Graphics g)
    {
        g. drawImage(image,0,0,this);
    }
    public void stop()
    {
        sound. stop();
    }
}
```

10.7 动　画

在 Java 中动画是通过在屏幕上画出一系列的图像帧来造成运动的感觉。动画实现的基本步骤,首先用 Java. awt 包中的 Graphics 类的 drawImage()方法在屏幕上画出图像,然后通过定义一个线程,让该线程睡眠一段时间,然后再切换成另外一幅图像,如此循环,从而实现动画的效果。

例 10.7:循环显示多幅图像帧实现动画效果。

```java
import java. applet. * ;
import java. awt. * ;
public class ImageAnimate extends Applet
{
 private Image image[];                              //用 Image 类的数组存放多帧连续的图像
 private int totalImage = 5;                         //图像帧的数量
 private int currentImage;                           //当前图像帧的下标
 public void init()
 {
  image = new Image[totalImage];
  for(int i=0;i<totalImage;i++)
  {
   image[i] = getImage(getDocumentBase(),"T"+(i+1)+". gif");        //获取多幅图像帧
  }
 }
 public void start()
 {
  currentImage = 0;                                  //设置初始的图像帧下标为 0
 }
 public void paint(Graphics g)
 {
  g. drawImage(image[currentImage],0,0,this);        //绘制当前图像帧
  currentImage = (++currentImage)%totalImage;        //修改当前图像帧下标
  try
  {
   Thread. sleep(500);                               //当前线程睡眠 500 ms
  }
  catch (Exception e)
  {
   e. printStackTrace();
  }
  repaint();
 }
}
```

此外,也可以通过 Graphics 类的 drawString()方法或是绘制各种图形的方法在屏幕上逐

帧的绘制出文本、图形实现动画。

　　例 10.8：屏幕上不断以打字机效果显示"Welcome to Java!"。

```java
import java.applet. * ;
import java.awt. * ;
public class TextAnimate extends Applet implements Runnable
{
 Thread thread;
 String s="Welcome to Java!";
 int sLen=s.length();
 int charCount=0;
 public void start()
 {
  if(thread==null)
   {
     thread=new Thread(this);
     thread.start();
   }
 }
public void run()
{
  while (true)
   {
    if(charCount++>=sLen)
    //字符串中字符的下标逐步增加,当加至最后字符下标时,下标归 0
      charCount=0;
    repaint();
    try{

      Thread.sleep(500);
      }catch(InterruptedException e){}
   }
 }
 public void stop()
 {
   if(thread! =null)
   {
     thread.stop();
     thread=null;
   }
 }
public void paint(Graphics g)
 {
  g.setFont(new Font("TimesRoman",Font.BOLD,50));
  g.setColor(Color.red);
  g.drawString(s.substring(0,charCount),8,50);
```

263

```
    //在屏幕上显示 s 字符串的 0~charCount 子串
    }
}
```

图形动画原理也相似,读者可以试着编程让第 8 章绘制的机器人动起来。

习题十

一、选择题

1. 以下关于 Applet 的说法中,错误的是( )。
    A. Applet 自身不能运行,必须嵌入到其他应用程序中运行
    B. 可以在安全策略的控制下读写本地磁盘文件
    C. Applet 的主类要定义为 java. applet. Applet 类的子类
    D. Java 不支持向 Applet 传递参数

2. 下列关于 Java Application 与 Applet 的说法中,正确的是( )。
    A. 均包含 main()方法　　　　　B. 均通过 appletviewer 命令执行
    C. 均通过 javac 命令编译　　　　D. 均嵌入在 HTML 文件中执行

3. 在用户自定义的 Applet 子类中,一般需要重载父类的( )方法来完成一些画图操作。
    A. start()　　B. stop()　　C. init()　　D. paint()

4. 在 Applet 方法中,( )方法可以关闭浏览器,并释放 Applet 占有的所有资源。
    A. start()　　B. stop()　　C. init()　　D. paint()

5. 当浏览器重新返回到 Applet 所在的页面时 ,将调用 Applet 的( )方法。
    A. start()　　B. stop()　　C. init()　　D. paint()

6. 以下选项中不属于 APPLET 标记的是( )。
    A. PARAM　　B. BODY　　C. CODEBASE　　D. ALT

7. 在 HTML 文件的<applet>标记中作为可选属性的是( )。
    A. Applet 显示区域的宽度　　　B. Applet 显示区域的高度
    C. Applet 主类的文件名　　　　D. Applet 主类的路径

8. 下列关于 Applet 加载图像的说法中错误的是( )。
    A. 可以使用 Applet 类的 getImage()方法获取图像
    B. 必须自行定义获取图像以及显示图像的类和方法
    C. 图像由一个 java. Image 类的对象来表示
    D. 可以使用 Graghic 类的 drawImage()方法显示图像

9. 在编写 Java Applet 程序时,若需要对发生的事件作出响应和处理,一般需要在程序的开头写上( )语句。
    A. import　　java. awt.*;　　　　B. import　　java. applet.*;
    C. import　　java. io.*;　　　　　D. import　　java. awt. event.*;

二、填空题

1. Applet 是能够嵌入到( )格式的文件中,并能够在浏览器中运行的 Java 程序。

2. 当启动 Applet 程序时,首先调用的是( )方法。

3. Applet 类的直接父类是( ),Applet 类属于( )包。

4. 为了向一个 Applet 传递参数,可以在 HTML 文件的 APPLET 标志中使用 PARAM 选项,在 Applet 程序中获取参数时,应使用的方法是( )。

5. 使用( )方法可以从 Web 站点上下载声音,并调用 play()方法和 loop()方法播放它们。

三、简答题

1. Java Applet 包括哪些安全限制?

2. Java Applet 的生命周期包括几个阶段?

3. 简述在 Applet 小程序中实现动画的基本原理。

四、程序填空题

1. 程序的功能为:在 Applet 窗口中画中心在坐标(80,80),长半轴为 60,短半轴为 50,边框为绿色的椭圆,并在中心显示黑色的字符串"这是椭圆"。

```
import java. awt. * ;
import java. applet. * ;
public class Test extends 【1】
{
 public void 【2】( Graphics g )
  {
    g. setColor(new Color(0,255,0));
    g. 【3】(20,30,120,100);
    g. setColor(new Color(0,0,0));
    g. 【4】("这是椭圆",56,82);
  }
}
```

2. Applet 窗口中有一个"切换"按钮,单击一次"切换"按钮,两幅图片在窗口交替变化显示。

```
import java. awt. * ;
import java. applet. * ;
import java. awt. event. * ;
public class Test extends Applet implements ActionListener
{
 Image image1,image2,curImage;
 Button button＝new Button("切换");
 boolean b＝true;
 public void init()
 {
  add(button);
  try{
   image1＝getImage(getDocumentBase(),"t1. gif");
   image2＝getImage(getDocumentBase(),"t4. gif");
  }catch(Exception e){}
```

```
     button. 【1】(this);
     curImage=image1;
  }
  public void actionPerformed(ActionEvent e)
  {
    if(e. getActionCommand()=="切换")
     { if(【2】)
         {curImage=image1;
          b=true;
          }
       else
        { curImage=image2;
          b=false;
          }
      }
      【3】;
     }

  public void paint(Graphics g)
  {
    g. 【4】(curImage,0,0,this);
    }
  }
```

五、程序设计题

1. 编写 Applet 程序,通过鼠标拖动方法在屏幕上绘制矩形(鼠标按下的位置为矩形左上角坐标,鼠标抬起时的位置为矩形右下角坐标)。

2. 编程实现动态闪烁的五角星。

3. 编程实现配有歌词显示的音乐播放器。

第 11 章

Java 高级应用简介

Java 语言编写的程序一大特点是可以方便地应用于 Web 和数据库的连接中。本章简要介绍 JDBC 连接数据库设计和 Java 实现网络编程一些方法。

11.1 JDBC 数据库设计

Java 语言提供了访问关系数据库的统一应用程序接口,使编程者不必关心底层数据库的细节就可以很方便对数据库进行操作。本节先简单介绍有关数据库的基本概念、SQL 语言的基本语句,再重点讲解 Java 数据库连接的方法。

11.1.1 数据库与 JDBC 数据库概述

1. 数据库的基本概念

数据库简单地说就是存放数据的仓库,用计算机专业术语来说是指长期存储在计算机内的、有组织的、可共享的相关数据的集合。数据库由数据库管理系统(DBMS)进行存储和管理。目前使用较多的是关系型数据库,如 Access,Mysql,SQLServer,ORACLE,DB2 等等。在关系型数据库中,一个数据表就是一个二维的表格,如表 11-1 图书数据表就是一个关系。表中第一行是表的结构,其他的每一行称为一条记录,每一列称为一个字段,每个字段又包括字段名,类型和长度等等。若干个数据表的集合就构成了一个数据库。

表 11-1 图书数据表

图书编号	书　名	作　者	出版社	价格/元
101001	Java 程序设计教程	Julia Case Bradley	电子工业出版社	49.00
101002	Java 语言应用技术开发基础	柳西玲 许斌	清华大学出版社	25.00
101003	面向对象程序设计——Java	张白一 崔尚森	西安电子科技大学出版社	32.00
101004	Java 语言计算科学与程序设计	Walter Savitch	清华大学出版社	86.00

由于关系数据库种类较多,而且每种数据库管理系统数据访问方法也不相同,为连接和访问能有一个共同的标准,于是出现了 ODBC(Open DataBase Connection,开放式数据库连接)。这是一套数据库连接和访问的统一接口,目前已被广泛使用。

2. JDBC 概述

JDBC(Java Data Base Connectivity,Java 数据库连接)既是 Java 程序连接和存取数据库的应用程序接口,也是 Java 访问数据库资源的一个统一标准。JDBC 标准定义了一组 Java API,Java 程序员通过使用 JDBC 就可以用 Java 语言来编写出数据库方面的应用程序。

11.1.2 SQL 语言

SQL(Structured Query Language,结构化查询语言)是关系型数据库管理系统的标准语言。其主要功能是与各种数据库建立连接并对其进行操作。虽然不同的数据库有着不同的结构和数据存放方式,但是它们基本上都支持 SQL 语言标准,可以通过 SQL 语言来存取和操作不同数据库的数据。

SQL 语言的操作对象主要是数据表。SQL 命令包括 DDL (Data Definition Language,数据定义语言),DML (Data Manipulation Language,数据操纵语言),DQL(Data Query Language,数据查询语言)和 DCL(Data Control Language,数据控制语言)四大类。

1. 数据定义

数据定义包括数据库及其数据表的创建、修改、删除等操作,命令有 Create,Alter 和 Drop 等,具体用法如下。

(1) 创建数据表

命令格式:

CREATE TABLE 表名(字段名 1　数据类型 [限制条件],字段名 2　数据类型 [限制条件],……,字段名 n 数据类型 [限制条件])

说明:

① 表名是指存放数据的表名称,字段名是指表格中某一列的名称。

② 数据类型是设定某一个具体列中数据的类型,包括 CHARr(字符类型)、SINGLE(单精度)等。

③ 限制条件是当输入此列数据时必须遵守的规则,是系统给定的关键字。如,UNIQUE 关键字限定本列的值不能重复;NOT NULL 用来规定表格中该列的值不能为空;PRIMARYKEY 表明该列为该表的主键,它不仅限定本列的值不能重复,也限定该列的值不能为空。

④ [ ]表示可选项,其内容根据需要可有可无。

例如,创建一个名为图书的表,可以使用如下 SQL 语句:

CREATE TABLE 图书(图书编号 CHAR(6) PRIMARYKEY,书名 CHARr(30),作者 CHAR(20),出版社 CHAR(20),价格 SINGLE);

(2) 修改数据表

修改数据表包括向表中添加字段和删除字段。

添加字段命令格式为:

ALTER TABLE 表名　ADD 字段名 数据类型 [限制条件]

删除字段命令格式为:

ALTER TABLE 表名　DROP 字段名

(3) 删除数据表

在 SQL 语言中使用删除某个表格及表格中的所有记录的命令格式如下:

DROP TABLE 表名

2. 数据操纵语言

数据操纵的功能是指明对数据库中的记录进行插入(Insert)、删除(Delete)和更新(Update)。

（1）插入记录

SQL 语言向数据库表格中插入或添加新记录的命令格式如下：

INSERT INTO 表名（字段名 1，……，字段名 n）　VALUES（值 1，……，值 n）

说明："值"表示要向对应字段的插入的值。字段名的个数与值的个数要严格对应，数据类型应该一一对应。

（2）更新记录

SQL 语言使用 UPDATE 语句更新或修改满足规定条件的现有记录，命令格式如下：

UPDATE 表名　SET 字段名 1　新值 1［，字段名 2　新值 2……］WHERE 条件

说明：SET 后的字段名是要更新的字段，新值是要更新的值，关键字 WHERE 引出更新时应满足的条件，即满足此条件的字段值将被更新。

（3）删除记录

SQL 语言使用 DELETE 语句删除数据库表格中的记录，命令格式如下：

DELETE　FROM 表名［WHERE 条件］

说明：若带关键字 WHERE，则满足条件的记录将被删除；否则删除当前记录。

3. 数据查询语言

数据库查询是数据库的核心操作。SQL 语言使用 SELECT 语句进行数据库的查询，并以数据表的形式返回符合用户查询要求的结果数据。SELECT 语句具有丰富的功能和灵活的使用方式。其一般的语法格式如下：

SELECT　［DISTINCT］字段名 2［，字段名 2，……］　FROM 表名　［WHERE 条件］

其中：DISTINCT 表示不输出重复值，即当查询结果中若有多条记录具有相同的值时，只返回满足条件的第一条记录值；语句中的字段名用来决定哪些字段将作为查询结果返回。用户可以按照自己的需要指出数据表中所具有的任意的字段，也可以使用通配符"＊"来表示查询结果中包含所有字段。

11.1.3　JDBC 连接数据库

JDBC 的接口分两个层次：一个是面向程序开发人员的应用程序层（JDBC API）；另一个是底层的驱动程序层（JDBC Driver API）。在应用程序层，开发人员用 API 通过 SQL 调用数据库，并从数据库中读取信息。在驱动程序层，处理与具体驱动程序版本的所有通信。由于不同的数据库有不同的驱动程序，所以 JDBC 可以针对各种数据库，而且当要连接几个不同的数据库时，只须修改程序中的 JDBC 驱动程序。

1. JDBC 的基本结构

JDBC 的基本结构由 Java 应用程序、JDBC 管理器、驱动程序和数据库四部分组成，如图 11－1 所示。

Java 应用程序的功能是根据 JDBC 方法实现对数据库的访问和操作。JDBC API 的作用是屏蔽不同的数据库驱动程序之间的差别，实现 Java 程序和特定驱动程序的连接。驱动程序处理

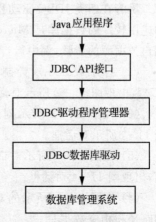

图 11－1　JDBC 的体系结构

JDBC 方法,向特定数据库发送 SQL 请求,并为 Java 程序获取结果。由于 JDBC 是独立于数据库管理系统的,而每个数据库系统均有自己的协议与客户机通信。因此,JDBC 利用数据库驱动程序来使用这些数据库引擎。JDBC 驱动程序由数据库软件商和第三方的软件商提供,因此,根据编程所使用的数据库系统不同,所需要的驱动程序也有所不同。

目前 JDBC 驱动程序可分为四种类型:JDBC – ODBC(Open DataBase Connection,开放式数据库连接)Bridge plus ODBC driver;Native – API partly – Java driver;JDBC – Net pure Java driver 和 Native – protocol Pure JDBC Driver。不同类型的 JDBC 驱动程序有着不一样的特性和使用方法。下面将说明不同类型的 JDBC 驱动程序之间的差异。

DBC – ODBC Bridge plus ODBC driver:JDBC – ODBC 桥上加 ODBC 驱动程序。使用该驱动程序前必须在客户端安装好 ODBC 驱动程序(sun. jdbc. odbc. jdbcOdbcDriver),同时还要配置好 ODBC 数据源。Java 应用程序先从 JDBC Driver Manager 驱动 JDBC 驱动程序,再调用 ODBC Driver Manager 驱动 ODBC,进而通过 ODBC 来存取数据库。

Native – API partly – Java driver:本地 API 部分 Java 驱动程序,同 JDBC – ODBC 桥上加 ODBC 驱动程序。这类驱动程序也必须在客户端先安装好特定的驱动程序(类似 ODBC)。驱动程序使用 JDBC – Native API Bridge 的转换,把 Java 程序中使用的 JDBC API 转换成 Native API,进而存取数据库。

JDBC – Net pure Java driver:JDBC 网络纯驱动程序。使用这类驱动程序时不需要在客户端安装任何附加软件,但是必须在安装数据库管理系统的服务器端加装中介软件(Middleware)。这个中介软件会负责所有存取数据库时必要的转换。首先 JDBC 驱动程序会将 JDBC 函数调用解释成与数据库无关的网络通信协议,经过中间服务器的第二次解析,最后才转换成相对应的数据库通信协议,后台数据库发生变化时,只需要更换中介层与数据库之间的 JDBC 驱动程序。

Native – protocol Pure JDBC Driver:本地协议的纯 Java 驱动程序。使用这类驱动程序时无须安装任何附加的软件(无论是用户计算机或是数据库服务器端),所有存取数据库的操作都直接由 JDBC 驱动程序来完成。这类驱动程序将 JDBC 调用直接转化为 DBMS 所使用的网络协议,允许从客户机上直接调用 DBMS 服务器,是 Intranet 访问的一个很实用的解决方法。

2. 安装 JDBC 驱动程序的过程

尽管在四类 JDBC 驱动程序中,选择后两种类型的 JDBC 驱动程序为最好。由于目前国内应用较广的数据库是 Microsoft Access 等微软的产品,所以下面以它为例,说明创建 ODBC 用户数据源的步骤,例中运行环境为 Windows XP 操作系统,数据库为 Accesss 2003。

（1）打开 Windows 控制面板,打开"性能和维护",打开"管理工具",双击"数据源(ODBC)",出现图 11 – 2 所示对话框。

（2）在图 11 – 2 所示对话框中,选择 "MS Access Database",单击"添加"按钮,出现图 11 – 3所示对话框。

（3）在图 11 – 3 所示对话框中,选择"Microsoft Access Driver(＊ . mdb)",单击"完成"按钮,出现图 11 – 4 对话框。

（4）在图 11 – 4 所示的对话框中,如果事先有数据库,单击"选择"按钮,选择数据库所在的路径和相应数据库;要新建数据库则选择"创建"按钮,为数据源起名,例子中数据源名"source",单击"确定"按钮。

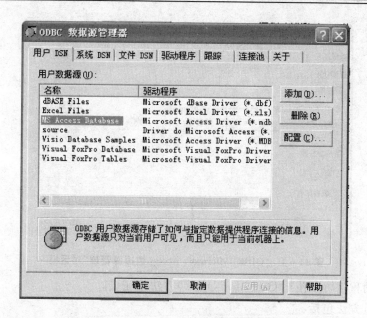

图 11 - 2　"ODBC 数据源管理"对话框

图 11 - 3　"创建新数据源"对话框

（5）回到图 11 - 2，再单击"确定"按钮。

11.1.4　JDBC API 的主要类和接口介绍

JDBC API 由一系列与数据库访问有关的类和接口组成。它们放在 java. sql 包中，主要的
类和接口如下：

271

1. DriverManager 类

管理各种驱动程序加载，建立数据库连接，以便将 Java 应用程序对应至正确的 JDBC 驱
动程序。DriverManager 允许在内存内同时加载多个 JDBC 驱动程序分别指向不同的数据库。
如果要使用 JDBC 驱动程序，必须加载 JDBC 驱动程序，并向 DriverManage 注册后才能使用。

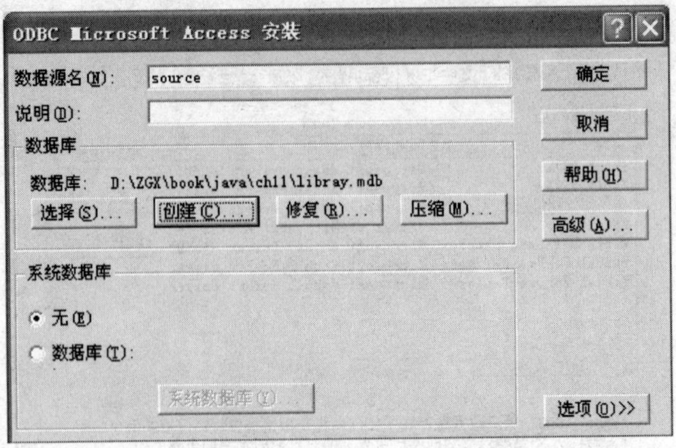

ODBC Microsoft Access 安装

数据源名(N):	source
说明(D):	

数据库

数据库: D:\ZGX\book\java\ch11\libray.mdb

选择(S)... 创建(C)... 修复(R)... 压缩(M)...

系统数据库

○ 无(E)

○ 数据库(T):

系统数据库(Y)

确定
取消
帮助(H)
高级(A)...
选项(O)>>

图 11-4 "ODBC Microsoft Access 数据源管理"对话框

加载和注册驱动程序可以使用 Class. forName()方法来完成。

其主要成员方法包括:

(1) public static synchronized Connection getConnection(String url)throws SQLException

使用指定的数据库 URL 创建一个连接,使 DriverManager 从注册的 JDBC 驱动程序中选择一个适当的驱动程序。如果发生数据库访问错误则程序抛出一个 SQLException 异常。

(2) public static synchronized Connection getConnection(String url,Properties info)throws SQLException

使用指定的数据库 URL 和相关信息(用户名、用户密码等属性列表)来创建一个连接,使 DriverManager 从注册的 JDBC 驱动程序中选择一个适当的驱动程序。如果发生数据库访问错误,则程序抛出一个 SQLException 异常。static Connection getConnection(String url, String user,String password):通过指定的 URL、用户名和密码来创建数据库的连接。

(3) public static synchronized Connection getConnection(String url, String user, String password) throws SQLException

使用指定的数据库 URL、用户名和用户密码创建一个连接,使 DriverManager 从注册的 JDBC 驱动程序中选择一个适当的驱动程序。如果发生数据库访问错误,则程序抛出一个 SQLException 异常。

(4) public static Driver getDriver(String url) throws SQLException

定位在给定 URL 下的驱动程序,让 DriverManager 从注册的 JDBC 驱动程序选择一个适当的驱动程序。如果发生数据库访问错误,则程序抛出一个 SQLException 异常。

(5) public static void deregisterDriver(Driverdriver) throws SQLException

DriverManager 列表中删除指定的驱动程序,如果发生数据库访问错误,则程序抛出一个 SQLException 异常。

(6) public static int getLoginTimeout()

获取连接数据库时驱动程序可以等待的最大时间,以秒为单位。

（7）public static PrintStream getLogStream()

获取 DriverManager 和所有驱动程序使用的日志 PrintStream 对象。

（8）public static void println(String message)

给当前 JDBC 日志流输出指定的信息。

2. Connection 接口

用来建立数据库连接。通常需要传入表示连接方式的 URL 字符串,然后返回一个 Connection 对象。如果发生数据库访问错误,则程序抛出一个 SQLException 异常。

其主要成员方法如下:

（1）public Statement createStatement() throws SQLException

创建 Statement 类对象。

（2）public Statement createStatement(int resultSetType,int　resultSetConcurrecy) throws SQLException

按指定的参数创建 Statement 类对象。

（3）public DatabaseMetaData getMetaData() throws SQLException

创建 DatabaseMetaData 类对象。不同数据库系统拥有不同的特性,DatabaseMetaData 类不但可以保存数据库的所有特性,并且还提供一系列成员方法获取数据库的特性,如取得数据库名称、JDBC 驱动程序名、版本代号及连接数据库的 JDBC URL。

（4）public PreparedStatement prepareStatement(String sql) throws SQLException

创建 PreparedStatement 类对象。关于该类对象的特性在后面介绍。

（5）public void commit() throws SQLException

提交对数据库执行添加、删除或修改记录(Record)的操作。

（6）public boolean getAutoCommit() throws SQLException

获取 Connection 类对象的 Auto_Commit(自动提交)状态。

（7）public void setAutoCommit(boolean autoCommit) throws SQLException

设定 Connection 类对象的 Auto_Commit(自动提交)状态。如果将 Connection 类对象的 autoCommit 设置为 true,则它的每一个 SQL 语句将作为一个独立的事务被执行和提交。

（8）public void rollback() throws SQLException

取消对数据库执行过的添加、删除或修改记录(Record)等操作,将数据库恢复到执行这些操作前的状态。

（9）public void close() throws SQLException

断开 Connection 类对象与数据库的连接。

（10）public boolean isClosed() throws SQLException

测试是否已关闭 Connection 类对象与数据库的连接。

3. Statement 接口

用于处理连接中的 SQL 语句,将 SQL 命令传送给数据库,并将 SQL 命令的执行结果返回。Statement 类提供的常用成员方法如下:

(1) public ResultSet executeQuery(String sql) throws SQLException

执行指定的 SQL 查询语句,返回查询结果。如果发生数据库访问错误,则程序抛出一个 SQLException 异常。

(2) public int executeUPdate(String sql) throws SQLException

执行 SQL 的 INSERT,UPDATE 和 DELETE 语句,返回值是插入、修改或删除的记录行数或者是 0。如果发生数据库访问错误,则程序抛出一个 SQLException 异常。

(3) public boolean execute(String sql) throws SQLException

执行指定的 SQL 语句,执行结果有多种情况。如果执行结果为一个结果集对象,则返回 true,其他情况返回 false。如果发生数据库访问错误,则程序抛出 SQLException 异常。

(4) public ResultSet getResultSet() throws SQLException

获取 ResultSet 对象的当前结果集。对于每一个结果只调用一次。如果发生数据库访问错误,则程序抛出一个 SQLException 异常。

(5) public int getUpdateCount() throws SQLException

获取当前结果的更新记录数,如果结果是一个 ResultSet 对象或没有更多的结果,返回 —1。对于每一个结果只调用一次。如果发生数据库访问错误,则程序抛出一个 SQLException 异常。

(6) public void clearWarnings() throwsSQLException

清除 Statement 对象产生的所有警告信息。如果发生数据库访问错误,则程序抛出一个 SQLException 异常。

(7) public void close() throws SQLException

释放 Statement 对象的数据库和 JDBC 资源。如果发生数据库访问错误,则程序抛出一个 SQLException 异常。

4. ResultSet 接口

用于处理数据库操作结果集,负责存储查询数据库的结果,并提供一系列的方法对数据库进行新增、删除和修改操作;也负责维护一个记录指针,通过适当地移动记录指针可以方便地存取数据库。其主要方法包括:

(1) public boolean absolute(int row) throws SQLException

移动记录指针到指定记录。

(2) public boolean first() throws SQLException

移动记录指针到第一条记录。

(3) public void beforeFirst() throws SQLException

移动记录指针到第一条记录之前。

(4) public boolean last() throws SQLException

移动记录指针到最后一条记录。

(5) public void afterLast() throws SQLException

移动记录指针到最后一条记录之后。

(6) public boolean previous() throws SQLException

移动记录指针到上一条记录。

(7) public boolean next() throws SQLException

移动记录指针到下一条记录。

(8) public void insertRow() throws SQLException

插入一个记录到数据表中。

(9) public void updateRow() throws SQLException

修改数据表中的一条记录。

(10) public void deleteRow() throws SQLException

删除记录指针指向的记录。

(11) public void update 类型(int ColumnIndex,类型 x) throws SQLException

修改数据表中指定字符的值。

(12) public int get 类型(int ColumnIndex) throws SQLException

取得数据表中指定字符的值。

5. PreparedStatement 类

java. sql. PreparedStatement 类的对象可以代表一个预编译的 SQL 语句。它是 Statement 接口的子接口。由于 PreparedStatement 类会将传入的 SQL 命令编译,并暂存在内存中,所以当某一 SQL 命令在程序中被多次执行时,使用 PreparedStatement 对象执行速度要快于 Statement 对象。因此,将需要多次执行的 SQL 语句创建为 PreparedStatement 对象,可以提高效率。

PreparedStatement 对象继承 Statement 对象的所有功能,另外还添加一些特定的方法。PreparedStatement 类提供的常用成员方法如下。

(1) public ResultSet executeQuery() throws SQLException

使用 SQL 指令 SELECT 对数据库进行记录查询操作,并返回 ResultSet 对象。

(2) public int executeUpdate() throws SQLException

使用 SQL 指令 INSERT,DELETE 和 UPDATE 对数据库进行添加、删除和修改记录(Record)操作。

（3）public void setDate(int parameterIndex,Date x)throws SQLException

给指定位置的参数设定日期型值。

（4）public void setTime(int parameterIndex,Time x) throws SQLException

给指定位置的参数设定时间型数值。

（5）public void setDouble(int parameterIndex,double x)throws SQLException

给指定位置的参数设定 double 型值。

（6）public void setFloat(int parameterIndex,float x) throws SQLException

给指定位置的参数设定 float 型数值。

（7）public void setInt(int parameterIndex,int x) throws SQLException

给指定位置的参数设定整数型数值。

（8）public void setNull(int parameterIndex,int sqlType) throws SQLException

给指定位置的参数设定 NULL 型数值。

11.1.5 使用 JDBC 的编程步骤

Java 应用程序使用 JDBC 应遵循以下的步骤：

1. 安装适当的 JDBC 驱动程序

在程序的首部用 import 语句将 java.sql 包引入程序。

import java.sql.*;

使用 Class.forName()方法加载相应数据库的 JDBC 驱动程序。以加载 jdbc－odbc 桥为例，则相应的语句格式为：

Class.forName("sun.jdbc.odbc.JdbcOdbcDriver");

2. 定义连接数据库的 URL 对象

如果要连接的数据源是 source，则可以使用语句为：

String conURL＝"jdbc:odbc:TestDB";

3. 利用驱动程序与数据库建立连接

通过 java.sql.DriverManage 类的静态方法 getConnection()建立与数据源的连接。这个连接作为一个数据操作的起点，同时也是连接会话操作的基础。

Connection s＝DriverManager.getConnection(conURL);

4. 向数据库发送 SQL 命令

通过 java.sql.Statement 或者 java.sql.PrepareStatement 对象向数据源发送 SQL 命令，然后调用类中相应的 execute 方法来执行 SQL 命令。

5. 按 SQL 语句中条件查询要求获取信息

6. 处理结果，关闭数据库

数据库处理完提交的 SQL 命令后，将返回处理结果。对于 DDL 和 DML 类的操作将返回被修改的记录数,借此可以知道对多少条记录进行了操作;对于数据查询等操作将返回 java. sql. ResultSet 结果集,可以对此操作获得所需要的查询结果。

由于每个数据库能够同时处理的数据连接数量是有限的,因此在不使用连接时要及时关闭连接。调用 Connection 对象的 close()方法可以解除 Java 与数据库的连接并关闭数据库。

下面通过一些例子具体介绍 JDBC 编程的基本过程,例中仍然通过 JDBC－ODBC 桥来完成数据库的操作。

例 11.1:在前面建好的数据库 library 里创建一个图书表 book,包括图书编号(id)、书名(name)及作者(author)、出版社(press)和价格(price)等字段,并为其添加三条记录。

```java
import java. sql. * ;
public class c11_1
{
    public static void main(String[] args)
    {
        String JDriver= "sun. jdbc. odbc. JdbcOdbcDriver";
        String conURL= "jdbc:odbc:source";
        Try
        {
            Class. forName(JDriver);
        }
        catch(java. lang. ClassNotFoundException e)
        {
            System. out. println("ForName :" + e. getMessage());
        }
        try
        {
            Connection con=DriverManager. getConnection(conURL);
            Statement s=con. createStatement();
            String query = "create table book(" + "id char(10)," + "name
char(20)," + "author char(20)," + "press char(20)," + "price
                single" + ")";
            s. executeUpdate(query);
        String r1="insert into book values(" + "'101001','Java 程序设计教程','Julia Case Bradley','电子
工业出版社',+49)";
        String r2="insert into book values(" + "'101002','Java 语言应用技术开发基础','柳西玲','清华
大学出版社',25)";
        String r3="insert into book values(" + "'101003','面向对象程序设计-Java','张白一','西安电子
科技大学出版社',32)";
            s. executeUpdate(r1);
            s. executeUpdate(r2);
            s. executeUpdate(r3);
            s. close();
            con. close();
        }
        catch(SQLException e)
```

```
            {
                System. out. println("SQLException: " +e. getMessage());
            }
        }
    }
```

这段程序的操作结果是在 library 数据库创建一个 book 表的结构,并向其中添加三条记录,运行结果可以查看 library 数据库。

下面在通过一个例子完成对 book 表的查询和输出。

例 11.2:在 book 表中查询价格大于 30 元的图书,并将结果在屏幕上输出。

```java
import java. sql. * ;
public class c11_2
{
    public static void main(String[] args)
    {
        String JDriver="sun. jdbc. odbc. JdbcOdbcDriver";
        String conURL="jdbc:odbc:source";
        String query="SELECT  *  FROM BOOK WHERE PRICE>30";
        try{
            Class. forName(JDriver);
        }
        catch(java. lang. ClassNotFoundException e)
        {
            System. out. println("ForName :" + e. getMessage());
        }
        try
        {
        Connection con=DriverManager. getConnection(conURL);
        Statement s=con. createStatement();
        ResultSet rs=s. executeQuery(query);
    while(rs. next())
        {
            String s_id=rs. getString(1);
            String s_name=rs. getString(2);
            String s_author=rs. getString(3);
            String s_press=rs. getString(4);
            int s_price=rs. getInt(5);
            System. out. println("图书编号:"+s_id);
            System. out. println("图名:"+s_name);
            System. out. println("作者:"+s_author);
            System. out. println("出版社:"+s_press);
            System. out. println("价格:"+s_price);
        }
        rs. close();
    s. close();
```

```
        con. close();
    }
    catch(SQLException e)
    {
        System. out. println("SQLException: " +e.
getMessage());
    }
    }
}
```

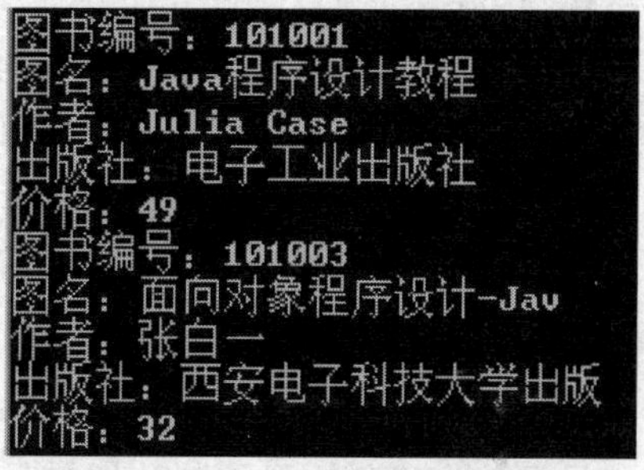

图书编号: **101001**
图名: **Java**程序设计教程
作者: **Julia Case**
出版社: 电子工业出版社
价格: **49**
图书编号: **101003**
图名: 面向对象程序设计-Jav
作者: 张白一
出版社: 西安电子科技大学出版
价格: **32**

图 11 - 5   例 11.2 程序运行结果

程序运行结果如图 11 - 5 所示。

用类似的方法也可以完成数据表的删除和修改等功能,这里不在一一介绍。

11.2 网络程序设计

　　Java 是一种面向网络环境发展起来的编程语言,因此有强大的网络通信支持功能。可以通过 Java 编程方便地将 Applet 嵌入到网络的主页中,也可以实现客户端和服务端的通信。java. net 包中包含有许多与通信有关的类,可以实现获取网络资源、建立通信连接和传递本地数据等网络应用。

　　Java 中网络支持机制主要面向两大类应用:一类是高层次上的应用,访问 Internet 网络上的资源;另一类是低层次的网络通信,采用 C/S(client/sever,客户/服务器)模式的应用和采用某些特殊协议的应用。在 Java. net 包中的 URL 类和 URLConnection 类支持第一类应用,这些类对 HTTP 协议有广泛的支持,利用 URL 对象中的方法可以直接读取网络中的资源;而URLConnection 类可双向访问网络上的资源。Java. net 包中 Socket,SocketSever,Datagram-Packet,DatagramSocket 和 MulticastSocket 类支持第二类应用。通信过程是基于 TCP/IP 协议中的传输层接口 Socket 来实现的。其中 Socket,SocketSever 类是利用 TCP 通信,是一种面向连接的网络服务,即服务器与客户机是实时连接的,DatagramPacket,DatagramSocket 是利用 UDP 通信,是一种无面向连接的网络服务,程序将要传送的数据打包。

　　本节将简单介绍网络通信的基础知识和使用 Java. net 包的各类进行网络程序设计的方法。

11.2.1 URL 类和 URLConnection 类

　　URL(Uniform Resource Locator,统一资源定位器),用它可以表示 Internet 或 Intranet 上的资源位置。所说的资源可以是一个文件、一个目录或一个对象。比较熟悉的是当使用浏览器浏览网络上的资源时,首先要键入 URL 地址,如 http://www. sina. com. cn:80/default. html 才可以访问相应的主页。

　　完整的 URL 包含四个部分,可以表示为:

Protocol://host:port/filename/ref

其中:

Protocol 是连接网络资源所用的传输协议,如 HTTP(超文本传输协议)或者 FTP(文件传输协议)等。

Host 是文件所在的主机名或主机地址。

Port 是主机上用于连接该 URL 的端口号。

Filename 是文件的全路径文件名。

Ref 是引用,它是文件资源的一个标记,可以以超链接的方式在 HTML 文件中指定某一个特定的部分。

由于一般的通信协议都已经规定好了开始联络时的通信端口,例如,HTTP 协议的默认端口号是 80,FTP 协议的默认端口号是 21 等,所以 URL 使用协议的默认端口号时,可以不写出默认端口号。所以,一般的 URL 地址只包含传输协议、主机名和文件名就足够了。

1. URL 类

要访问网络上的某一资源,必须创建一个 URL 对象。创建 URL 对象要使用 java.net 软件包中提供的 java.net.URL 类的构造方法。

URL 的构造方法有很多种,不同的构造方法通过不同的参数形式向 URL 对象提供组成 URL 的各部分信息,可以通过这些方法来创建 URL 对象。常用的构造方法有:

(1) public URL(String spec)

这个构造方法通过一个完整的 URL 地址的字符串 spec 来创建一个 URL 对象。若字符串 spec 中使用的协议是未知的,则抛出 MalformedURLException 异常,在创建 URL 对象时必须捕获这个异常。例如:

URL url=new URL("http://www.qqhru.edu.cn");

(2) public URL(String protocol,String host,String file)

这个构造方法用指定的 URL 的协议名、主机名和文件名创建 URL 对象。若使用的协议是未知的,则抛出 MaiformedURLException 异常。例如:

URL url=new("http","www.qqhru.edu.cn","index.html");

(3) public URL(String protocol,String host,String port,String file)

这个构造方法与构造方法(2)相比,增加了 1 个指定端口号的参数。

(4) public URL(URL context,String spec)

这个构造方法用于创建相对的 URL 对象。其中参数 context 为 URL 对象,用于指定 URL 位置;参数 spec 是描述文件名的字符串。如果给出的协议为 null,则抛出 MalformedURLException 异常。

URL 对象创建后,可以使用 java.net.URL 成员方法对创建的对象进行处理。常用的 java.net.URL 成员方法有:

(1) public int getPort():获取端口号。若端口号未设置,返回 -1。

(2) public String getProtocol():获取协议名。若协议未设置,返回 null。

(3) public String getHost():获取主机名。若主机名未设置,返回 null。

(4) public String getFile():获取文件名。若文件名未设置,返回 null。

(5) public String getRef():获取文件中的相对位置。若文件位置未设置,返回 null。

(6) public boolean equals(Object obj):与指定的 URL 对象 obj 进行比较,如果相同返回 true;否则返回 false。

（7）public final InputStream openStream()：从当前连接中获取输入流。若获取失败,则抛出一个 java. io. Exception 异常。

（8）public String toString()：将 URL 对象转换成字符串形式。

（9）public URLConnection openConnection()：返回与 URL 进行连接的 URLConnection 对象。

下面给出两个例子说明使用 URL 类访问网上资源的方法。

例 11.3：获取一个指定 URL 地址的协议名、主机名、端口号和文件名。

```
import java. net. * ;
public class c11_3
{
    public static void main(String args[])
    {
        URL turl=null;
        try{
            turl=new URL("http://202. 118. 250. 135/engindex/engindex. html");
        }
        catch (MalformedURLException e)
        {
            System. out. println("MalformedURLException：" + e);
        }
        System. out. println("所用的 URL:"+turl. toString());
        System. out. println("协议名:"+turl. getProtocol());
        System. out. println("主机名:"+turl. getHost());
        System. out. println("端口号:"+turl. getPort());
        System. out. println("文件名:"+turl. getFile());
    }
}
```

运行结果如图 11-6 所示。

```
所用的URL: http://202.118.250.135/engindex/engindex.html
协议: http
主机名: 202.118.250.135
端口: -1
文件: /engindex/engindex.html
```

图 11-6 例 11.3 程序的运行结果

例 11.4：使用 URL 类的 openStream()成员方法获取 URL 指定的位置上的信息,并在屏幕上输出。

```
import java. io. * ;
import java. net. * ;
public class c11_4
{
    public static void main(String args[])
    {
        String Str;
```

```
try{
    URL MyURL＝new URL("file：///d：/javabook/ch11/ c11_3.java");
      InputStream st1＝MyURL.openStream();
       InputStreamReader ins＝new InputStreamReader(st1);
       BufferedReader in＝new    BufferedReader(ins);
       while((Str＝in.readLine())!＝null)
       {
            System.out.println(Str);
       }
    }
    catch(MalformedURLException e)
    {
        System.out.println("找不到指定的 URL：");
    }
    catch (IOException e)
    {
        System.out.println("输入输出错误:"＋e.getMessage());
    }
    }
}
```

本程序中指定的 URL 是"file：///d：/javabook/ch11/ c11_3.java"，URL 的 openStream()成员方法返回的是 InputStream 类的对象，通过 read()方法逐个字节地去读 URL 地址处的资源信息，并逐行在屏幕上输出。程序的运行结果是显示指定的 URL 位置的文件即 c11_3.java 程序的内容。

2. URLConnection 类

URLConnection 是 java.net 包中的一个抽象类。它继承自 java.lang.Object，是代表程序与 URL 对象之间建立通信连接的所有类的超类，提供了与 URL 的双向通信。此类的一个实例既可以读取远方计算机节点的信息，还可向它写入信息。

URLConnection 类的构造方法如下：

URLConnection(URL url)

创建 URLConnection 类的对象可以通过 URL 对象的 openConnection()方法来完成。如：

URL MyURL＝new URL("http：//www.qqhru.edu.cn");

URLConnection con＝ MyURL.openConnection()

URLConnection 对象的常用方法包括：

(1) int getContentLength()：获得文件的长度；

(2) String getContentType()：获得文件的类型

(3) long getDate()：获得文件创建的日期。

(4) long getLastModified()：获得文件最后修改的日期。

(5) InputStream getInputStream()：获得输入流，以便读文件的数据。

(6) OutputStream getOutputSteam()：获得输出流，以便写文件。

(7) void connect():打开 URL 引用资源的通信连接。

　　读取或写入远方的计算机节点的信息时,首先要建立输入或输出数据流,利用 URLConnection 类的成员方法 getInputStream()和 getOutputStream()来获取它的输入输出数据流。例如,下面的两行用于建立输入数据流:

```
InputStreamReader ins＝new InputStreamReader(con. getInputStream());
BufferedReader in＝new    BufferedReader(ins);
```

而下面的语句行建立输出数据流:

```
PrintStream out＝new PrintStream(con. getOutputStream());
```

3. 读取远方的计算机节点的信息或向其写入信息

　　读取远方计算机节点的信息时,调用 in. readLine()方法;而向远方计算机节点写入信息时,调用 out. println(参数)方法。

　　URLConnection 类是一个抽象类,它是代表程序与 URL 对象之间建立通信连接的所有类的超类。此类的一个实例可以用来读写 URL 象所代表的资源。由于安全性的约束,java 的程序只能对特定的 URL 进行写的操作。这种 URL 就是服务器上的 CGI 程序。CGI 是公共网关接口(CommonGatewayInterface)的简称。它是客户端浏览器与服务器进行通信的接口。

　　下面通过一个例子来说明 URLConnection 类的使用。

　　例 11.5:使用 URLConnection 类从远方主机获取信息

```
import java. io. * ;
import java. net. * ;
public class c11_5
{
    public static void main(String args[])
    {
        String Str;
        try
        {
            URLMyURL＝new URL("file:///d:/zgx/book/java/ch11/c11_3. java" );
            InputStream st1＝MyURL. openStream();
            URLConnection con＝MyURL. openConnection();
            InputStreamReader ins＝new InputStreamReader(con. getInputStream());
            BufferedReader in＝new BufferedReader(ins);
            while((Str＝in. readLine())! = null)
            {
                System. out. println(Str);
            }
            in. close();
        }
        catch(MalformedURLException e)
        {
            System. out. println("找不到指定的 URL: ");
```

```
            }
        catch (IOException e)
            {
                System. out. println("输入输出错误:" +e. getMessage());
            }
        }
    }
```

程序的运行结果与例 11.4 相同。

11.2.2 InetAddress 类

在 Internet 上通信时,必须知道 Internet 地址,InetAddress 对象用来存储远程系统的 In-ternet 地址。该对象的方法中有许多表示与 Internet 地址相关的操作。

InetAddress 类没有显式的构造方法,可以通过该类的静态方法获得该类的对象。常用的静态方法包括:

(1) InetAddress getLocalHost():获取本地机的 InetAddress 对象

(2) InetAddress getByName(String host):获取由 host 指定 InetAddress 对象,host 是计算机的域名。

(3) public InetAddress []getAllmyName(String host):在 Web 中,可以用相同的名字代表一组计算机获得具有相同名字的一组 InetAddress 对象。

InetAddress 对象的常用方法:

(1) byte[] getAddress():获得 InetAddress 对象的 IP 地址。

(2) String getHostName():获得 InetAddress 对象的主机名的字符串表示。

(3) String toString():获得主机名和 IP 地址的字符串。

例 11.6:利用 InetAddress 类的对象来获取计算机主机信息。

```
import java. net. * ;
public class c11_6
{
    public static void main(String args[])
    {
        try
        {
            InetAddress iads=InetAddress. getByName("www. qqhru. edu. cn");
            System. out. println("Host name:"+iads. getHostName());
            System. out. println("Host IP Address:"+iads. toString());
            System. out. println("Local Host:"+InetAddress. getLocalHost( ));
        }
        catch(UnknownHostException e)
        {
            System. out. println(e. toString());
        }
    }
}
```

程序运行结果如图 11-7 所示。

```
Host name: www.qqhru.edu.cn
Host IP Address: www.qqhru.edu.cn/218.7.49.122
Local Host:3dd7d7a49bdc4a7/192.168.11.250
```

图 11-7　例 11.6 程序的运行结果

11.2.3　Socket 类和 SeverSocket 类

Socket 是网络通信中用到的重要机制。Socket 也称为"套接字"或"插座",网络上的两台计算机上运行的两个程序通过一个双向的通信连接实现数据的交换。这个双向链路的一端称为一个 Socket,一般是由一个 IP 地址和一个端口号来唯一确定。建立连接的两个程序分别称为客户端(Client)和服务器端(Server)。

TCP 是一个可靠的、面向连接的、连续的、流的协议。使用 TCP 协议,数据从一方传递到另一方的顺序与发送的顺序一样。当应用程序需要一个可靠的、点对点的通信时,就可以使用 TCP 协议。java.net 包中的 Socket 类与 ServerSocket 类对流式套接字通信方式提供了充分的支持。

利用 TCP Socket 进行网络通信,程序设计过程如下:

(1) 初始化服务器,建立 ServerSocket 对象,等待客户机的连接请求。

(2) 初始化客户机,建立 Socket 对象,向服务器发出连接请求。

(3) 服务器响应客户机,建立连接。

(4) 客户机发送请求数据到服务器。

(5) 服务器接受客户机请求数据。

(6) 服务器处理请求数据,并返回处理结果给客户机。

(7) 客户机接收服务器返回的结果。

(8) 重复(4)到(7)步,直到结束通话为止。

(9) 中断连接,结束通信。

利用 java.net 包中提供的 Socket 类和 ServerSocket 类及其方法,可完成上述操作。

1. Socket 类

使用 Socket 类可以实现客户端的套接字,一个 Socket 就是两个机器通信的一个端点。

通过 Socket 类的构造方法可以创建连接到指定服务器的客户端的一个 Socket 对象,创建过程中向服务器请求建立通信链路,只有该链路建成后才能生成该类的对象。如果连接不成功,会抛出连接异常。常用的构造方法如下:

(1) public Socket(InetAddress address, int port)

使用指定端口和本地 IP 地址,创建一个服务器 Socket 对象。

(2) public Socket(InetAddress address,int port,boolean stream)

使用指定端口和本地 IP 地址,创建一个 Socket 对象,布尔参数为 true,则采用流式通信方式。

(3) public Socket(String host,int port)

使用指定端口和主机,创建一个 Socket 对象。

(4) public Socket(String host, int port, Boolean stream)

使用指定端口和主机,创建一个 Socket 对象,stream 参数为 true,则采用流式通信方式。Socket 类的常用方法如下:

(1) InputStream getInputStream():获得 Socket 的输入流。

(2) OutputStream getOutputStream():获得 Socket 的输出流。

(3) void close():断开连接,并释放所占用的资源。

(4) InetAddress getInetAddress():返回这个套接字的本地地址。

2. ServerSocket 类

ServerSocket 类实现服务器的套接字。服务器套接字等待来自网络的请求,执行基于请求的一些操作,并返回给请求者一个结果。

ServerSocket 类常用的构造方法如下。

(1) public ServerSocket(int port):在指定的端口创建一个服务器 Socket 对象。

(2) public ServerSocket(int port,int count):在指定的端口创建一个服务器 Socket 对象,并说明服务器端所能支持的最大连接数。

常用的方法如下。

(1) Socket accept():监听端口的连接请求并接受此请求,生成一个此连接的套接字。

(2) void close():断开连接,并释放所占用的资源。

(3) InetAddress getInetAddress():返回这个服务器套接字的本地地址。

(4) int getLocalPort():获得正在监听的 Socket 端口号。

例 11.7: 采用 Socket 通信的例子。本例中包含两个程序:c11_7.java 是服务器端程序;c11_8 是客户端程序。首先运行服务器程序,等待与客户端连接。当客户端程序运行,请求建立连接成功后,客户端向服务器端发送一条信息,服务器收到后再向客户端发送一条信息,直到有一方发送 end,结束双方的通信,并关闭客户端与服务器端的连接。

采用 Socket 通信的服务器端程序如下。

```java
import java.net. * ;
import java.io. * ;
public class c11_7
{
    public static final int port=8000;
    public static void main(String args[])
    {
        String str;
        System.out.println("建立并等待客户端的连接......");
        try
        {
            ServerSocket server=new ServerSocket(port);
            Socket socket=server.accept();
            System.out.println("socket:   "+socket);
            InputStream fin=socket.getInputStream();
            OutputStream fout=socket.getOutputStream();
            InputStreamReader isr=new InputStreamReader(fin);
            BufferedReader in=new BufferedReader(isr);
```

```
            PrintStream out＝new PrintStream(fout);
            InputStreamReader uisr＝new InputStreamReader(System. in);
            BufferedReader uin＝new BufferedReader(uisr);
            while(true)
            {
                str＝in. readLine();
                System. out. println("客户端:"＋str);
                if(str. equals("end"))
                break;
                System. out. print("给客户端发送字符串(输入"end"结束通话):");
                str＝uin. readLine();
                out. println(str);
                if(str. equals("end"))
                break;
            }
        socket. close();
        server. close();
        }
        catch(Exception e)
        {
            System. out. println("异常"＋e);
        }
    }
}
```

采用 Socket 通信的客户端程序如下。

```
import java. net. * ;
import java. io. * ;
public class c11_8
{
    public static void main(String[] args)
    {
        Socket socket;
        InputStream fin;
        OutputStream fout;
        String str;
        try
        {
            InetAddress addr＝InetAddress. getByName("127. 0. 0. 1");
            socket＝new Socket(addr,8000);
            System. out. println("socket＝"＋socket);
            fin＝socket. getInputStream();
            fout＝socket. getOutputStream();
            InputStreamReader isr＝new InputStreamReader(fin);
            BufferedReader in＝new BufferedReader(isr);
```

```
        PrintStream out=new PrintStream(fout);
        InputStreamReader uisr=new InputStreamReader(System. in);
        BufferedReader uin=new BufferedReader(uisr);
        while(true)
        {
            System. out. print("向服务器端发送字符串(输入"end"结束通话):");
            str=uin. readLine();
            out. println(str);
            if(str. equals("end"))break;
            System. out. println("等待服务器端消息...");
            str=in. readLine();
            System. out. println("服务器:"+str);
            if(str. equals("end"))break;
        }
        socket. close();
    }
    catch(Exception e)
    {
    e. printStackTrace();
    }
  }
}
```

运行过程中,客户端和服务器端几次对话后的结果如图 11-8 和图 11-9 所示。

```
建立并等待客户端的连接......
socket:  Socket[addr=/127.0.0.1,port=4434,localport=8000]
客户端:你好!
给客户端发送字符串<输入 "end"结束通话>:你好!
客户端:近期学习学习顺利吗?
给客户端发送字符串<输入 "end"结束通话>:还好, 渐入佳境。
客户端:end
```

图 11 - 8 例 11.7 采用 TCP Socket 通信的服务器端程序运行结果

```
socket=Socket[addr=/127.0.0.1,port=8000,localport=4434]
向服务器端发送字符串<输入 "end"结束通话>:你好!
等待服务器端消息...
服务器:你好!
向服务器端发送字符串<输入 "end"结束通话>:近期学习学习顺利吗?
等待服务器端消息...
服务器:还好, 渐入佳境。
向服务器端发送字符串<输入 "end"结束通话>:end
```

图 11 - 9 例 11.7 采用 TCP Socket 通信的客户端程序运行结果

11.2.4 DatagramSocket 类和 DatagramPacket 类

在 TCP/IP 协议的传输层除了 TCP 协议之外还有一个 UDP 协议(User Datagram Protocol 的简称,用户数据报协议),是 OSI 参考模型中一种无连接的传输层协议,提供面向事务的简单不可靠信息传送服务。所谓不可靠信息传送是指这种协议并不保证数据报会被接收方完全接收到,也不能保证他们抵达的顺序和发出的顺序一致,但传送的速度要快得多。利用 UDP 通信时,服务器端的程序有一个线程不停地监听客户端发来的数据报,等待客户的请求。

服务器只有通过客户发来的数据报中的信息才能得到客户端的地址及端口,所以,客户端无论是否有数据要发送给服务器,它都需要向服务器发送一个数据报来传递自己的信息。

1. DatagramSocket 类

DatagramSocket 类用于建立收/发数据报的 Socket。

DatagramSocket 类常用的构造方法:

(1) protected DatagramSocket()　将 Socket 连接到本机的任何一个可用的端口上。

(2) protected DatagramSocket(int port)　Socket 连接到本机指定的 port 端口上。

(3) protected DatagramSocket(int port,InetAddress iaddr)　将 Socket 连接到指定地址的 port 端口上。

在使用时需要注意保证所用的端口不要发生冲突,另外在调用构造方法时要进行异常处理。

DatagramSocket 类常用的方法:

(1) public void send(DatagramPacket packet)throws IOException　将其参数 Datagram-Packet 对象 packet 中包含的数据报文发送到所指定的 IP 地址主机的指定端口。

(2) public synchronized void receive(DatagramPacket packet)throws IOException　将使程序中的线程一直处于阻塞状态,直到从当前 socket 中接收到信息时,将收到的信息存储在 receive()方法的对象参数 packet 的存储机构中。由于数据报是不可靠的通信,所以 receive()方法不一定能读到数据。为防止线程死掉,应该设置超时参数(timeout)。

(3) void close()　关闭这个数据报 Socket。

2. DatagramPacket 类

DatagramPacket 类用来实现数据报通信。在发送和接受数据报时,要创建 Datagram-Packet 类的对象作为数据传送的载体。

DatagramPacket 类的构造方法包括创建发生数据报和创建接收数据报的对象两种:

(1) public DatagramPacket(byte[] buf,int length,InetAddress address,int port)　创建发送数据报的 DatagramPacket 类对象,buf 是存放要发送数据报的字节数组;length 是发送数据报的数据长度;address 是发送数据报的目的地址,即接收者的 IP 地址;port 代表发送数据报的端口号。

(2) public DatagramPacket(byte[] buf,int length)　创建接收数据报的 DatagramPacket 类对象,buf 是存放接收数据报的字节数组;length 是接收的数据报的数据长度,即读取的字节数。

DatagramPacket 类的常用方法:

(1) public int getPort()　获得存放在数据报中的端口号。

(2) public InetAddress getAddress()　获得存放在数据报中 IP 地址。

(3) public byte[] getData()　获得存放在数据报中的数据。

(4) public int getLength()　获得数据报中的数据长度。

(5) public void setData(byte[] buf)　设置数据报中的内容。

例 11.8: 采用 UDP 通信的例子程序,建立一个简单的 UDP 服务器和客户,服务器端的程序(c11_9.java)不停地监听本机端口 8000,一旦收到客户端(c11_10.java)发来的数据报,就回应一个系统的当前时间通知客户。

采用 UDP 通信的服务器端源程序 c11_9. java。

```java
import java.io. * ;
import java.net. * ;
import java.util. * ;
class   UDPServerThread extends Thread
{
    private DatagramSocket socket;                   //数据报套接字
    private DatagramPacket inpacket,outpacket;       //发送、接收数据报的对象
    private byte[] buffer=new byte[1024];
    private Date cdate;
    public UDPServerThread()
    {
        try
        {
            socket=new DatagramSocket(8000);
            System. out. println("正在监听端口:"+socket. getLocalPort());
        }
        catch(Exception e)
        {
            System. out. println("Error:"+e);
        }
    }
    public void run()
    {
        if(socket==null) return;
        while(true)
        {
            try
            {
                InetAddress caddress;
                int cport;
                byte[] buf=new byte[1024];
                inpacket=new DatagramPacket(buf,buf. length);
                socket. receive(inpacket);                //接收数据到数据报 inpacket
                String s1=new String(inpacket. getData());
                caddress=inpacket. getAddress();
                cport=inpacket. getPort();
                System. out. println("客户 IP:"+caddress+"端口:"+cport+"来自客户的信息:"+s1);
                outpacket=new DatagramPacket(buf,buf. length,caddress,cport);
                cdate=new Date();
                String dateStr=cdate. toString();
                outpacket. setData(dateStr. getBytes());
                socket. send(outpacket);
            }
            catch(Exception e)
```

```
                {
                    System. out. println("Error:"+e);
                }
            }
        }

    protected void finalize()
    {
        if(socket! =null)
        {
            socket. close();
            System. out. println("Socket Closed. ");
        }
    }
}
public class c11_9
{
    public static void main(String[] args)
    {
        UDPServerThread server=new UDPServerThread();
        server. start();
    }
}
```

采用 UDP 通信的客户端程序 c11_10. java。

```
import java. io. * ;
import java. net. * ;
import java. util. * ;
class c11_10
{
    public static void main(String[] args)
    {
        DatagramSocket socket;
        DatagramPacket outpacket,inpacket;
        InetAddress address;
        int port;
        byte[] buf=new byte[1024];
        try
        {
            socket=new DatagramSocket();
            address=InetAddress. getByName("localhost");
            outpacket=new DatagramPacket(buf,buf. length,address,8000);
            String s="客户请求时间服务";
            outpacket. setData(s. getBytes());
            socket. send(outpacket);
            inpacket=new DatagramPacket(buf,buf. length);
```

```
            socket. receive(inpacket);
            s=new String(inpacket. getData());
            System. out. println("服务器发送的时间:"+s);
            socket. close();
        }
        catch(Exception e)
        {
            System. out. println("Error:"+e);
        }
    }
}
```

　　首先运行服务器端的程序,再运行客户端的程序,服务器端和客户端运行结果分别如图 11-10 和 11-11 所示。

```
正在监听端口:8000
客户IP:/127.0.0.1端口:3918来自客户的信息:客户请求时间服务
```

图 11-10　例 11.8 采用 UDP 通信的服务器端程序运行结果

```
服务器发送的时间; Tue Nov 16 15:13:46 CST 2010
```

图 11-11　例 11.8 采用 UDP 通信的客户端程序运行结果

习题十一

一、选择题

1. (　　)是 Java 程序与数据库连接的一种机制。
   A. ODBC　　　　　　B. JDBC　　　　　　C. J2EE　　　　　　D. ODBC API

2. JDBC 的模型对开放数据库连接(ODBC)进行了改进,它包含(　　)。
   A. 一套发出 SQL 语句的类和方法　　　B. 更新表的类和方法
   C. 调用存储过程的类和方法　　　　　D. 以上全部都是

3. 一个 URL 由协议名字和(　　)组成。
   A. 主机名　　　　B. 端口名　　　　C. 资源名字　　　　D. 文件名

4. 用(　　)可以实现客户端与服务器端的通信。
   A. URL　　　　　B. Socket　　　　C. UDP　　　　　D. 数据报通信

5. 在 TCP/IP 系统中的端口号是一个(　　)位的数字,它的范围是 0~65 535。
   A. 8　　　　　　B. 16　　　　　　C. 32　　　　　　D. 64

6. 在 Java 编程语言中,TCP/IP socket 连接是用 Java. net 包中的类实现的,其连接步骤和方法是(　　)。
   A. 服务器分配一个端口号。如果客户请求一个连接,服务器使用 accept()方法打开 socket 连接
   B. 客户在 host 的 polt 端口建立连接

C. 服务器和客户使用 InputStream 和 OutputStream 进行通信

D. 以上全部

二、填空题

1. 查询数据库的步骤是：载入 JDBC 驱动器、定义连接的网址 URL、建立连接、建立声明对象、执行查询或更新、处理结果、(　　　　)。

2. Socket 的工作步骤分为：创建 Socket、打开连接到 Socket 的输入/输出流、按某个协议对 Socket 进行读写操作、(　　　)。

3. 一个 Socket 包括两个流：一个输入流和一个输出流。如果一个进程要通过网络向另一个进程发送数据，只需简单地写入与 Socket 相关联的(　　　　)。

4. (　　　)是指在一个特定的编程模型下，进程间通信链路的端口。

三、简答题

1. Internet 上的主机地址怎样表示？

2. URL 包含哪些部分？URL 与 URLConnection 有什么区别？

3. 简述基于流套接字的网络编程工作原理和基于数据报套接字网络编程的工作原理，两者有何区别？

四、程序设计题

1. 编写基于 TCP 的 Socket 通信程序：客户向服务器请求发送一个文件，如果此文件在服务器上有，则将文件内容发送给客户；如果没有，则发送字符串"文件不存在"。

2. 编写采用 UDP 通信的程序：客户端发送数据给服务器，数据报内容是客户端一个文本文件的内容，服务器接收到客户数据报后，将文件保存到服务器，并向客户端发送"文件收到，已保存"。

参考文献

[1] Bruce Eckel. thinking in java 4. Prentice Hall PTR，2006.

[2] Roger Garside，John Mariani. Java 教程（英文·第 2 版）[M]. 北京：机械工业出版社，2003.

[3] 殷兆麟. Java 语言程序设计[M]. 北京：高等教育出版社，2002.

[4] 张白一. 面向对象程序设计——Java[M]. 西安电子科技大学出版社，2003.

[5] 王克宏. Java 语言 APPLET 编程技术[M]. 北京：清华大学出版社，1998.

[6] 耿祥义. Java 程序设计实用教程[M]. 北京：人民邮电出版社，2010.

[7] 汪晓平等. 精通 Java 网络编程[M]. 北京：清华大学出版社，2009.

[8] 宾春清等. Java 基础与实例精解[M]. 北京：北京航空航天大学出版社，2009.